高等学校数学类系列教材

数值分析学习指导与题解

冯象初　尚晓清　冯晓莉
宋宜美　施德才　编著

西安电子科技大学出版社

内 容 简 介

本书是与冯象初等编著的《应用数值分析》(西安电子科技大学出版社出版)相配套的学习辅导书，书中各章均包括主要结论、释疑解难、典型例题、习题解答四个部分。附录中给出了两份模拟试题及参考答案。本书旨在帮助读者掌握数值分析课程的重点内容，开拓解题思路，更好地理解数值分析的基本内容，掌握解题方法和技巧。

本书可作为理工科各专业本科生、研究生学习数值分析或计算方法的配套辅导教材或参考书，也可供相关教师参考。

图书在版编目(CIP)数据

数值分析学习指导与题解/冯象初，等编著. 一西安：西安电子科技大学出版社，2022.8(2023.4 重印)
ISBN 978-7-5606-6568-9

Ⅰ.①数…　Ⅱ.①冯…　Ⅲ.①数值分析一高等学校一教学参考资料　Ⅳ.① O241

中国版本图书馆 CIP 数据核字(2022)第 137272 号

策　　划　李惠萍
责任编辑　李惠萍
出版发行　西安电子科技大学出版社(西安市太白南路 2 号)
电　　话　(029)88202421　88201467　　邮　　编　710071
网　　址　www.xduph.com　　电子邮箱　xdupfxb001@163.com
经　　销　新华书店
印刷单位　陕西天意印务有限责任公司
版　　次　2022 年 8 月第 1 版　2023 年 4 月第 2 次印刷
开　　本　787 毫米×960 毫米　1/16　印　张　13.5
字　　数　277 千字
印　　数　2001～4000 册
定　　价　32.00 元
ISBN 978-7-5606-6568-9/O
XDUP 6870001-2

前　　言

随着计算机技术和计算数学的发展，用计算机进行科学计算已成为与理论分析、科学实验同样重要的科学研究方法。“数值分析”是高校数学系的专业基础课之一，也是许多专业硕士研究生的学位课。为了帮助读者更好地掌握这门课程的精髓，加强和巩固所学知识，我们编写了本书。

本书编写组成员长期从事本科生和研究生数值分析课程的教学工作以及与数值分析密切相关的科研工作，在教学内容的设计方面进行了深入的改革。本书是按西安电子科技大学出版社出版的《应用数值分析》教材的章节顺序编写的配套学习辅导书。本书共7章，每章均由主要结论、释疑解难、典型例题、习题解答四个部分组成，各部分的主要内容如下：

(1) 主要结论：简练概括每章知识点，列出基本概念，突出各章主要定理及重要公式，使读者在学习过程中目标明确。

(2) 释疑解难：分析难点、重点，并进行适当的归纳总结，其中部分题目是对主教材相应内容的进一步补充和扩展。

(3) 典型例题：选取了一些具有启发性或综合性较强的经典例题，并给出了详细解答过程，可帮助读者对各章的基本概念、公式、方法等进行提炼和梳理，使读者能够举一反三，触类旁通。

(4) 习题解答：对《应用数值分析》教材中的课后习题做了详细解答，可以帮助学生理解基本概念和基本理论，掌握基本解题方法。

附录中给出了两套模拟试题及参考答案，以供读者检验学习效果。

（注：本书中大多数定义与定理是《应用数值分析》教材中已经给出的，少部分定义与定理是本书补充的，为了使其与主教材章节位置对应，也按同样的方法即按小节进行了编号，特此说明。）

本书第1章、第3章由尚晓清副教授编写，第2章、第6章由冯晓莉副教授编写，第4章、第5章由宋宜美副教授编写，第7章由施德才副教授编写。全书内容由冯象初教授审核、定稿。

本书的编写得到了西安电子科技大学研究生院、数学与统计学院的大力支持，西安电子科技大学出版社李惠萍编辑对本书的编写提出了宝贵的写作建议，并对本书的出版付出了辛勤的劳动，在此一并表示感谢。

由于编著者水平有限，书中定有疏漏与不妥之处，敬请读者批评指正。

编著者

2022 年 7 月

目　录

第1章 理论准备

1.1 主要结论

1. 误差度量

1) 数值分析研究的两类误差

数值分析研究的两类误差分别为舍入误差和截断误差。由于计算机字长的有限性，对相关数据进行存储表示时会产生舍入误差；计算机必须在有限的时间内得到运行结果，于是无穷的运算过程必须截断为有限过程，从而产生截断误差。

2) 误差的度量方式

设 x 是准确值 x^* 的近似值，则绝对误差为 $e=x^*-x$，相对误差为 $e_r=\dfrac{e}{x^*}=\dfrac{x^*-x}{x^*}$，绝对误差限 ε 和相对误差限 ε_r 分别是 $|e|$ 和 $|e_r|$ 的上限。

3) 有效数字的定义

若近似值 x 的误差限是某一位的半个单位，该位到 x 的第一位非零数字共有 n 位，则称 x 具有 n 位有效数字，它可表示为

$$x=\pm 0.a_1a_2\cdots a_n\times 10^m$$

其中 a_1，a_2，…，a_n 是 0 到 9 之间的自然数，$a_1\neq 0$，m 为整数，且 $|x^*-x|\leqslant\dfrac{1}{2}\times 10^{m-n}$。

4) 误差限的运算

两个近似值 x_1 与 x_2，其误差分别为 $\varepsilon(x_1)$ 及 $\varepsilon(x_2)$，它们进行加、减、乘、除运算得到的误差限分别为

$$|\varepsilon(x_1\pm x_2)|\leqslant|\varepsilon(x_1)|+|\varepsilon(x_2)|$$

$$|\varepsilon(x_1x_2)|\leqslant|x_1|\cdot|\varepsilon(x_2)|+|x_2|\cdot|\varepsilon(x_1)|$$

$$\left|\varepsilon\left(\frac{x_1}{x_2}\right)\right|\leqslant\frac{|x_1|\cdot|\varepsilon(x_2)|+|x_2|\cdot|\varepsilon(x_1)|}{|x_2|^2}\qquad(x_2\neq 0)$$

2. 减少误差的若干原则

(1) 避免两个相近的数相减，否则会使有效数字严重损失；

(2) 防止重要的小数被大数“吃掉”，否则可能影响计算结果的可靠性；

(3) 避免出现除数的绝对值远远小于被除数绝对值的情况，否则可能产生较大的舍入误差，甚至出现溢出；

(4) 注意算法的数值稳定性；

(5) 简化计算步骤，减少运算次数。

3. 向量和矩阵的范数

(1) 常用的向量范数有：

∞-范数：$\|\boldsymbol{x}\|_\infty = \max\limits_{1\leqslant i\leqslant n}|x_i|$；

1-范数：$\|\boldsymbol{x}\|_1 = \sum\limits_{i=1}^{n}|x_i|$；

2-范数：$\|\boldsymbol{x}\|_2 = \sqrt{\sum\limits_{i=1}^{n}|x_i|^2}$。

(2) 常用的矩阵范数有：

∞-范数(行范数)：$\|\boldsymbol{A}\|_\infty = \max\limits_{\boldsymbol{x}\neq\boldsymbol{0}}\dfrac{\|\boldsymbol{Ax}\|_\infty}{\|\boldsymbol{x}\|_\infty} = \max\limits_{1\leqslant i\leqslant n}\sum\limits_{j=1}^{n}|a_{ij}|$；

1-范数(列范数)：$\|\boldsymbol{A}\|_1 = \max\limits_{\boldsymbol{x}\neq\boldsymbol{0}}\dfrac{\|\boldsymbol{Ax}\|_1}{\|\boldsymbol{x}\|_1} = \max\limits_{1\leqslant j\leqslant n}\sum\limits_{i=1}^{n}|a_{ij}|$；

2-范数：$\|\boldsymbol{A}\|_2 = \sqrt{\lambda_{\max}(\boldsymbol{A}^{\mathrm{T}}\boldsymbol{A})}$，其中$\lambda_{\max}(\boldsymbol{A}^{\mathrm{T}}\boldsymbol{A})$表示$\boldsymbol{A}^{\mathrm{T}}\boldsymbol{A}$的最大特征值；

F-范数：$\|\boldsymbol{A}\|_F = \left(\sum\limits_{i,j=1}^{n}a_{ij}^2\right)^{\frac{1}{2}}$。

矩阵的前三种范数分别与向量的∞-范数、1-范数和2-范数相容。

4. 内积的定义

设U是数域K($\mathbf{R}$或$\mathbf{C}$)上的线性空间，对于$\forall\,\boldsymbol{x},\boldsymbol{y}\in U$，有$K$中一个数与之对应，记为$(\boldsymbol{x},\boldsymbol{y})$，满足以下条件：

(1) 正定性：$(\boldsymbol{x},\boldsymbol{x})\geqslant 0$，且$(\boldsymbol{x},\boldsymbol{x})=0\Leftrightarrow\boldsymbol{x}=\boldsymbol{0}$；

(2) 共轭对称性：$(\boldsymbol{x},\boldsymbol{y})=\overline{(\boldsymbol{y},\boldsymbol{x})}$；

(3) 关于第一变元的线性性质：$(\alpha\boldsymbol{x},\boldsymbol{y})=\alpha(\boldsymbol{x},\boldsymbol{y})$，$(\boldsymbol{x}+\boldsymbol{y},\boldsymbol{z})=(\boldsymbol{x},\boldsymbol{z})+(\boldsymbol{y},\boldsymbol{z})$，则称$(\boldsymbol{x},\boldsymbol{y})$为$U$上$\boldsymbol{x}$与$\boldsymbol{y}$的内积。

5. 不动点原理

定理 1.4.1　设G：$\mathbf{R}^n\to\mathbf{R}^n$为$\mathbf{R}^n$上的压缩映射，则$G$在$\mathbf{R}^n$中有唯一的不动点。

1.2 释疑解难

1. 简述绝对误差、相对误差的区别和联系。

答：绝对误差表示数值计算中数值解与精确解之间误差的大小，而相对误差表示数值解的精确程度。实际计算时，只能估计其绝对误差限与相对误差限。绝对误差限与相对误差限知其一，便可求出另一个。绝对误差与计量单位有关，相对误差与计量单位无关。

2. 证明：**定理 1.3.8**　任意给定 $\mathbf{R}^{n\times n}$ 上的矩阵范数 $\|\boldsymbol{A}\|_\alpha$，则必存在 $\mathbf{R}^n$ 上的一种向量范数 $\|\boldsymbol{x}\|_\beta$，使矩阵范数 $\|\boldsymbol{A}\|_\alpha$ 与向量范数 $\|\boldsymbol{x}\|_\beta$ 相容。

证明：设 $\boldsymbol{x}=(x_1, x_2, \cdots, x_n)^{\mathrm{T}}\in\mathbf{R}^n$，取

$$\|\boldsymbol{x}\|_\beta=\left\|\begin{bmatrix} x_1 & 0 & \cdots & 0 \\ x_2 & 0 & \cdots & 0 \\ \vdots & \vdots & & \vdots \\ x_n & 0 & \cdots & 0 \end{bmatrix}\right\|_\alpha$$

这就是一种向量范数。

事实上，易证矩阵范数 $\|\boldsymbol{A}\|_\alpha$ 满足矩阵范数定义 1.3.3 中的条件(1)～(3)，且向量范数 $\|\boldsymbol{x}\|_\beta$ 满足向量范数定义 1.3.1 中的条件(1)～(3)(见主教材 1.3.1 小节)，又由于

$$\left\|\begin{bmatrix} \sum\limits_{j=1}^n a_{1j}x_j & 0 & \cdots & 0 \\ \vdots & \vdots & & \vdots \\ \sum\limits_{j=1}^n a_{nj}x_j & 0 & \cdots & 0 \end{bmatrix}\right\|_\alpha \leqslant \left\|\begin{bmatrix} a_{11} & a_{12} & \cdots & a_{1n} \\ a_{21} & a_{22} & \cdots & a_{2n} \\ \vdots & \vdots & & \vdots \\ a_{n1} & a_{n2} & \cdots & a_{nn} \end{bmatrix}\right\|_\alpha \cdot \left\|\begin{bmatrix} x_1 & 0 & \cdots & 0 \\ x_2 & 0 & \cdots & 0 \\ \vdots & \vdots & & \vdots \\ x_n & 0 & \cdots & 0 \end{bmatrix}\right\|_\alpha$$

根据 $\|\boldsymbol{x}\|_\beta$ 的定义，便有

$$\|\boldsymbol{A}\boldsymbol{x}\|_\beta \leqslant \|\boldsymbol{A}\|_\alpha \cdot \|\boldsymbol{x}\|_\beta$$

即 $\|\boldsymbol{x}\|_\beta$ 与 $\|\boldsymbol{A}\|_\alpha$ 相容。

假定矩阵范数 $\|\boldsymbol{A}\|_\alpha$ 与向量范数 $\|\boldsymbol{x}\|_\beta$ 相容，且对每个 $\boldsymbol{A}\in\mathbf{R}^{n\times n}$ 都存在一个非零向量 $\boldsymbol{x}_0\in\mathbf{R}^n$(与 $\boldsymbol{A}$ 有关)，使得

$$\|\boldsymbol{A}\boldsymbol{x}_0\|_\beta=\|\boldsymbol{A}\|_\alpha\ \|\boldsymbol{x}_0\|_\beta$$

则称 $\|\boldsymbol{A}\|_\alpha$ 是从属于向量范数 $\|\boldsymbol{x}\|_\beta$ 的矩阵范数。

矩阵范数 $\|\cdot\|_\alpha$ 从属于某种向量范数 $\|\cdot\|_\beta$ 的必要条件是 $\|\boldsymbol{I}\|_\alpha=1$，其中，$\boldsymbol{I}$ 表示单位阵，这是因为对于单位阵 $\boldsymbol{I}$，必存在一个向量 $\boldsymbol{x}\neq\boldsymbol{0}$，使得

$$\|\boldsymbol{I}\boldsymbol{x}\|_\beta=\|\boldsymbol{I}\|_\alpha\ \|\boldsymbol{x}\|_\beta$$

即有 $\|\boldsymbol{I}\boldsymbol{x}\|_\beta=\|\boldsymbol{x}\|_\beta$，于是有 $\|\boldsymbol{I}\|_\alpha=1$。

3. 矩阵的 F -范数与向量的 2 -范数之间是否相容？

答：矩阵的 F -范数为

$$\|\boldsymbol{A}\|_{\mathrm{F}}=\Big(\sum_{i,j=1}^n |a_{ij}|^2\Big)^{\frac{1}{2}}$$

向量的 2 -范数为

$$\|\boldsymbol{x}\|_2=\sqrt{\sum_{i=1}^{n}|x_i|^2}$$

事实上

$$\begin{aligned}\|\boldsymbol{Ax}\|_2&=\sqrt{\sum_{i=1}^{n}\left|\sum_{j=1}^{n}a_{ij}x_j\right|^2}\leqslant\sqrt{\sum_{i=1}^{n}\left[\left(\sum_{j=1}^{n}|a_{ij}|^2\right)\cdot\left(\sum_{j=1}^{n}|x_j|^2\right)\right]}\\&=\sqrt{\sum_{i=1}^{n}\left(\sum_{j=1}^{n}|a_{ij}|^2\right)}\cdot\sqrt{\left(\sum_{j=1}^{n}|x_j|^2\right)}\\&=\|\boldsymbol{A}\|_F\,\|\boldsymbol{x}\|_2\end{aligned}$$

即矩阵的 F -范数与向量的 2 -范数是相容的。

但是，由于 $\|\boldsymbol{I}\|_F=\sqrt{n}$，由矩阵范数从属于某向量范数的必要条件知，当 $n>1$ 时，F -范数不从属于任何向量范数。

4. 证明矩阵的算子范数 $\|\boldsymbol{A}\|_\gamma=\max\limits_{x\neq 0}\dfrac{\|\boldsymbol{Ax}\|_\gamma}{\|\boldsymbol{x}\|_\gamma}$ 满足矩阵范数定义 1.3.3(见主教材)中的四个条件和相容性条件。

证明：(1) 因为当 n 阶方阵 $\boldsymbol{A}\neq\boldsymbol{0}$ 时，存在一个 n 维向量 $\boldsymbol{x}_0\neq\boldsymbol{0}$，使 $\boldsymbol{Ax}_0\neq\boldsymbol{0}$，所以 $\|\boldsymbol{Ax}_0\|_\gamma>0$。又 $\|\boldsymbol{x}_0\|_\gamma>0$，故

$$\|\boldsymbol{A}\|_\gamma=\max_{\boldsymbol{x}\neq\boldsymbol{0}}\frac{\|\boldsymbol{Ax}\|_\gamma}{\|\boldsymbol{x}\|_\gamma}>0$$

而当 $\boldsymbol{A}=\boldsymbol{0}$ 时，有 $\boldsymbol{Ax}=\boldsymbol{0}$，所以 $\|\boldsymbol{Ax}\|_\gamma=0$，从而 $\|\boldsymbol{A}\|_\gamma=0$。

(2) 设 λ 为实数，则

$$\begin{aligned}\|\lambda\boldsymbol{A}\|_\gamma&=\max_{\boldsymbol{x}\neq\boldsymbol{0}}\frac{\|\lambda\boldsymbol{Ax}\|_\gamma}{\|\boldsymbol{x}\|_\gamma}=\max_{\boldsymbol{x}\neq\boldsymbol{0}}\frac{|\lambda|\,\|\boldsymbol{Ax}\|_\gamma}{\|\boldsymbol{x}\|_\gamma}\\&=|\lambda|\max_{\boldsymbol{x}\neq\boldsymbol{0}}\frac{\|\boldsymbol{Ax}\|_\gamma}{\|\boldsymbol{x}\|_\gamma}=|\lambda|\cdot\|\boldsymbol{A}\|_\gamma\end{aligned}$$

(3) 设 $\boldsymbol{A}$、$\boldsymbol{B}\in\mathbf{R}^{n\times n}$，则

$$\begin{aligned}\|\boldsymbol{A}+\boldsymbol{B}\|_\gamma&=\max_{\boldsymbol{x}\neq\boldsymbol{0}}\frac{\|(\boldsymbol{A}+\boldsymbol{B})\boldsymbol{x}\|_\gamma}{\|\boldsymbol{x}\|_\gamma}=\max_{\boldsymbol{x}\neq\boldsymbol{0}}\frac{\|\boldsymbol{Ax}+\boldsymbol{Bx}\|_\gamma}{\|\boldsymbol{x}\|_\gamma}\\&\leqslant\max_{\boldsymbol{x}\neq\boldsymbol{0}}\frac{\|\boldsymbol{Ax}\|_\gamma+\|\boldsymbol{Bx}\|_\gamma}{\|\boldsymbol{x}\|_\gamma}=\|\boldsymbol{A}\|_\gamma+\|\boldsymbol{B}\|_\gamma\end{aligned}$$

(4) 因为 $\max\limits_{\boldsymbol{x}\neq\boldsymbol{0}}\dfrac{\|\boldsymbol{Ax}\|_\gamma}{\|\boldsymbol{x}\|_\gamma}=\|\boldsymbol{A}\|_\gamma$，所以由最大值定义知，对 $\forall\,\boldsymbol{x}\in\mathbf{R}^n$，有

$$\frac{\|\boldsymbol{Ax}\|_\gamma}{\|\boldsymbol{x}\|_\gamma}\leqslant\|\boldsymbol{A}\|_\gamma$$

故

$$\|\boldsymbol{Ax}\|_\gamma\leqslant\|\boldsymbol{A}\|_\gamma\cdot\|\boldsymbol{x}\|_\gamma$$

说明这样定义的算子范数满足相容性条件。

因为

$$\|\boldsymbol{AB}\|_\gamma=\max_{x\neq 0}\frac{\|(\boldsymbol{AB})\boldsymbol{x}\|_\gamma}{\|\boldsymbol{x}\|_\gamma}=\max_{x\neq 0}\frac{\|\boldsymbol{A}(\boldsymbol{Bx})\|_\gamma}{\|\boldsymbol{x}\|_\gamma}$$

而 $\boldsymbol{Bx}$ 是一个向量，由相容性条件有

$$\|\boldsymbol{A}(\boldsymbol{Bx})\|_\gamma\leqslant\|\boldsymbol{A}\|_\gamma\cdot\|\boldsymbol{Bx}\|_\gamma$$

故

$$\begin{aligned}\|\boldsymbol{AB}\|_\gamma&\leqslant\max_{x\neq 0}\frac{\|\boldsymbol{A}\|_\gamma\ \|\boldsymbol{Bx}\|_\gamma}{\|\boldsymbol{x}\|_\gamma}\\&=\|\boldsymbol{A}\|_\gamma\max_{x\neq 0}\frac{\|\boldsymbol{Bx}\|_\gamma}{\|\boldsymbol{x}\|_\gamma}=\|\boldsymbol{A}\|_\gamma\ \|\boldsymbol{B}\|_\gamma\end{aligned}$$

5. 设 $(X,(\cdot,\cdot))$ 为内积空间，证明：$\forall\ \boldsymbol{x}、\boldsymbol{y}\in X$，有 $\boldsymbol{x}、\boldsymbol{y}$ 线性无关当且仅当

$$|(\boldsymbol{x},\boldsymbol{y})|^2<(\boldsymbol{x},\boldsymbol{x})(\boldsymbol{y},\boldsymbol{y})$$

证明： 先证必要性。若 $\boldsymbol{x}、\boldsymbol{y}$ 线性无关，则 $\forall\lambda\in K$，有 $\boldsymbol{x}+\lambda\boldsymbol{y}\neq\boldsymbol{0}$，于是

$$0<(\boldsymbol{x}+\lambda\boldsymbol{y},\boldsymbol{x}+\lambda\boldsymbol{y})=(\boldsymbol{x},\boldsymbol{x})+\bar{\lambda}(\boldsymbol{x},\boldsymbol{y})+\lambda(\boldsymbol{y},\boldsymbol{x})+\lambda\bar{\lambda}(\boldsymbol{y},\boldsymbol{y})$$

令 $\lambda=-\dfrac{(\boldsymbol{x},\boldsymbol{y})}{(\boldsymbol{y},\boldsymbol{y})}$，则有

$$0<(\boldsymbol{x},\boldsymbol{x})-\frac{|(\boldsymbol{x},\boldsymbol{y})|^2}{(\boldsymbol{y},\boldsymbol{y})}$$

即

$$|(\boldsymbol{x},\boldsymbol{y})|^2<(\boldsymbol{x},\boldsymbol{x})(\boldsymbol{y},\boldsymbol{y})=\|\boldsymbol{x}\|^2\cdot\|\boldsymbol{y}\|^2$$

因此由范数与内积的关系可知

$$|(\boldsymbol{x},\boldsymbol{y})|^2<(\boldsymbol{x},\boldsymbol{x})(\boldsymbol{y},\boldsymbol{y})$$

再证充分性。充分性证明可由上述步骤逆向推理得到。

6. 设 $\boldsymbol{x}、\boldsymbol{y}$ 是实内积空间中的非零元素，证明 $\|\boldsymbol{x}+\boldsymbol{y}\|=\|\boldsymbol{x}\|+\|\boldsymbol{y}\|$ 的充要条件是存在 $\lambda>0$，使得 $\boldsymbol{y}=\lambda\boldsymbol{x}$。

证明： 先证必要性。因为

$$\|\boldsymbol{x}+\boldsymbol{y}\|=\|\boldsymbol{x}\|+\|\boldsymbol{y}\|$$

所以

$$(\|\boldsymbol{x}\|+\|\boldsymbol{y}\|)^2=\|\boldsymbol{x}\|^2+\|\boldsymbol{y}\|^2+2\|\boldsymbol{x}\|\ \|\boldsymbol{y}\|$$

又

$$\|\boldsymbol{x}+\boldsymbol{y}\|^2=(\boldsymbol{x}+\boldsymbol{y},\boldsymbol{x}+\boldsymbol{y})=\|\boldsymbol{x}\|^2+\|\boldsymbol{y}\|^2+2(\boldsymbol{x},\boldsymbol{y})$$

故 $(\boldsymbol{x},\boldsymbol{y})=\|\boldsymbol{x}\|\ \|\boldsymbol{y}\|$，可见 Cauchy-Schwarz 不等式中的等号成立，结合前面题 5 的结论可知，$\boldsymbol{x}、\boldsymbol{y}$ 线性相关：存在 $\lambda>0$，使得 $\boldsymbol{y}=\lambda\boldsymbol{x}$。

再证充分性。因为 $\boldsymbol{y}=\lambda\boldsymbol{x}$，所以

$$\|\boldsymbol{x}+\boldsymbol{y}\|=\|\boldsymbol{x}+\lambda\boldsymbol{x}\|=(1+\lambda)\|\boldsymbol{x}\|=\|\boldsymbol{x}\|+\|\lambda\boldsymbol{x}\|=\|\boldsymbol{x}\|+\|\boldsymbol{y}\|$$

7. 设 X 为内积空间，$\boldsymbol{x}、\boldsymbol{y}\in X$ 且 $\|\boldsymbol{x}\|=\|\boldsymbol{y}\|=1$，$\|\boldsymbol{x}+\boldsymbol{y}\|=2$，证明 $\boldsymbol{x}=\boldsymbol{y}$。

证明： 由内积空间的性质 3(见主教材)，即平行四边形公式得

$$\|\boldsymbol{x}+\boldsymbol{y}\|^2+\|\boldsymbol{x}-\boldsymbol{y}\|^2=2\|\boldsymbol{x}\|^2+2\|\boldsymbol{y}\|^2$$

将 $\|\boldsymbol{x}\|=\|\boldsymbol{y}\|=1$，$\|\boldsymbol{x}+\boldsymbol{y}\|=2$ 条件代入上式，得 $\|\boldsymbol{x}-\boldsymbol{y}\|=0$，因此 $\boldsymbol{x}=\boldsymbol{y}$。

8. 设连续函数空间 $X=C\left[0,\frac{\pi}{2}\right]$的范数为 $\|x\|=\max\limits_{0\leqslant t\leqslant\frac{\pi}{2}}|x(t)|$，其中 $x(t)\in X$，证明在此范数意义下 X 不是内积空间。

证明： 取 $x(t)=\sin t$ 以及 $y(t)=\cos t$，则

$$\|x\|=\|y\|=1$$

以及

$$\|x+y\|=\max_{0\leqslant t\leqslant\frac{\pi}{2}}|\sin t+\cos t|=\sqrt{2}$$

$$\|x-y\|=\max_{0\leqslant t\leqslant\frac{\pi}{2}}|\sin t-\cos t|=1$$

所以

$$\|x+y\|^2+\|x-y\|^2=3,\ 2\|x\|^2+2\|y\|^2=4$$

即不满足平行四边形公式，因此 X 不是内积空间。

9. 实连续函数空间 $C[-1,1]$上内积定义为 $(f,g)=\int_{-1}^{1}f(t)\cdot g(t)\mathrm{d}t$，利用 Gram-Schmidt 标准正交化方法将 $x_1(t)=t^0=1$、$x_2(t)=t$、$x_3(t)=t^2$ 标准正交化。

解： 显然 $x_1(t)$、$x_2(t)$、$x_3(t)$线性无关。

(1) 令 $e_1=\frac{x_1}{\|x_1\|}$，则 $e_1=\frac{1}{\sqrt{2}}=\frac{\sqrt{2}}{2}$。

(2) 因为$(x_2,e_1)=\frac{1}{\sqrt{2}}\int_{-1}^{1}t\mathrm{d}t=0$，所以 $x_2-(x_2,e_1)e_1=x_2$，于是令 $e_2=\frac{x_2}{\|x_2\|}$，则

$$\|x_2\|^2=\int_{-1}^{1}t^2\mathrm{d}t=\frac{2}{3},\ e_2=\sqrt{\frac{3}{2}}t=\frac{\sqrt{6}}{2}t$$

(3) 因为

$$(x_3,e_1)=\frac{\sqrt{2}}{2}\int_{-1}^{1}t^2\mathrm{d}t=\frac{\sqrt{2}}{3},\ (x_3,e_2)=\frac{\sqrt{6}}{2}\int_{-1}^{1}t^3\mathrm{d}t=0$$

所以

$$v=x_3-(x_3,e_1)e_1-(x_3,e_2)e_2=t^2-\frac{1}{3},\ \|v\|^2=\int_{-1}^{1}\left(t^2-\frac{1}{3}\right)^2\mathrm{d}t=\frac{8}{45}$$

于是

$$e_3=\frac{v}{\|v\|}=\frac{\sqrt{10}}{4}(3t^2-1)$$

因此$\{1,t,t^2\}$正交化后的标准正交基为$\left\{\frac{\sqrt{2}}{2},\frac{\sqrt{6}}{2}t,\frac{\sqrt{10}}{4}(3t^2-1)\right\}$。

10. 由不动点定理在函数空间中给出常微分方程解的存在性和唯一性定理。

答： 定理如下：

定理 1.4.6　设微分方程为

$$\frac{\mathrm{d}y}{\mathrm{d}x}=f(x,\ y) \tag{1.1}$$

式中的 $f(x, y)$是在 $\mathbf{R}^2$ 上定义的连续函数，且关于 y 满足 Lipschitz 条件：

$$|f(x,\ y_1)-f(x,\ y_2)|\leqslant L|y_1-y_2| \tag{1.2}$$

则通过任一点(x_0, y_0)必有且只有一条式(1.1)的积分曲线 $y=y^*(x)$。

证明： 微分方程(1.1)和初始条件

$$\begin{cases}\dfrac{\mathrm{d}y}{\mathrm{d}x}=f(x,\ y)\\ y|_{x=x_0}=y_0\end{cases}$$

可以转化为等价的积分方程：

$$y-y_0=\int_{x_0}^{x}f(t,\ y(t))\mathrm{d}t$$

从而

$$y(x)=y_0+\int_{x_0}^{x}f(t,\ y(t))\mathrm{d}t \tag{1.3}$$

令

$$\mathrm{T}y=y_0+\int_{x_0}^{x}f(t,\ y(t))\mathrm{d}t$$

则式(1.3)成为 $y=\mathrm{T}y$ 的形式。只要证明这里的 T 满足不动点定理的条件即可。

取 δ，使 $L\delta<1$，考虑 $C[x_0-\delta,\ x_0+\delta]$的函数空间。显然，

$$\mathrm{T}:C[x_0-\delta,\ x_0+\delta]\to C[x_0-\delta,\ x_0+\delta]$$

下面要证 T 为压缩算子。

$$\begin{aligned}\rho(\mathrm{T}y_1,\ \mathrm{T}y_2)&=\max_{|x-x_0|\leqslant\delta}\left|\int_{x_0}^{x}f(t,\ y_1(t))\mathrm{d}t-\int_{x_0}^{x}f(t,\ y_2(t))\mathrm{d}t\right|\\&=\max_{|x-x_0|\leqslant\delta}\left|\int_{x_0}^{x}[f(t,\ y_1)-f(t,\ y_2)]\mathrm{d}t\right|\\&\leqslant\max_{|x-x_0|\leqslant\delta}\int_{x_0}^{x}L|y_1-y_2|\mathrm{d}t\\&\leqslant\int_{x_0}^{x}L\max_{|x-x_0|\leqslant\delta}|y_1-y_2|\mathrm{d}t\\&\leqslant L\delta\max_{|x-x_0|\leqslant\delta}|y_1-y_2|=L\delta\rho(y_1,\ y_2)\end{aligned}$$

取 $\theta=L\delta<1$，所以 T 为压缩算子，故必存在唯一的 $y=y^*(x)$，使 $y^*=\mathrm{T}y^*$，即 $y=y^*(x)$为微分方程(1.1)满足初始条件 $y(x_0)=y_0$ 的唯一解：

$$y^*(x) = y_0 + \int_{x_0}^{x} f(t, y^*(t))\mathrm{d}t$$

定理证毕。

11. 设实对称矩阵 $\boldsymbol{A}$ 的特征值为 $\lambda_1, \lambda_2, \cdots, \lambda_n$，试证：

$$\|\boldsymbol{A}\|_F = (\lambda_1^2 + \lambda_2^2 + \cdots + \lambda_n^2)^{\frac{1}{2}}$$

证明： 因为 $\boldsymbol{A}$ 对称，故 $\lambda(\boldsymbol{A}^T\boldsymbol{A}) = \lambda(\boldsymbol{A}^2) = [\lambda(\boldsymbol{A})]^2$，从而

$$\lambda_1(\boldsymbol{A}^T\boldsymbol{A}) + \lambda_2(\boldsymbol{A}^T\boldsymbol{A}) + \cdots + \lambda_n(\boldsymbol{A}^T\boldsymbol{A}) = \sum_{i=1}^{n}[\lambda_i(\boldsymbol{A})]^2 = \sum_{i=1}^{n}\lambda_i^2$$

又

$$\sum_{i=1}^{n}\lambda_i(\boldsymbol{A}^T\boldsymbol{A}) = \mathrm{tr}(\boldsymbol{A}^T\boldsymbol{A}) = \sum_{i=1}^{n}a_{i1}^2 + \sum_{i=1}^{n}a_{i2}^2 + \cdots + \sum_{i=1}^{n}a_{in}^2$$

$$= \sum_{j=1}^{n}\sum_{i=1}^{n}a_{ij}^2 = \|\boldsymbol{A}\|_F^2$$

其中 $\mathrm{tr}(\boldsymbol{A}^T\boldsymbol{A})$ 指 $\boldsymbol{A}^T\boldsymbol{A}$ 的迹，即对角元之和。故

$$\|\boldsymbol{A}\|_F = (\lambda_1^2 + \lambda_2^2 + \cdots + \lambda_n^2)^{\frac{1}{2}}$$

1.3 典型例题

例 1.1 下列各数都是经过四舍五入得到的近似数，即误差不超过最后一位的半个单位，试指出它们是几位有效数字：

$$x_1^* = 1.1021，x_2^* = 0.031，x_3^* = 385.6，x_4^* = 56.430，x_5^* = 7\times1.0。$$

解： $x_1^* = 1.1021$ 有 5 位有效数字；

$x_2^* = 0.031$ 有 2 位有效数字；

$x_3^* = 385.6$ 有 4 位有效数字；

$x_4^* = 56.430$ 有 5 位有效数字；

$x_5^* = 7\times1.0$ 有 2 位有效数字。

例 1.2 确定如下圆周率 π 近似值的绝对误差限、相对误差限，并求其有效数字的位数：

(1) $\frac{22}{7}$；　　(2) $\frac{355}{113}$。

解： (1) 因 $\frac{22}{7} = 3.142\,857\cdots$，$\pi = 3.141\,592\cdots$，故

$$\left|\pi - \frac{22}{7}\right| = |3.141\,592\cdots - 3.142\,857\cdots| = 0.001\,264\cdots$$

取绝对误差 $e = 0.0013$，则相对误差为

$$e_r = \frac{e}{x^*} = \frac{0.0013}{\pi} = 0.041\ 38\%$$

或取绝对误差限 $\varepsilon=0.005=\frac{1}{2}\times10^{-2}$，因为 $m=1$，$m-n=-2$，所以 $n=3$，即有 3 位有效数字。此时相对误差限 $\varepsilon_r=\frac{\varepsilon}{|x^*|}<\frac{\frac{1}{2}\times10^{-2}}{3.14}=0.159\%$。

又解，由定理 1.2.1 知，相对误差限 $\varepsilon_r=\frac{1}{2\times3}\times10^{-3+1}=0.17\%$，前者比后者更精确。

(2) 因 $\frac{355}{113}=3.141\ 592\ 92\cdots$，$\pi=3.141\ 592\cdots$，故

$$\left|\pi-\frac{355}{113}\right| = |3.141\ 592\ 654\cdots - 3.141\ 592\ 920\cdots| = 0.000\ 000\ 266\cdots$$

取绝对误差 $e=0.000\ 000\ 267$，则相对误差为

$$e_r = \frac{e}{x^*} = \frac{0.000\ 000\ 267}{\pi} = 0.000\ 008\ 5\%$$

或取绝对误差限 $\varepsilon=0.000\ 000\ 5=\frac{1}{2}\times10^{-6}$，因为 $m=1$，$m-n=-6$，所以 $n=7$，即有 7 位有效数字。此时相对误差限 $\varepsilon_r=\frac{\varepsilon}{|x^*|}<\frac{\frac{1}{2}\times10^{-6}}{3.14}=0.000\ 015\ 9\%$。

又解，由定理 1.2.1 知，相对误差限 $\varepsilon_r=\frac{1}{2\times3}\times10^{-7+1}=0.000\ 017\%$，前者比后者更精确。

例 1.3 设 $x_1=1.21$、$x_2=3.65$、$x_3=9.71$ 均是具有 3 位有效数字的近似值，试估算 $x_1x_2+x_3$ 的相对误差限。

解： 由已知条件得

$$|e(x_1)|\leqslant\frac{1}{2}\times10^{-2},\quad |e(x_2)|\leqslant\frac{1}{2}\times10^{-2},\quad |e(x_3)|\leqslant\frac{1}{2}\times10^{-2}$$

因为

$$e(x_1x_2+x_3)\approx e(x_1x_2)+e(x_3)\approx x_2e(x_1)+x_1e(x_2)+e(x_3)$$

所以

$$\begin{aligned}|e(x_1x_2+x_3)| &\approx |x_2e(x_1)+x_1e(x_2)+e(x_3)| \\ &\leqslant x_2|e(x_1)|+x_1|e(x_2)|+|e(x_3)| \\ &\leqslant 3.65\times\frac{1}{2}\times10^{-2}+1.21\times\frac{1}{2}\times10^{-2}+\frac{1}{2}\times10^{-2} \\ &= 2.93\times10^{-2}\end{aligned}$$

又因为

$$e_r(x_1x_2+x_3)=\frac{e(x_1x_2+x_3)}{x_1x_2+x_3}$$

所以

$$|e_r(x_1x_2+x_3)|=\left|\frac{e(x_1x_2+x_3)}{x_1x_2+x_3}\right|\leqslant\frac{2.93\times10^{-2}}{1.21\times3.65+9.71}=0.2074\times10^{-2}$$

例 1.4　已知反双曲正弦函数 $f(x)=\ln(x-\sqrt{x^2-1})$，求 $f(30)$的值。若开平方用 6 位函数表，有

$$\ln(30-\sqrt{30^2-1})=\ln(30-29.9833)=-4.092\,347$$

则所得结果具有几位有效数字？

若改用另一等价公式 $\ln(x-\sqrt{x^2-1})=-\ln(x+\sqrt{x^2-1})$，有

$$\ln(30-\sqrt{30^2-1})=-\ln(30+\sqrt{30^2-1})=-\ln(30+29.9833)=-4.094\,066$$

则所得结果具有几位有效数字？

解： 因为 $f(x)=\ln(x-\sqrt{x^2-1})$，所以 $f(30)=\ln(30-\sqrt{899})$。

设 $x^*=\sqrt{30^2-1}$，$x=29.9833$，则

$$|x^*-x|\leqslant\frac{1}{2}\times10^{-4}$$

$$\ln(30-x^*)-\ln(30-x)\approx\frac{-1}{30-x}[(30-x^*)-(30-x)]=\frac{x^*-x}{30-x}$$

$$|\ln(30-x^*)-\ln(30-x)|\leqslant\frac{|x^*-x|}{30-x}\leqslant\frac{\frac{1}{2}\times10^{-4}}{30-29.9833}$$

$$=0.299\,401\times10^{-2}<\frac{1}{2}\times10^{-2}$$

所以第一种算法至少具有 3 位有效数字。

又因为

$$\ln(30+x^*)-\ln(30+x)\approx\frac{-1}{30+x}[(30+x^*)-(30+x)]=\frac{x-x^*}{30+x}$$

$$|\ln(30+x^*)-\ln(30+x)|\leqslant\frac{|x^*-x|}{30+x}\leqslant\frac{\frac{1}{2}\times10^{-4}}{30+29.9833}<\frac{1}{2}\times10^{-5}$$

所以第二种算法至少具有 6 位有效数字。

例 1.5　为了使计算 $y=10+\frac{3}{x-1}+\frac{4}{(x-1)^2}-\frac{6}{(x-1)^3}$的乘除法运算次数尽量少，应将表达式改成怎样的计算形式？

解：设 $t=\dfrac{1}{x-1}$，则 $y=10+[3+(4-6t)t]t$，这时共有三次乘法和一次除法。

为了减少计算时间，应考虑充分利用耗时少的运算。

例 1.6　建立下列积分的递推关系式，并研究其误差传播：

$$I_n=\int_0^1\frac{x^n}{x+5}\mathrm{d}x,\ n=0,\ 1,\ \cdots,\ 20$$

解法一：因为

$$I_n+5I_{n-1}=\int_0^1 x^{n-1}\mathrm{d}x=\frac{1}{n} \tag{1.4}$$

所以，正向递推得计算公式：

$$\begin{cases} I_n+5I_{n-1}=\displaystyle\int_0^1 x^{n-1}\mathrm{d}x=\frac{1}{n} \\ I_0=\displaystyle\int_0^1\frac{1}{x+5}\mathrm{d}x=\ln 6-\ln 5 \end{cases}$$

但由于初始值 ln6－ln5 是无理数，在实际计算时必然产生截断误差，因此实际的计算公式应该为

$$\begin{cases} \tilde{I}_n=-5\tilde{I}_{n-1}+\dfrac{1}{n} \\ \tilde{I}_0\approx\ln 6-\ln 5 \end{cases}$$

于是第 n 步的计算误差为

$$I_n-\tilde{I}_n=-5(I_{n-1}-\tilde{I}_{n-1})=\cdots=(-5)^n(I_0-\tilde{I}_0)$$

也就是说，每步计算误差都扩大了 5 倍，因此公式(1.4)是不稳定的算法。

解法二：逆向递推得

$$I_{n-1}=-\frac{1}{5}I_n+\frac{1}{5n}$$

因此，如果能先算出 I_{20}，则依次可得到 I_{19}，I_{18}，…，I_0。而

$$I_n=\int_0^1\frac{x^n}{x+5}\mathrm{d}x=\frac{1}{\xi+5}\int_0^1 x^n\mathrm{d}x=\frac{1}{\xi+5}\cdot\frac{1}{n+1},\ 0<\xi<1$$

并且有

$$\frac{1}{6(n+1)}<I_n<\frac{1}{5(n+1)}$$

于是得到

$$\frac{1}{6\times 21}<I_{20}<\frac{1}{5\times 21}$$

因此可取

$$I_{20}\approx\frac{1}{2}\left(\frac{1}{6\times 21}+\frac{1}{5\times 21}\right)\approx 0.008\ 730\ 158\ 7$$

故得到实际计算公式

$$I_{n-1}-\tilde{I}_{n-1}=-\frac{1}{5}(I_n-\tilde{I}_n),\ \cdots,\ I_0-\tilde{I}_0=\left(-\frac{1}{5}\right)^n(I_n-\tilde{I}_n)$$

也就是说，反向迭代的结果是每次迭代误差都缩小为原来的$\frac{1}{5}$，因此该迭代公式是稳定的算法。

例 1.7 证明下列不等式：

(1) $\|\boldsymbol{x}\|_\infty\leqslant\|\boldsymbol{x}\|_2\leqslant\sqrt{n}\|\boldsymbol{x}\|_\infty$； (2) $\frac{1}{\sqrt{n}}\|\boldsymbol{x}\|_1\leqslant\|\boldsymbol{x}\|_2\leqslant\|\boldsymbol{x}\|_1$。

证明：(1) 令 $\boldsymbol{x}=(x_1, x_2, \cdots, x_n)^{\mathrm{T}}\in\mathbf{R}^n$，则

$$\|\boldsymbol{x}\|_2=\left(\sum_{i=1}^n x_i^2\right)^{\frac{1}{2}}\leqslant\sqrt{n\left(\max_{1\leqslant i\leqslant n}|x_i|\right)^2}=\sqrt{n}\ \|\boldsymbol{x}\|_\infty$$

又
$$\|\boldsymbol{x}\|_\infty=\sqrt{\left(\max_{1\leqslant i\leqslant n}|x_i|\right)^2}\leqslant\left(\sum_{i=1}^n x_i^2\right)^{\frac{1}{2}}$$

故结论成立。

(2) 令 $\boldsymbol{x}=(x_1, x_2, \cdots, x_n)^{\mathrm{T}}\in\mathbf{R}^n$，则应用 Cauchy-Schwarz 不等式得

$$\|\boldsymbol{x}\|_1=\sum_{i=1}^n|x_i|=\sum_{i=1}^n 1\cdot|x_i|\leqslant\sqrt{\left(\sum_{i=1}^n 1^2\right)\cdot\sum_{i=1}^n|x_i|^2}=\sqrt{n}\ \|\boldsymbol{x}\|_2$$

所以

$$\frac{1}{\sqrt{n}}\|\boldsymbol{x}\|_1\leqslant\|\boldsymbol{x}\|_2$$

显然有 $\sum_{i=1}^n|x_i|^2\leqslant\left(\sum_{i=1}^n|x_i|\right)^2$，故

$$\|\boldsymbol{x}\|_2\leqslant\|\boldsymbol{x}\|_1$$

综上所述，不等式$\frac{1}{\sqrt{n}}\|\boldsymbol{x}\|_1\leqslant\|\boldsymbol{x}\|_2\leqslant\|\boldsymbol{x}\|_1$成立。

例 1.8 设向量 $\boldsymbol{x}=(x_1, x_2, x_3)^{\mathrm{T}}$，问：

(1) $|x_1|+|2x_2|+|x_3|$是不是一种向量范数？

(2) $|x_1+3x_2|+|x_3|$是不是一种向量范数？

解：(1) 正定性：记$\|\boldsymbol{x}\|=|x_1|+|2x_2|+|x_3|$，显然$\|\boldsymbol{x}\|\geqslant 0$，对任意 $\boldsymbol{x}\in\mathbf{R}^3$，且$\|\boldsymbol{x}\|=0$，有 $x_1=x_2=x_3=0$，即 $\boldsymbol{x}=\mathbf{0}$。

正齐性：对任意 $\lambda\in\mathbf{R}$，$\lambda\boldsymbol{x}=(\lambda x_1, \lambda x_2, \lambda x_3)^{\mathrm{T}}$，有

$$\|\lambda\boldsymbol{x}\|=|\lambda x_1|+|2\lambda x_2|+|\lambda x_3|=|\lambda|(|x_1|+|2x_2|+|x_3|)=|\lambda|\ \|\boldsymbol{x}\|$$

三角不等式：对任意 $\boldsymbol{x}$、$\boldsymbol{y}\in\mathbf{R}^3$，$\boldsymbol{y}=(y_1, y_2, y_3)^{\mathrm{T}}$，有

$$\|\boldsymbol{x}+\boldsymbol{y}\|=|x_1+y_1|+|2(x_2+y_2)|+|x_3+y_3|$$

$$\leqslant |x_1|+|y_1|+|2x_2|+|2y_2|+|x_3|+|y_3| = \|\boldsymbol{x}\| + \|\boldsymbol{y}\|$$

因此，$|x_1|+|2x_2|+|x_3|$是一种向量范数。

(2) 因为由$|x_1+3x_2|+|x_3|=0$知$x_1+3x_2=0$，$x_3=0$，但$x_1=x_2=x_3=0$不成立，例如$\boldsymbol{x}=(3, -1, 0)^{\mathrm{T}}\neq\boldsymbol{0}$，$|3+3(-1)|+|0|=0$，故$|x_1+3x_2|+|x_3|$不是一种向量范数。

例 1.9　设$\|\boldsymbol{A}\|_{\mathrm{p}}$和$\|\boldsymbol{A}\|_{\mathrm{q}}$为$\mathbf{R}^{n\times n}$上任意两种矩阵(算子)范数，证明：存在常数$d_1$、$d_2>0$，使得

$$d_1\|\boldsymbol{A}\|_{\mathrm{p}}\leqslant\|\boldsymbol{A}\|_{\mathrm{q}}\leqslant d_2\|\boldsymbol{A}\|_{\mathrm{p}}$$

对一切$\boldsymbol{A}\in\mathbf{R}^{n\times n}$均成立。

证明：由向量范数的等价性知，对任意的$\boldsymbol{x}\in\mathbf{R}^n$，存在常数$c_1$和$c_2$，使得

$$c_1\|\boldsymbol{x}\|_{\mathrm{p}}\leqslant\|\boldsymbol{x}\|_{\mathrm{q}}\leqslant c_2\|\boldsymbol{x}\|_{\mathrm{p}},\ c_1\|\boldsymbol{Ax}\|_{\mathrm{p}}\leqslant\|\boldsymbol{Ax}\|_{\mathrm{q}}\leqslant c_2\|\boldsymbol{Ax}\|_{\mathrm{p}}$$

当$\boldsymbol{x}\neq\boldsymbol{0}$时，有

$$\frac{c_1}{c_2}\cdot\frac{\|\boldsymbol{Ax}\|_{\mathrm{p}}}{\|\boldsymbol{x}\|_{\mathrm{p}}}\leqslant\frac{\|\boldsymbol{Ax}\|_{\mathrm{q}}}{\|\boldsymbol{x}\|_{\mathrm{q}}}\leqslant\frac{c_2}{c_1}\cdot\frac{\|\boldsymbol{Ax}\|_{\mathrm{p}}}{\|\boldsymbol{x}\|_{\mathrm{p}}}$$

记$d_1=\dfrac{c_1}{c_2}$，$d_2=\dfrac{c_2}{c_1}$，由$d_1\cdot\dfrac{\|\boldsymbol{Ax}\|_{\mathrm{p}}}{\|\boldsymbol{x}\|_{\mathrm{p}}}\leqslant\dfrac{\|\boldsymbol{Ax}\|_{\mathrm{q}}}{\|\boldsymbol{x}\|_{\mathrm{q}}}$得

$$d_1\cdot\frac{\|\boldsymbol{Ax}\|_{\mathrm{p}}}{\|\boldsymbol{x}\|_{\mathrm{p}}}\leqslant\max_{\substack{\boldsymbol{x}\in\boldsymbol{R}^n\\ \boldsymbol{x}\neq\boldsymbol{0}}}\frac{\|\boldsymbol{Ax}\|_{\mathrm{q}}}{\|\boldsymbol{x}\|_{\mathrm{q}}}=\|\boldsymbol{A}\|_{\mathrm{q}}$$

因而

$$d_1\|\boldsymbol{A}\|_{\mathrm{p}}\leqslant\|\boldsymbol{A}\|_{\mathrm{q}}\tag{1.5}$$

同理由$\dfrac{\|\boldsymbol{Ax}\|_{\mathrm{q}}}{\|\boldsymbol{x}\|_{\mathrm{q}}}\leqslant d_2\cdot\dfrac{\|\boldsymbol{Ax}\|_{\mathrm{p}}}{\|\boldsymbol{x}\|_{\mathrm{p}}}$可得

$$\|\boldsymbol{A}\|_{\mathrm{q}}\leqslant d_2\|\boldsymbol{A}\|_{\mathrm{p}}\tag{1.6}$$

由式(1.5)和式(1.6)得

$$d_1\|\boldsymbol{A}\|_{\mathrm{p}}\leqslant\|\boldsymbol{A}\|_{\mathrm{q}}\leqslant d_2\|\boldsymbol{A}\|_{\mathrm{p}}$$

例 1.10　证明：

(1) 若$\boldsymbol{A}\in\mathbf{R}^{n\times n}$，$\boldsymbol{B}\in\mathbf{R}^{n\times n}$，则$\|\boldsymbol{AB}\|_{\mathrm{F}}\leqslant\|\boldsymbol{A}\|_{\mathrm{F}}\|\boldsymbol{B}\|_{\mathrm{F}}$；

(2) 若$\boldsymbol{A}\in\mathbf{R}^{n\times n}$，$\boldsymbol{x}\in\mathbf{R}^n$，则$\|\boldsymbol{Ax}\|_2\leqslant\sqrt{n}\|\boldsymbol{A}\|_1\|\boldsymbol{x}\|_2$。

证明：(1) 因为

$$\boldsymbol{AB}=\Big[\sum_{k=1}^{n}a_{ik}b_{kj}\Big]_{n\times n},\quad i、j=1, 2, \cdots, n$$

$$\|\boldsymbol{AB}\|_{\mathrm{F}}^2=\sum_{i=1}^{n}\sum_{j=1}^{n}\Big(\sum_{k=1}^{n}a_{ik}b_{kj}\Big)^2\leqslant\sum_{i=1}^{n}\sum_{j=1}^{n}\Big(\sum_{k=1}^{n}a_{ik}^2\sum_{k=1}^{n}b_{kj}^2\Big)$$

$$=\Big(\sum_{i=1}^{n}\sum_{k=1}^{n}a_{ik}^2\Big)\Big(\sum_{k=1}^{n}\sum_{j=1}^{n}b_{kj}^2\Big)=\|\boldsymbol{A}\|_{\mathrm{F}}^2\|\boldsymbol{B}\|_{\mathrm{F}}^2$$

所以

$$\|\boldsymbol{AB}\|_F \leqslant \|\boldsymbol{A}\|_F \|\boldsymbol{B}\|_F$$

(2) 由例 1.7 可知

$$\|\boldsymbol{x}\|_2 \leqslant \|\boldsymbol{x}\|_1 \leqslant \sqrt{n}\ \|\boldsymbol{x}\|_2$$

从而

$$\|\boldsymbol{Ax}\|_2 \leqslant \|\boldsymbol{Ax}\|_1 \leqslant \sqrt{n}\ \|\boldsymbol{Ax}\|_2$$

由例 1.9 可得

$$\frac{1}{\sqrt{n}}\|\boldsymbol{A}\|_2 \leqslant \|\boldsymbol{A}\|_1 \leqslant \sqrt{n}\ \|\boldsymbol{A}\|_2$$

故

$$\|\boldsymbol{Ax}\|_2 \leqslant \|\boldsymbol{A}\|_2 \|\boldsymbol{x}\|_2 \leqslant \sqrt{n}\ \|\boldsymbol{A}\|_1 \|\boldsymbol{x}\|_2$$

例 1.11　对 n 阶非奇异矩阵 $\boldsymbol{A}$ 和 n 阶奇异矩阵 $\boldsymbol{B}$，证明 $\|\boldsymbol{A}^{-1}\| \geqslant \dfrac{1}{\|\boldsymbol{A}-\boldsymbol{B}\|}$。

证明： 由于 $\boldsymbol{B}$ 为奇异矩阵，因此存在 $\boldsymbol{x}\neq\boldsymbol{0}$，使 $\boldsymbol{Bx}=\boldsymbol{0}$，从而 $\boldsymbol{Ax}-\boldsymbol{Bx}=\boldsymbol{Ax}$。

由于 $\boldsymbol{A}$ 为非奇异矩阵，因此有 $\boldsymbol{x}=\boldsymbol{A}^{-1}(\boldsymbol{Ax}-\boldsymbol{Bx})$。

由相容性条件和乘积不等式，有

$$\|\boldsymbol{x}\| = \|\boldsymbol{A}^{-1}(\boldsymbol{A}-\boldsymbol{B})\boldsymbol{x}\| \leqslant \|\boldsymbol{A}^{-1}\| \|\boldsymbol{A}-\boldsymbol{B}\| \|\boldsymbol{x}\|$$

则 $\|\boldsymbol{x}\| \leqslant \|\boldsymbol{A}^{-1}\| \|\boldsymbol{A}-\boldsymbol{B}\| \|\boldsymbol{x}\|$，即

$$\|\boldsymbol{A}^{-1}\| \geqslant \frac{1}{\|\boldsymbol{A}-\boldsymbol{B}\|}$$

例 1.12　设 $\boldsymbol{x}$，$\boldsymbol{y}$ 是内积空间 X 的两个向量，证明 $\boldsymbol{x}\perp\boldsymbol{y}$ 当且仅当 $\forall\alpha\in K$ 有

$$\|\boldsymbol{x}+\alpha\boldsymbol{y}\| = \|\boldsymbol{x}-\alpha\boldsymbol{y}\|$$

证明： 由 $\|\boldsymbol{x}\|^2=(\boldsymbol{x},\boldsymbol{x})$ 可得 $\forall\alpha\in K$ 有

$$\|\boldsymbol{x}+\alpha\boldsymbol{y}\|^2 = (\boldsymbol{x}+\alpha\boldsymbol{y},\ \boldsymbol{x}+\alpha\boldsymbol{y}) = \|\boldsymbol{x}\|^2+\alpha(\boldsymbol{y},\boldsymbol{x})+\bar{\alpha}(\boldsymbol{x},\boldsymbol{y})+|\alpha|^2\|\boldsymbol{y}\|^2$$

$$\|\boldsymbol{x}-\alpha\boldsymbol{y}\|^2 = (\boldsymbol{x}-\alpha\boldsymbol{y},\ \boldsymbol{x}-\alpha\boldsymbol{y}) = \|\boldsymbol{x}\|^2-\alpha(\boldsymbol{y},\boldsymbol{x})-\bar{\alpha}(\boldsymbol{x},\boldsymbol{y})+|\alpha|^2\|\boldsymbol{y}\|^2$$

于是 $\|\boldsymbol{x}+\alpha\boldsymbol{y}\|=\|\boldsymbol{x}-\alpha\boldsymbol{y}\|$ 当且仅当 $\alpha(\boldsymbol{y},\boldsymbol{x})+\bar{\alpha}(\boldsymbol{x},\boldsymbol{y})=0$.

先证必要性。若 $\boldsymbol{x}\perp\boldsymbol{y}$，显然有 $\alpha(\boldsymbol{y},\boldsymbol{x})+\bar{\alpha}(\boldsymbol{x},\boldsymbol{y})=0$，此时，

$$\|\boldsymbol{x}+\alpha\boldsymbol{y}\| = \|\boldsymbol{x}-\alpha\boldsymbol{y}\|$$

再证充分性。若 $\forall\alpha\in K$，$\alpha(\boldsymbol{y},\boldsymbol{x})+\bar{\alpha}(\boldsymbol{x},\boldsymbol{y})=0$ 成立，即

$$\|\boldsymbol{x}+\alpha\boldsymbol{y}\| = \|\boldsymbol{x}-\alpha\boldsymbol{y}\|$$

不妨取 $\alpha=(\boldsymbol{x},\boldsymbol{y})$，可得 $2|(\boldsymbol{x},\boldsymbol{y})|^2=0$，从而 $(\boldsymbol{x},\boldsymbol{y})=0$，即 $\boldsymbol{x}\perp\boldsymbol{y}$。

1.4　习题解答

1. 构造数值算法有哪些原则？

解：算法设计、收敛性分析、计算复杂度分析和稳定性分析是数值分析课程要考虑的核心问题。对于给定的数学模型，应该设计可行、有效的算法，使其在理论上收敛、稳定，在实际计算中精确度高，计算复杂度小。

2. 误差通常来源于哪几方面？

解：科学计算中，误差一般有模型误差、观测误差、截断误差和舍入误差。

用计算机解决实际问题时，首先要建立数学模型。数学模型与实际问题之间的误差称为模型误差。

在数学模型中往往还有一些根据观测得到的物理量，实验或观测得到的数据与实际数据之间的误差称为观测误差。

当数学模型不能得到精确解时，通常要用数值方法求它的近似解，其近似解和精确解之间的误差称为截断误差或方法误差。

对数据进行四舍五入后产生的误差称为舍入误差。

3. 数值算法的稳定性指什么？

解：算法稳定性是指一个算法中如果输入数据有误差，而在计算中舍入误差不增长；否则称为算法不稳定。

判断一个算法是否稳定主要是看初始数据误差在计算中的放大程度，如果放大倍数很大，它就是数值不稳定的算法。

对于不稳定的算法，由于其误差传播是逐步扩大的，因而计算结果不可靠。所以，不稳定的算法是不能使用的。

4. 计算复杂度包括哪些方面？

解：计算复杂度包括两个方面：一是使用中央处理器的时间，这主要由四则运算的次数决定；二是占用内存储器的空间，这主要由使用的数据量决定。有时也称计算复杂度为时间与空间的复杂度。

5. 设 $x>0$，x 的相对误差为 δ，求 $\ln x$ 的误差。

解：设 $x^*>0$ 为 x 的近似值，则相对误差为 $\varepsilon_r^*(x)=\dfrac{x^*-x}{x}=\delta$，绝对误差为 $\varepsilon^*(x)=\delta x^*$，从而 $\ln x$ 的误差为

$$\varepsilon^*(\ln x)=|(\ln x^*)'|\varepsilon(x^*)=\frac{1}{x^*}\delta x^*=\delta$$

相对误差为

$$\varepsilon_r^*(\ln x)=\frac{\varepsilon^*(\ln x)}{\ln x^*}=\frac{\delta}{\ln x^*}$$

6. 计算球体积，要使相对误差限为 1%，问度量半径为 R 时允许的相对误差限是多少？

解：
$$\varepsilon_r(V)=\frac{\frac{4}{3}\pi R^{*3}-\frac{4}{3}\pi R^3}{\frac{4}{3}\pi R^3}=\frac{R^*-R}{R}\cdot\frac{R^2+R\cdot R+R^{*2}}{R^2}$$
$$\approx\frac{R^*-R}{R}\cdot\frac{3R^2}{R^2}=\frac{R^*-R}{R}\cdot 3=1\%$$

则
$$\frac{R^*-R}{R}=1\%\times\frac{1}{3}=\frac{1}{300}$$

7. 当 N 充分大时，怎样求 $\int_N^{N+1}\frac{1}{1+x^2}\mathrm{d}x$？

解： 因为$\int_N^{N+1}\frac{1}{1+x^2}\mathrm{d}x=\arctan(N+1)-\arctan N$，当 N 充分大时此积分为两个相近数相减，于是设 $\alpha=\arctan(N+1)$，$\beta=\arctan N$，则 $N+1=\tan\alpha$，$N=\tan\beta$，从而
$$\tan(\alpha-\beta)=\frac{\tan\alpha-\tan\beta}{1+\tan\alpha\tan\beta}=\frac{(N+1)-N}{1+N(N+1)}=\frac{1}{N^2+N+1}$$

因此
$$\int_N^{N+1}\frac{1}{1+x^2}\mathrm{d}x=\alpha-\beta=\arctan\frac{1}{N^2+N+1}$$

8. 已知三角形面积 $S=\frac{1}{2}ab\sin c$，其中 c 为弧度，$0<c<\frac{\pi}{2}$，且测量 a、b、c 的误差分别为 Δa、Δb、Δc。证明面积的误差 ΔS 满足：
$$\left|\frac{\Delta S}{S}\right|\leqslant\left|\frac{\Delta a}{a}\right|+\left|\frac{\Delta b}{b}\right|+\left|\frac{\Delta c}{c}\right|$$

证明： 由多元函数近似值的绝对误差和相对误差的估计公式得
$$\Delta S\leqslant\left|\frac{\partial S}{\partial a}\right|\Delta a+\left|\frac{\partial S}{\partial b}\right|\Delta b+\left|\frac{\partial S}{\partial c}\right|\Delta c$$
$$=\left|\frac{1}{2}b\sin c\right|\Delta a+\left|\frac{1}{2}a\sin c\right|\Delta b+\left|\frac{1}{2}ab\cos c\right|\Delta c$$

故
$$\left|\frac{\Delta S}{S}\right|\leqslant\left|\frac{\frac{1}{2}b\sin c}{\frac{1}{2}ab\sin c}\right||\Delta a|+\left|\frac{\frac{1}{2}a\sin c}{\frac{1}{2}ab\sin c}\right||\Delta b|+\left|\frac{\frac{1}{2}ab\cos c}{\frac{1}{2}ab\sin c}\right||\Delta c|$$
$$=\left|\frac{\Delta a}{a}\right|+\left|\frac{\Delta b}{b}\right|+\left|\frac{\Delta c}{\tan c}\right|$$

由于 $0<c<\frac{\pi}{2}$，故有 $0<c<\tan c$，从而得
$$\left|\frac{\Delta S}{S}\right|\leqslant\left|\frac{\Delta a}{a}\right|+\left|\frac{\Delta b}{b}\right|+\left|\frac{\Delta c}{c}\right|$$

9. 设序列$\{y_n\}$满足关系式$y_n=y_{n-1}-\sqrt{2}$，$n=1, 2, \cdots$。若$y_0=1$，$\sqrt{2}\approx1.4142$，则计算y_{10}会有多大误差？

解：设$\bar{y}_n$为y_n的近似值，$\varepsilon(1.4142)=\delta=\frac{1}{2}\times10^{-4}$，则有$y_0=1$，$\bar{y}_0=1$，

$$\delta(y_0)=|\bar{y}_0-y_0|=0$$

$$|\bar{y}_1-y_1|=\left|(\bar{y}_0-1.4142)-(y_0-\sqrt{2})\right|=\frac{1}{2}\times10^{-4}=\delta$$

$$\begin{aligned}|\bar{y}_2-y_2|&=\left|(\bar{y}_1-1.4142)-(y_1-\sqrt{2})\right|\\&=\left|(\bar{y}_1-y_1)-(1.4142-\sqrt{2})\right|\leqslant\delta+\delta=2\delta\end{aligned}$$

由递推公式可得

$$|\bar{y}_{10}-y_{10}|\leqslant10\delta=\frac{1}{2}\times10^{-3}$$

即计算y_{10}误差不超过$\frac{1}{2}\times10^{-3}$。

10. 设序列$\{y_n\}$满足关系式$y_n=10y_{n-1}$，$n=1, 2, \cdots$。若$y_0=\sqrt{2}\approx1.4142$，则计算$y_{10}$会有多大误差？

解：设$\bar{y}_n$为y_n的近似值，$\varepsilon^*(y_n)=|\bar{y}_n-y_n|$，则由$\begin{cases}y_0=\sqrt{2}\\y_n=10y_{n-1}\end{cases}$与$\begin{cases}\bar{y}_0=1.4142\\\bar{y}_n=10\bar{y}_{n-1}\end{cases}$可知，

$$\varepsilon^*(y_0)=\frac{1}{2}\times10^{-4},\ \bar{y}_n-y_n=10(\bar{y}_{n-1}-y_{n-1})$$

$$\varepsilon^*(y_n)=10\varepsilon^*(y_{n-1})=10^n\varepsilon^*(y_0)$$

从而

$$\varepsilon^*(y_{10})=10^{10}\varepsilon^*(y_0)=10^{10}\times\frac{1}{2}\times10^{-4}=\frac{1}{2}\times10^{6}$$

因此在绝对误差的意义下该方法不稳定。

11. 求证：

(1) $\|\boldsymbol{x}\|_\infty\leqslant\|\boldsymbol{x}\|_1\leqslant n\|\boldsymbol{x}\|_\infty$；

(2) $\frac{1}{\sqrt{n}}\|\boldsymbol{A}\|_F\leqslant\|\boldsymbol{A}\|_2\leqslant\|\boldsymbol{A}\|_F$。

证明：(1) 因为$\|\boldsymbol{x}\|_1=\sum_{i=1}^{n}|x_i|$，$\|\boldsymbol{x}\|_\infty=\max_{1\leqslant i\leqslant n}|x_i|$，故

$$\|\boldsymbol{x}\|_\infty=\max_{1\leqslant i\leqslant n}|x_i|\leqslant\sum_{i=1}^{n}|x_i|=\|\boldsymbol{x}\|_1\leqslant n\max_{1\leqslant i\leqslant n}|x_i|=n\|\boldsymbol{x}\|_\infty$$

(2) 因为$\|\boldsymbol{A}\|_2=\sqrt{\lambda_{\max}(\boldsymbol{A}^{\mathrm{T}}\boldsymbol{A})}$，$\|\boldsymbol{A}\|_F=\left(\sum_{i,j=1}^{n}a_{ij}^2\right)^{\frac{1}{2}}$，故

$$\lambda_1{}^2 \leqslant \sum_{i,j=1}^{n} a_{ij}^2 = \mathrm{tr}(\boldsymbol{A}^{\mathrm{T}}\boldsymbol{A}) = \lambda_1{}^2 + \lambda_2{}^2 + \cdots + \lambda_n{}^2 \leqslant n\lambda_1{}^2$$

即 $\|\boldsymbol{A}\|_2^2 \leqslant \|\boldsymbol{A}\|_F^2 \leqslant n\|\boldsymbol{A}\|_2^2$，从而 $\frac{1}{\sqrt{n}}\|\boldsymbol{A}\|_F \leqslant \|\boldsymbol{A}\|_2 \leqslant \|\boldsymbol{A}\|_F$。

注： ① 迹是主对角线元素之和，也等于所有特征值之和。

② $\|\boldsymbol{A}\|_2^2 = \boldsymbol{x}^{\mathrm{T}}\boldsymbol{A}^{\mathrm{T}}\boldsymbol{A}\boldsymbol{x} \geqslant 0 \Rightarrow \boldsymbol{A}^{\mathrm{T}}\boldsymbol{A}$ 是对称正定阵，假设其特征值为 $\lambda_1 \geqslant \lambda_2 \geqslant \cdots \geqslant \lambda_n \geqslant 0$。

12. 设 $\boldsymbol{P} \in \mathbf{R}^{n\times n}$ 且非奇异，又设 $\|\boldsymbol{x}\|$ 为 $\mathbf{R}^n$ 上一向量范数，试证明 $\|\boldsymbol{x}\|_P = \|\boldsymbol{P}\boldsymbol{x}\|$ 亦为 $\mathbf{R}^n$ 上向量的一种范数。

证明：(1) 正定性：因 $\boldsymbol{P}$ 非奇异，故对任意的 $\boldsymbol{x} \neq \boldsymbol{0}$ 有 $\boldsymbol{P}\boldsymbol{x} \neq 0$，故 $\|\boldsymbol{x}\|_P = \|\boldsymbol{P}\boldsymbol{x}\| \geqslant 0$，当且仅当 $\boldsymbol{x} = \boldsymbol{0}$ 时，有 $\|\boldsymbol{x}\|_P = \|\boldsymbol{P}\boldsymbol{x}\| = 0$($\boldsymbol{P}$ 非奇异)；

(2) 正齐性：$\|\alpha\boldsymbol{x}\|_P = \|\boldsymbol{P}(\alpha\boldsymbol{x})\| = \|\alpha\boldsymbol{P}\boldsymbol{x}\| = |\alpha|\,\|\boldsymbol{P}\boldsymbol{x}\| = |\alpha|\,\|\boldsymbol{x}\|_P$，$\forall \alpha \in \mathbf{R}$；

(3) 三角不等式：$\|\boldsymbol{x}+\boldsymbol{y}\|_P = \|\boldsymbol{P}(\boldsymbol{x}+\boldsymbol{y})\| = \|\boldsymbol{P}\boldsymbol{x}+\boldsymbol{P}\boldsymbol{y}\| \leqslant \|\boldsymbol{P}\boldsymbol{x}\| + \|\boldsymbol{P}\boldsymbol{y}\| = \|\boldsymbol{x}\|_P + \|\boldsymbol{y}\|_P$。

综上可知，$\|\boldsymbol{x}\|_P = \|\boldsymbol{P}\boldsymbol{x}\|$ 是 $\mathbf{R}^n$ 上的一种向量范数。

13. 设 $\boldsymbol{A} \in \mathbf{R}^{n\times n}$ 为对称正定的，试证明 $\|\boldsymbol{x}\|_A = (\boldsymbol{A}\boldsymbol{x}, \boldsymbol{x})^{\frac{1}{2}}$ 为 $\mathbf{R}^n$ 上向量的一种范数。

证明：(1) 非负性：因为 $\boldsymbol{A} \in \mathbf{R}^{n\times n}$ 为对称正定的，所以

$$\|\boldsymbol{x}\|_A = (\boldsymbol{A}\boldsymbol{x}, \boldsymbol{x})^{\frac{1}{2}} \geqslant 0 \text{ 且 } \|\boldsymbol{x}\|_A = 0 \Leftrightarrow (\boldsymbol{A}\boldsymbol{x}, \boldsymbol{x}) = 0 \Leftrightarrow \boldsymbol{x} = \boldsymbol{0}$$

(2) 正齐性：

$$\begin{aligned}\|\alpha\boldsymbol{x}\|_A &= (\boldsymbol{A}(\alpha\boldsymbol{x}), \alpha\boldsymbol{x})^{\frac{1}{2}} = (\alpha\boldsymbol{A}\boldsymbol{x}, \alpha\boldsymbol{x})^{\frac{1}{2}} = [\alpha^2(\boldsymbol{A}\boldsymbol{x}, \boldsymbol{x})]^{\frac{1}{2}} \\ &= |\alpha|(\boldsymbol{A}\boldsymbol{x}, \boldsymbol{x})\,\frac{1}{2} = |\alpha|\,\|\boldsymbol{x}\|_A,\ \forall \alpha \in \mathbf{R}\end{aligned}$$

(3) 三角不等式：因为 $\boldsymbol{A} \in \mathbf{R}^{n\times n}$ 为对称正定的，所以存在一非奇异上三角实矩阵 $\boldsymbol{L}$，使得 $\boldsymbol{A} = \boldsymbol{L}^{\mathrm{T}}\boldsymbol{L}$，故利用 Cauchy-Schwarz 不等式，可得

$$\begin{aligned}\|\boldsymbol{x}+\boldsymbol{y}\|_A &= [\boldsymbol{A}(\boldsymbol{x}+\boldsymbol{y}), \boldsymbol{x}+\boldsymbol{y}]^{\frac{1}{2}} = [\boldsymbol{L}^{\mathrm{T}}\boldsymbol{L}(\boldsymbol{x}+\boldsymbol{y}), \boldsymbol{x}+\boldsymbol{y}]^{\frac{1}{2}} \\ &= [\boldsymbol{L}(\boldsymbol{x}+\boldsymbol{y}), \boldsymbol{L}(\boldsymbol{x}+\boldsymbol{y})]^{\frac{1}{2}} \\ &= [(\boldsymbol{L}\boldsymbol{x}, \boldsymbol{L}\boldsymbol{x}) + (\boldsymbol{L}\boldsymbol{x}, \boldsymbol{L}\boldsymbol{y}) + (\boldsymbol{L}\boldsymbol{y}, \boldsymbol{L}\boldsymbol{x}) + (\boldsymbol{L}\boldsymbol{y}, \boldsymbol{L}\boldsymbol{y})]^{\frac{1}{2}} \\ &\leqslant [(\boldsymbol{L}\boldsymbol{x}, \boldsymbol{L}\boldsymbol{x}) + 2(\boldsymbol{L}\boldsymbol{x}, \boldsymbol{L}\boldsymbol{x})^{\frac{1}{2}}(\boldsymbol{L}\boldsymbol{y}, \boldsymbol{L}\boldsymbol{y})^{\frac{1}{2}} + (\boldsymbol{L}\boldsymbol{y}, \boldsymbol{L}\boldsymbol{y})]^{\frac{1}{2}} \\ &= (\boldsymbol{L}\boldsymbol{x}, \boldsymbol{L}\boldsymbol{x})^{\frac{1}{2}} + (\boldsymbol{L}\boldsymbol{y}, \boldsymbol{L}\boldsymbol{y})^{\frac{1}{2}} \\ &= (\boldsymbol{L}^{\mathrm{T}}\boldsymbol{L}\boldsymbol{x}, \boldsymbol{x})^{\frac{1}{2}} + (\boldsymbol{L}^{\mathrm{T}}\boldsymbol{L}\boldsymbol{y}, \boldsymbol{y})^{\frac{1}{2}} \\ &= (\boldsymbol{A}\boldsymbol{x}, \boldsymbol{x})^{\frac{1}{2}} + (\boldsymbol{A}\boldsymbol{y}, \boldsymbol{y})^{\frac{1}{2}} \\ &= \|\boldsymbol{x}\|_A + \|\boldsymbol{y}\|_A\end{aligned}$$

综上可知，$\|x\|_A=(Ax,x)^{\frac{1}{2}}$是一种向量范数。

14. 设$\|A\|_s$和$\|A\|_t$为$\mathbf{R}^{n\times n}$上任意两种矩阵算子范数，证明存在常数c_1、$c_2>0$，使对一切$A\in\mathbf{R}^{n\times n}$满足$c_1\|A\|_s\leqslant\|A\|_t\leqslant c_2\|A\|_s$。

证明： 因为

$$\|A\|_s=\max_{x\neq 0}\frac{\|Ax\|_s}{\|x\|_s},\quad \|A\|_t=\max_{x\neq 0}\frac{\|Ax\|_t}{\|x\|_t}$$

(1) 当$A=0$时，结论成立；

(2) 当$A\neq 0$时，假设$\overline{C_1}\|x\|_s\leqslant\|x\|_t\leqslant\overline{C_2}\|x\|_s$，$\overline{C_1}$、$\overline{C_2}>0$，则

$$\overline{C_1}\|Ax\|_s\leqslant\|Ax\|_t\leqslant\overline{C_2}\|Ax\|_s$$

故

$$\frac{\overline{C_1}\|Ax\|_s}{\overline{C_2}\|x\|_s}\leqslant\frac{\|Ax\|_t}{\|x\|_t}\leqslant\frac{\overline{C_2}\|Ax\|_s}{\overline{C_1}\|x\|_s}$$

即

$$c_1\|A\|_s\leqslant\|A\|_t\leqslant c_2\|A\|_s\text{，其中 }c_1=\frac{\overline{C_1}}{\overline{C_2}},\ c_2=\frac{\overline{C_2}}{\overline{C_1}}>0$$

15. 设A为非奇异矩阵，求证$\dfrac{1}{\|A^{-1}\|_\infty}=\min\limits_{y\neq 0}\dfrac{\|Ay\|_\infty}{\|y\|_\infty}$。

证明： 因为A为非奇异矩阵，所以A^{-1}存在。令$Ax=y$，则$x=A^{-1}y$，于是

$$\|A^{-1}\|_\infty=\max_{y\neq 0}\frac{\|A^{-1}y\|_\infty}{\|y\|_\infty}=\max_{x\neq 0}\frac{\|x\|_\infty}{\|Ax\|_\infty}$$

$$\frac{1}{\|A^{-1}\|_\infty}=\frac{1}{\max\limits_{x\neq 0}\dfrac{\|x\|_\infty}{\|Ax\|_\infty}}=\min_{x\neq 0}\frac{1}{\dfrac{\|x\|_\infty}{\|Ax\|_\infty}}=\min_{x\neq 0}\frac{\|Ax\|_\infty}{\|x\|_\infty}=\min_{y\neq 0}\frac{\|Ay\|_\infty}{\|y\|_\infty}$$

16. 设$A\in\mathbf{R}^{n\times n}$，证明$\|A\|_1=\max\limits_{x\neq 0}\dfrac{\|Ax\|_1}{\|x\|_1}=\max\limits_{1\leqslant j\leqslant n}\sum\limits_{i=1}^{n}|a_{ij}|$。

证明： 设$x=(x_1,x_2,\cdots,x_n)^{\mathrm T}\neq 0$，$A\neq 0$，令

$$t=\|x\|_1=\sum_{i=1}^{n}|x_i|,\ \mu=\|A\|_1=\max_{1\leqslant j\leqslant n}\sum_{i=1}^{n}|a_{ij}|=\sum_{i=1}^{n}|a_{ij_0}|$$

则$\|Ax\|_1=\sum\limits_{i=1}^{n}\left|\sum\limits_{j=1}^{n}a_{ij}x_j\right|\leqslant\sum\limits_{i=1}^{n}\left(\sum\limits_{j=1}^{n}|a_{ij}||x_j|\right)=\sum\limits_{j=1}^{n}|x_j|\left(\sum\limits_{i=1}^{n}|a_{ij}|\right)\leqslant\mu\|x\|_1$

即$\forall x\in\mathbf{R}^n$，$x\neq 0$，有$\dfrac{\|Ax\|_1}{\|x\|_1}\leqslant\mu$。

下面说明有一向量$x_0\neq 0$，使得$\dfrac{\|Ax_0\|_1}{\|x_0\|_1}=\mu$。设$\mu=\sum\limits_{i=1}^{n}|a_{ij_0}|$，取$x_0=e_{j_0}$，即单位矩阵的第$j_0$列，显然$\|x_0\|_1=1$，且$\|Ax_0\|_1=\sum\limits_{i=1}^{n}|a_{ij_0}|=\mu$，从而

$$\mu=\max_{1\leqslant j\leqslant n}\sum_{i=1}^{n}|a_{ij}|=\|A\|_1$$

17. 设$A=\begin{bmatrix}3 & 2 & -1\\ -2 & -2 & 2\\ 3 & 6 & -1\end{bmatrix}$，求$\|A\|_1$、$\|A\|_\infty$和$\|A\|_F$。

解： $\|A\|_1=\max\{8, 10, 4\}=10$，$\|A\|_\infty=\max\{6, 6, 10\}=10$

$$\|A\|_F=\sqrt{9+4+1+4+4+4+9+36+1}=6\sqrt{2}$$

18. 设$A=\begin{bmatrix}2 & 0\\ -1 & 1\end{bmatrix}$，求$\|A\|_2$和$\|A\|_F$。

解： $\|A\|_F=\sqrt{4+0+1+1}=\sqrt{6}$

$$A^TA=\begin{bmatrix}2 & -1\\ 0 & 1\end{bmatrix}\begin{bmatrix}2 & 0\\ -1 & 1\end{bmatrix}=\begin{bmatrix}5 & -1\\ -1 & 1\end{bmatrix}$$

$$|\lambda I-A^TA|=\begin{bmatrix}\lambda-5 & 1\\ 1 & \lambda-1\end{bmatrix}=\lambda^2-6\lambda+4=0$$

得特征根$\lambda_{1,2}=3\pm\sqrt{5}$。故

$$\|A\|_2=\sqrt{\max\{3+\sqrt{5}, 3-\sqrt{5}\}}=\sqrt{3+\sqrt{5}}$$

19. 设A为n阶实对称矩阵，其特征值为λ_1，$\lambda_2\cdots$，λ_n，证明：

$$\|A\|_F^2=\lambda_1^2+\lambda_2^2+\cdots+\lambda_n^2$$

证明： 由$Ax=\lambda x$，$A^TAx=A^T(\lambda x)=\lambda Ax=\lambda^2 x$可知

$$\|A\|_F^2=\sum_{i,j=1}^{n}a_{ij}^2=\mathrm{tr}(A^TA)=\Lambda_1+\Lambda_2+\cdots+\Lambda_n=\lambda_1^2+\lambda_2^2+\cdots+\lambda_n^2$$

注： Λ_1、$\Lambda_2\cdots\Lambda_n$为A^TA的特征值.

20. $f(x)$，$g(x)\in C^1[a, b]$，定义：

(1) $(f, g)=\int_a^b f'(x)g'(x)\mathrm{d}x$；

(2) $(f, g)=\int_a^b f'(x)g'(x)\mathrm{d}x+f(a)g(a)$。

问它们是否构成内积？

解： (1) 由于$(f, f)=\int_a^b[f'(x)]^2\mathrm{d}x=0\Leftrightarrow f'(x)=0\Leftrightarrow f(x)=C$，$f(x)$可以不为0，所以正定性不成立，$(f, g)=\int_a^b f'(x)g'(x)\mathrm{d}x$不能构成内积。

(2) 证明满足内积公理。

① 正定性：

$$(f, f)=\int_a^b[f'(x)]^2\mathrm{d}x+f^2(a)\geqslant 0$$

$$(f, f)=\int_a^b [f'(x)]^2 \mathrm{d}x + f^2(a)=0 \Leftrightarrow \begin{cases} f'(x)=0 \\ f(a)=0 \end{cases} \Leftrightarrow f(x)\equiv 0$$

② 共轭对称性：

$$(f, g)=\int_a^b f'(x)g'(x)\mathrm{d}x + f(a)g(a)$$

$$\overline{(g, f)}=\overline{\int_a^b g'(x)f'(x)\mathrm{d}x + g(a)f(a)}$$

$$=\int_a^b \overline{g'(x)f'(x)}\mathrm{d}x + \overline{g(a)f(a)}$$

$$=\int_a^b f'(x)g'(x)\mathrm{d}x + f(a)g(a)$$

故
$$(f, g)=\int_a^b f'(x)g'(x)\mathrm{d}x + f(a)g(a)=\overline{(g, f)}$$

③ 关于第一变元的线性性质：

$$(\alpha_1 f_1+\alpha_2 f_2, g)=\int_a^b (\alpha_1 f_1+\alpha_2 f_2)'g'\mathrm{d}x + (\alpha_1 f_1+\alpha_2 f_2)(a)g(a)$$

$$=\int_a^b (\alpha_1 f_1' g'+\alpha_2 f_2' g')\mathrm{d}x + \alpha_1 f_1(a)g(a)+\alpha_2 f_2(a)g(a)$$

$$=\alpha_1(f_1, g)+\alpha_2(f_2, g)$$

所以 $(f, g)=\int_a^b f'(x)g'(x)\mathrm{d}x + f(a)g(a)$ 构成内积。

第2章　插　值　法

2.1　主要结论

1. 插值的基本概念

1）插值问题

已知函数 $f(x)$在区间$[a, b]$上 $n+1$ 个相异点 $a\leqslant x_0<x_1<x_2<\cdots<x_n\leqslant b$ 处的函数值为 $f(x_0)$、$f(x_1)$、…、$f(x_n)$，如果存在一个函数 $S(x)$，满足

$$S(x_i)=f(x_i)\qquad(i=0, 1, 2, \cdots, n)$$

则称 $S(x)$为 $f(x)$在点 $x_i(i=0, 1, 2, \cdots, n)$处的插值函数，$f(x)$称为被插值函数，$x_i$ 称为插值节点，$[a, b]$为插值区间，求插值函数 $S(x)$的方法称为插值法，用 $S(x)$近似 $f(x)$引起的误差函数 $R(x)=f(x)-S(x)$称为插值余项。

2）插值多项式

当插值函数 $S(x)$是次数不超过 n 次的多项式 $P_n(x)=a_0+a_1x+\cdots+a_nx^n$ 时，称 $P_n(x)$是 $f(x)$的 n 次插值多项式(或代数插值)。

3）常用的插值多项式

一维插值法有：拉格朗日(Lagrange)插值，牛顿(Newton)插值，分段低次插值，埃尔米特(Hermite)插值，样条插值等。

二维插值法有：双线性插值，双二次插值等。

2. 插值多项式的唯一性

定理 2.1.1(插值多项式的存在唯一性)　已知函数 $f(x)$在$[a, b]$上的 $n+1$ 个相异插值节点 $a\leqslant x_0<x_1<x_2<\cdots<x_n\leqslant b$ 处的函数值为 $f(x_i)(i=0, 1, 2, \cdots, n)$，则存在唯一的次数不超过 n 次的多项式 $P_n(x)=a_0+a_1x+\cdots+a_nx^n$，使得

$$P_n(x_i)=f(x_i)\qquad(i=0, 1, 2, \cdots, n)$$

3. 插值余项

定理 2.2.1 (一维插值多项式的余项)　设 $f(x)$在包含 $n+1$ 个互异节点 $a\leqslant x_0<x_1<\cdots<x_n\leqslant b$ 的区间$[a, b]$上具有 n 阶连续导数，且在(a, b)内有 $n+1$ 阶导数，则对于任意的 $x\in[a, b]$，必存在点 $\xi\in(a, b)$，使得插值余项

$$R_n(x) = \frac{f^{(n+1)}(\xi)}{(n+1)!}\omega_{n+1}(x) \quad (\xi\text{与 }x\text{ 有关})$$

其中 $\omega_{n+1}(x) = \prod_{i=0}^{n}(x - x_i)$。

4. Lagrange 插值

(1) 函数 $f(x)$的 n 次 Lagrange 插值多项式为

$$L_n(x) = \sum_{k=0}^{n} y_k l_k(x)$$

其中 Lagrange 插值基函数 $l_k(x) = \prod_{\substack{j=0 \\ j\neq k}}^{\wedge} \frac{x - x_j}{x_k - x_j}(k=0, 1, 2, \cdots, n)$。

(2) 一次 Lagrange 插值多项式：又称线性插值函数，图形就是过两点的直线。

(3) 二次 Lagrange 插值多项式：也称抛物插值多项式，图形就是通过三点的抛物线。

(4) Lagrange 插值方法的优点是：插值基函数及插值多项式形式对称，结构简单，容易编制程序；其缺点是：当增加节点时，原来已计算出的每一个插值基函数均随之变化，需要重新计算，增加了不必要的计算工作量。

5. Newton 插值

1) 差商的定义

定义 2.3.1(差商) 已知函数 $f(x)$在$[a, b]$上的 $n+1$ 个相异插值节点 $a\leqslant x_0 < x_1 < \cdots < x_n \leqslant b$ 处的函数值 $f(x_i)(i=0, 1, 2, \cdots, n)$，则

$$f[x_i, x_j] = \frac{f(x_j) - f(x_i)}{x_j - x_i}$$

称为 $f(x)$关于节点 x_i，x_j 的 1 阶差商；称

$$f[x_i, x_j, x_k] = \frac{f[x_i, x_k] - f[x_i, x_j]}{x_k - x_j}$$

为 $f(x)$关于节点 x_i，x_j，x_k 的 2 阶差商。一般地，称

$$f[x_0, x_1, \cdots, x_{k-1}, x_k] = \frac{f[x_0, \cdots, x_{k-2}, x_k] - f[x_0, x_1, \cdots, x_{k-1}]}{x_k - x_{k-1}}$$

为 $f(x)$关于节点 x_0，x_1，$\cdots$，x_{k-1}，x_k 的 k 阶差商或均差。

特别地，我们规定：$f[x_i] = f(x_i)$称为 $f(x)$关于节点 x_i 的 0 阶差商。

2) 差商的基本性质

(1) $f(x)$的 k 阶差商可以表示成 $f(x_0)$，$f(x_1)$，$\cdots$，$f(x_k)$的线性组合，即

$$f[x_0, x_1, \cdots, x_{k-1}, x_k] = \sum_{i=0}^{k} \frac{f(x_i)}{(x_i - x_0)\cdots(x_i - x_{i-1})(x_i - x_{i+1})\cdots(x_i - x_k)}$$

(2) 差商的对称性：差商与节点的排列次序无关，即任意交换两个节点 x_i、x_j 的顺序，

差商值不变。由此得到 k 阶差商的另一种形式

$$f[x_0, x_1, \cdots, x_{k-1}, x_k] = \frac{f[x_1, x_2, \cdots, x_k] - f[x_0, x_1, \cdots, x_{k-1}]}{x_k - x_0}$$

(3) 差商与导数的关系：若 $f(x)$在$[a, b]$上存在 k 阶导数，且节点为 $a \leqslant x_0 < x_1 < \cdots < x_n \leqslant b$，则

$$f[x_0, x_1, \cdots, x_k] = \frac{f^{(k)}(\xi)}{k!} \qquad \xi \in (a, b)$$

由此可知，关于重节点的差商，我们可定义为 $f[x_i, x_i] = f'(x_i)$。

3) n 次牛顿插值公式

n 次牛顿插值公式为

$$\begin{aligned} N_n(x) = & f[x_0] + f[x_0, x_1](x - x_0) + \cdots \\ & + f[x_0, x_1, x_2, \cdots, x_n](x - x_0)(x - x_1)\cdots(x - x_{n-1}) \end{aligned}$$

6. Hermite 插值

1) Hermite 插值多项式的定义

定义 2.4.1 已知函数 $f(x)$在$[a, b]$上的 $n+1$ 个相异节点 $a \leqslant x_0 < x_1 < \cdots < x_n \leqslant b$ 处的函数值 $f(x_i)$和导数值 $f'(x_i)$，如果存在一个次数不超过 $2n+1$ 次的多项式 $H(x)$满足插值条件

$$\begin{cases} H(x_i) = f(x_i) = y_i \\ H'(x_i) = f'(x_i) = m_i \end{cases} \quad (i = 0, 1, 2, \cdots, n) \tag{2.1}$$

则称 $H(x)$为 $f(x)$的 $2n+1$ 次埃尔米特(Hermite)插值多项式。

2) 基函数方法

设 $\alpha_j(x)$和 $\beta_j(x)(j=0, 1, 2, \cdots, n)$是 $H_{2n+1}(x)$的 $2n+2$ 个插值基函数，每个插值基函数均是 $2n+1$ 次多项式，且满足条件

$$\begin{cases} \alpha_j(x_i) = \delta_{ji}, \alpha'_j(x_i) = 0 \\ \beta_j(x_i) = 0, \beta'_j(x_i) = \delta_{ji} \end{cases} \quad (j, i = 0, 1, 2, \cdots, n)$$

则用基函数方法可将插值多项式表示为

$$H_{2n+1}(x) = \sum_{j=0}^{n} [y_j \alpha_j(x) + m_j \beta_j(x)]$$

3) 唯一性

定理 2.4.1 满足插值条件式(2.1)的 Hermite 插值多项式是唯一的。

4) 插值余项

定理 2.4.2 设函数 $f(x) \in C^{2n+1}(a, b)$，$f(x) \in D^{2n+2}(a, b)$，则 $f(x)$的 Hermite 插值多项式的余项为

$$R_{2n+1}(x)=f(x)-H_{2n+1}(x)=\frac{f^{(2n+2)}(\xi)}{(2n+2)!}\omega_{n+1}^{2}(x)$$

其中 $\xi\in(a, b)$依赖于 x 及插值节点。

7. 分段低次插值

1) 分段线性插值

(1) **定义 2.5.1(分段线性插值函数)**　已知函数 $y=f(x)$在 $n+1$ 个节点 $a=x_0<x_1<\cdots<x_n=b$ 上的函数值 $y_k=f(x_k)(k=0, 1, \cdots, n)$，做一条折线 $I(x)$满足：

① $I(x)$在$[a, b]$上连续；

② $I(x_k)=y_k(k=0, 1, 2, \cdots, n)$；

③ $I(x)$在每个小区间$[x_k, x_{k+1}]$上是线性函数，

则称 $I(x)$是 $f(x)$在$[a, b]$上的分段线性插值函数。

(2) 分段线性插值函数基函数表示法：$I(x)=\sum\limits_{j=0}^{n}y_j l_j(x)$，其中 $l_j(x)$的表达式为

$$l_j(x)=\begin{cases}\dfrac{x-x_{j-1}}{x_j-x_{j-1}}, & x_{j-1}\leqslant x\leqslant x_j \quad (j\neq 0)\\[2ex] \dfrac{x-x_{j+1}}{x_j-x_{j+1}}, & x_j\leqslant x\leqslant x_{j+1}, \quad (j\neq n)\\[2ex] 0, & x\in[a, b], x\notin[x_{j-1}, x_{j+1}]\end{cases}$$

(3) 插值余项。

定理 2.5.1　设函数 $f(x)\in C^2[a, b]$，则 $f(x)$的分段线性插值余项为 $|R(x)|\leqslant\frac{1}{8}Mh^2$，其中 $M=\max\limits_{a\leqslant x\leqslant b}|f''(x)|$，$h=\max\limits_{0\leqslant k\leqslant n-1}(x_{k+1}-x_k)$。

2) 分段三次 Hermite 插值

定义 2.5.2(分段三次 Hermite 插值多项式)　已知函数 $y=f(x)$在节点 $a=x_0<x_1<\cdots<x_n=b$ 上的函数值 y_k 及导数值 $y_k'(k=0, 1, 2, \cdots, n)$，则可构造一个导数连续的分段插值函数 $H(x)$，它满足如下条件：

(1) $H(x_k)=y_k$，$H'(x_k)=y_k'(k=0, 1, 2, \cdots, n)$；

(2) $H(x)$在每个小区间$[x_k, x_{k+1}]$上是三次多项式，

则称 $H(x)$为 $f(x)$在$[a, b]$上的分段三次 Hermite 插值多项式。

3) 三次样条插值

(1) **定义 2.6.1**　给定区间$[a, b]$上的一个划分 $a\leqslant x_0<x_1<\cdots<x_n\leqslant b$，若函数 $S(x)$满足条件：

① $S(x_k)=f(x_k)(k=0, 1, 2, \cdots, n)$；　　(2.2)

② 在每个小区间$[x_k, x_{k+1}](k=0, 1, 2, \cdots, n-1)$上 $S(x)$是三次多项式；

③ $S(x)$在$[a, b]$上二阶导数连续，即 $S''(x) \in C[a, b]$，
则称 $S(x)$是$[a, b]$上的三次样条插值函数。

(2) 插值条件：

$$S(x_k) = f(x_k) \qquad (k = 0, 1, 2, \cdots, n)$$

连接条件：

$$\begin{cases} S(x_k - 0) = S(x_k + 0) \\ S'(x_k - 0) = S'(x_k + 0) \\ S''(x_k - 0) = S''(x_k + 0) \end{cases} \qquad (k = 1, 2, \cdots, n-1)$$

通常在区间$[a, b]$端点处各补充一个条件，称为边界条件。常用的边界条件有以下三种类型：

① 第一边界条件：$S'(x_0)=f'(x_0)$，$S'(x_n)=f'(x_n)$。

② 第二边界条件：$S''(x_0)=f''(x_0)$，$S''(x_n)=f''(x_n)$。特别地，当 $S''(x_0)=0$，$S''(x_n)=0$ 时，也称其为自然边界条件。

③ 第三边界条件(或周期边界条件)：当 $f(x)$是以 $x_n - x_0$ 为周期的函数时，要求 $S(x)$也是以 $x_n - x_0$ 为周期的周期函数，这时 $f(x_0+0)=f(x_n-0)$，相应的边界条件为

$$\begin{cases} S(x_0) = S(x_n) \\ S'(x_0) = S'(x_n) \\ S''(x_0) = S''(x_n) \end{cases}$$

(3) 表示形式：三次样条函数 $S(x)$通常有两种表示形式：一是由节点处的一阶导数构造的函数 $S(x)$；二是由节点处的二阶导数构造的函数 $S(x)$。由一阶导数建立的 $S(x)$称为三转角方程，由二阶导数建立的方程称为三弯矩方程。

(4) 求解步骤：建立三次样条插值函数的步骤为

① 求出 λ_k、μ_k、$d_k(k=0, 1, \cdots, n)$；

② 选择与边界条件相对应的矩阵方程，求出 $M_0, M_1, \cdots, M_n$；

③ 代入如下公式即可求解：

$$S(x) = M_k \cdot \frac{(x_{k+1} - x)^3}{6h_k} + M_{k+1} \cdot \frac{(x - x_k)^3}{6h_k} + \left[f(x_k) - \frac{M_k h_k^2}{6}\right] \cdot \frac{x_{k+1} - x}{h_k}$$
$$+ \left[f(x_{k+1}) - \frac{M_{k+1} h_k^2}{6}\right] \cdot \frac{x - x_k}{h_k}$$

其中，$x \in [x_k, x_{k+1}] \qquad (k=1, 2, \cdots, n-1)$。

2.2　释疑解难

1. Lagrange 插值基函数有哪些重要性质？

答： Lagrange 插值基函数 $l_k(x) = \prod\limits_{\substack{j=0 \\ j \neq k}}^{\wedge} \frac{x - x_j}{x_k - x_j}$ 满足：

(1) $l_k(x_i)=\delta_{ki}=\begin{cases}1, & k=i\\0, & k\neq i\end{cases}$ $(k, i=0, 1, 2, \cdots, n)$；

(2) $\sum_{k=0}^{n} p_m(x_k)l_k(x)=p_m(x)$ $(m=0, 1, \cdots, n)$，其中 $p_m(x)$表示 m 次多项式，这个表示次数不超过 n 次的多项式可以被插值多项式完全确定，特别地，有

$$\sum_{k=0}^{n} l_k(x)=1;\ \sum_{k=0}^{n} x_k^m l_k(x)=x^m \qquad (m=0, 1, \cdots\ \ n)$$

2. 什么是 Newton 基函数？它与单项式基$\{1, x, \cdots, x^n\}$有什么区别？

答：插值节点为 $a\leqslant x_0<x_1<x_2<\cdots<x_n\leqslant b$ 上的 Newton 基函数为

$$\{1, x-x_0, (x-x_0)(x-x_1), \cdots, (x-x_0)(x-x_1)\cdots(x-x_{n-1})\}$$

相应的 Newton 插值多项式可表示为

$$N_n(x)=a_0+a_1(x-x_0)+a_2(x-x_0)(x-x_1)+\cdots+a_n(x-x_0)(x-x_1)\cdots(x-x_{n-1})$$

相应的系数可由差商求得，即 $a_k=f[x_0, x_1, \cdots, x_k]$。由此可知，Newton 插值多项式在增加节点时可通过递推逐步得到高次的插值多项式，如

$$N_{k+1}(x)=N_k(x)+a_{k+1}(x-x_0)(x-x_1)\cdots(x-x_k)$$

这一点比用单项式基方便得多，也比 Lagrange 插值法灵活。

3. 如何理解插值多项式的唯一性？

答：过$(n+1)$个节点的不超过 n 次的插值多项式是唯一存在的，故无论是选择待定系数法、Lagrange 插值法还是 Newton 插值法，所构造出的插值多项式均是恒等的，所以截断误差也相等。

4. 比较 Lagrange 插值和 Newton 插值的选择原则。

答：由于 Lagrange 插值基函数有一些好的性质，所以 Lagrange 插值法多用于理论分析和公式推导；而 Newton 插值多项式具有承袭性，当增加一个节点时只需增加一项，前面的工作仍然有效，因而 Newton 插值法比较方便计算。从计算量的角度来看，Newton 插值法计算量更少。以 n 次插值多项式为例，若 Lagrange 插值用如下公式：

$$L_n(x)=\sum_{k=0}^{n} y_k l_k(x)=\sum_{k=0}^{n} y_k \prod_{\substack{j=0\\ j\neq k}}^{\wedge} \frac{x-x_j}{x_k-x_j}$$

计算时则需要 $2n(n+1)$次乘除法和 $2n(n+1)+n$ 次加减法；若用下面公式：

$$L_n(x)=\sum_{k=0}^{n} y_k l_k(x)=\omega_{n+1}(x)\sum_{k=0}^{n} \frac{y_k}{(x-x_k)\omega'_{n+1}(x_k)}$$

计算时则需要$(n+1)(n+2)$次乘除法和$(n+1)(n+2)+n$ 次加减法，约为前者的一半计算量。若用 Newton 插值，则需要 $n(n+1)$次乘除法和$\frac{3}{2}n(n+1)+n$ 次加减法，Newton 插值若和秦九韶方法相结合则仅需要$\frac{1}{2}n(n+1)+n$ 次乘除法。由此可见，实际计算时 Newton

插值既方便又节省了计算量。总而言之，理论分析时倾向于用 Lagrange 插值，而数值计算时优先选择 Newton 插值。

5. 叙述各种插值法的相同之处。

答：各种插值法虽然各有优缺点，但它们的相同之处就是都可以通过选取对应的基函数来构造，只是对应的基函数不一样。从这个角度来看，各种插值法都相当于求解不同的线性方程组 $\boldsymbol{Ax}=\boldsymbol{y}$，其中系数矩阵 $\boldsymbol{A}$ 与使用的基函数有关，$\boldsymbol{y}=[f(x_0), f(x_1), \cdots, f(x_n)]^{\mathrm{T}}$。下面以单项式基函数、Lagrange 基函数、Newton 基函数为例进一步说明。

(1) 若使用单项式基函数，则可设 $P_n(x)=a_0+a_1x+\cdots+a_nx^n$，其中 a_0、a_1、$\cdots$、a_n 为待定系数。利用插值条件，有

$$\begin{cases} a_0+a_1x_0+\cdots+a_nx_0^n=y_0 \\ a_0+a_1x_1+\cdots+a_nx_1^n=y_1 \\ \qquad\vdots \\ a_0+a_1x_n+\cdots+a_nx_n^n=y_n \end{cases}$$

因此，线性方程组 $\boldsymbol{Ax}=\boldsymbol{y}$ 的系数矩阵 $\boldsymbol{A}$ 为

$$\boldsymbol{A}=\begin{bmatrix} 1 & x_0 & \cdots & x_0^n \\ 1 & x_1 & \cdots & x_1^n \\ \vdots & \vdots & & \vdots \\ 1 & x_n & \cdots & x_n^n \end{bmatrix}$$

称其为范德蒙矩阵。

(2) 若使用拉格朗日基函数，则 $L_n(x)=a_0l_0(x)+a_1l_1(x)+\cdots+a_nl_n(x)$，其中 $l_k(x)$ 为拉格朗日插值基函数，a_0、a_1、$\cdots$、a_n 为待定系数。利用插值条件，有

$$\begin{cases} a_0l_0(x_0)+a_1l_1(x_0)+\cdots+a_nl_n(x_0)=y_0 \\ a_0l_0(x_1)+a_1l_1(x_1)+\cdots+a_nl_n(x_1)=y_1 \\ \qquad\vdots \\ a_0l_0(x_n)+a_1l_1(x_n)+\cdots+a_nl_n(x_n)=y_n \end{cases}$$

由拉格朗日插值基函数的性质，线性方程组 $\boldsymbol{Ax}=\boldsymbol{y}$ 的系数矩阵

$$\boldsymbol{A}=\begin{bmatrix} 1 & 0 & \cdots & 0 \\ 0 & 1 & \cdots & 0 \\ \vdots & \vdots & \ddots & \vdots \\ 0 & 0 & \cdots & 1 \end{bmatrix}$$

为 $n+1$ 阶单位矩阵。

(3) 若使用牛顿基函数，则设 $N_n(x)=a_0+a_1(x-x_0)+\cdots+a_n(x-x_0)\cdots(x-x_{n-1})$，其中 a_0、a_1、$\cdots$、a_n 为待定系数。由插值条件，有

$$\begin{cases} a_0 = y_0 \\ a_0 + a_1(x_1 - x_0) = y_1 \\ \vdots \\ a_0 + a_1(x_n - x_0) + \cdots + a_n(x_n - x_0)\cdots(x_n - x_{n-1}) = y_n \end{cases}$$

故线性方程组 $\boldsymbol{Ax} = \boldsymbol{y}$ 的系数矩阵

$$\begin{bmatrix} 1 & & & & \\ 1 & x_1 - x_0 & & & \\ 1 & x_2 - x_0 & (x_2 - x_0)(x_2 - x_1) & & \\ \vdots & \vdots & \vdots & \ddots & \\ 1 & x_n - x_0 & (x_n - x_0)(x_n - x_1) & \cdots & (x_n - x_0)(x_n - x_1)\cdots(x_n - x_{n-1}) \end{bmatrix}$$

为 $n+1$ 阶下三角矩阵。

6. 是否插值多项式的次数越高，结果越准确？如果不是，如何处理许多插值节点的情况？

答：直观上，插值节点越多插值多项式的次数越高，函数逼近越好，误差 $|R_n(x)|$ 越小，但这一叙述并非对所有连续函数都是正确的，因为插值余项不仅与插值节点有关，还与函数 $f(x)$ 的高阶导数有关。如果 $M_{n+1} = \max\limits_{a \leqslant x \leqslant b} |f^{(n+1)}(x)|$ 随 n 的增大波动很大，由 Lagrange 插值多项式余项公式可知此时 $L_n(x)$ 并不收敛于 $f(x)$，从而导致误差 $|R_n(x)|$ 越来越小得不到保障。事实上，如果插值多项式的次数越高，往往会导致越接近插值区间两端点处波动越大，即会产生 Runge 现象。

为了避免 Runge 现象的发生，通常采用分段低次插值方法。分段插值的思想是，用插值节点将插值区间分成若干段，每一段采用低次多项式近似。

7. 如何进行误差估计？

答：误差估计主要是根据各个插值法的插值余项来进行估计。以 Lagrange 插值为例，若被插值函数 $f(x)$ 在包含 $n+1$ 个互异节点 $a \leqslant x_0 < x_1 < \cdots < x_n \leqslant b$ 的区间 $[a, b]$ 上具有 n 阶连续导数，且在 (a, b) 内有 $n+1$ 阶导数，若仅需要估计某一点 x^* 处的误差，则利用

$$|R_n(x^*)| \leqslant \frac{M_{n+1}}{(n+1)!} |\omega_{n+1}(x^*)|$$

估计；若要估计整个插值区间上的误差，则可用

$$|R_n(x)| \leqslant \frac{M_{n+1}}{(n+1)!} \max_{x \in [a, b]} |\omega_{n+1}(x)|$$

估计，其中 M_{n+1} 和 $\max\limits_{x \in [a, b]} |\omega_{n+1}(x)|$ 可利用求极值等技巧给出一个上界，得到的上界不同，结果有所不同，但一定是误差的某个上界。

8. 怎么建立带导数的插值多项式？

答： 一般可用构造插值基函数的方法进行，但插值条件可分为两组，其中一组为常规插值条件，其余的认为是附加插值条件，此时可使用待定参数法，当然待定参数越少越好。如已知插值数据 $\{f(x_i)\}_{i=0}^2$ 和 $\{f'(x_i)\}_{i=0}^1$，此时可视条件 $\{f(x_i)\}_{i=0}^1$ 和 $\{f'(x_i)\}_{i=0}^1$ 为常规条件，$f(x_2)$ 为附加条件，进而确定如下带待定参数 A 的插值多项式：

$$P_4(x) = H_3(x) + A(x - x_0)^2(x - x_1)^2$$

式中，$H_3(x)$ 是关于常规插值条件的 Hermite 插值多项式，A 通过 $P_4(x_2) = f(x_2)$ 来确定。

当已知较多数据点处的函数值而要求用低次插值多项式计算某一点 $\bar{x}$ 处的函数近似值时，插值节点应选为距离 $\bar{x}$ 较近的点。

9. Hermite 插值与一般函数插值的区别是什么？如何用插值来理解泰勒多项式？

答： 一般函数插值要求插值多项式与被插函数在插值节点上函数值相等，而 Hermite 插值除要求插值多项式与被插值函数在插值节点上函数值相等之外，还要求在节点上插值多项式与被插值函数的一阶导数值甚至高阶导数值也相等。

泰勒多项式的前 $n+1$ 项为

$$P_n(x) = f(x_0) + f'(x_0)(x - x_0) + \cdots + \frac{f^{(n)}(x_0)}{n!}(x - x_0)^n$$

可以将其理解为 $f(x)$ 在点 x_0 的一个 n 次 Hermite 插值多项式，插值条件为点 x_0 处的

$$P_n^{(k)}(x_0) = f^{(k)}(x_0) \qquad (k = 0, 1, \cdots, n)$$

也可以将其理解为牛顿插值的极限形式。

10. 三次样条插值与三次分段 Hermite 插值有何区别？哪一个更优越？请说明理由。

答： 三次样条插值要求插值函数 $S(x)$ 在整个区间上是二次连续可微的，即 $S(x) \in C^2[a, b]$，且在每个小区间 $[x_j, x_{j+1}]$ 上是三次多项式，插值条件为

$$S(x_j) = y_j \qquad (j = 0, 1, \cdots, n)$$

三次分段 Hermite 插值多项式 $I_h(x)$ 是插值区间 $[a, b]$ 上的分段三次多项式，且 $I_h(x)$ 在整个区间上是一次连续可微的，即 $I_h(x) \in C^1[a, b]$，插值条件为

$$I_h(x_k) = f(x_k),\ I_h'(x_k) = f'(x_k) \qquad (k = 0, 1, \cdots, n)$$

分段三次 Hermite 插值多项式不仅要使用被插函数在节点处的函数值，而且还需要节点处的导数值，且插值多项式在插值区间是一次连续可微的。三次样条函数只需给出节点处的函数值，但插值多项式的光滑性较高，在插值区间上二次连续可微，所以相比之下，三次样条插值更优越一些(注意要添加边界条件)。

11. 确定 $n+1$ 个节点的三次样条插值函数需要多少个参数？为确定这些参数，需加上什么条件？

答： 由于三次样条函数 $S(x)$ 在每个小区间上是三次多项式，其形式为 $a + bx + cx^2 + dx^3$，所以在每个小区间 $[x_j, x_{j+1}]$ 上要确定 4 个待定参数，$n+1$ 个节点共有 n 个小区间，故应确定 $4n$ 个参数，而根据插值条件，$S(x_j) = y_j\,(j = 0, 1, \cdots, n)$ 和一次连续可微所隐含

的条件为 $S'(x_i-0)=S'(x_i+0)(i=1, 2, \cdots, n-1)$，共有$(4n-2)$个条件，因此还需要加上2个条件，通常可在区间$[a, b]$的端点 $a=x_0$、$b=x_n$ 上各加一个边界条件，常用的边界条件有如下3种：

(1) 已知两端的一阶导数值，即

$$S'(x_0)=f'_0, S'(x_n)=f'_n$$

(2) 已知两端的二阶导数值，即

$$S''(x_0)=f''_0, S''(x_n)=f''_n$$

特殊情况为自然边界条件，即

$$S''(x_0)=0, S''(x_n)=0$$

(3) 当 $f(x)$是以 x_n-x_0 为周期的周期函数时，要求 $S(x)$也是周期函数，这时边界条件就满足

$$S(x_0+0)=S(x_n-0), S'(x_0+0)=S'(x_n-0), S''(x_0+0)=S''(x_n-0)$$

这时 $S(x)$称为周期样条函数。

2.3 典 型 例 题

例 2.1 已知函数 $f(x)$在插值节点 $x_0=0$、$x_1=1$、$x_2=2$、$x_3=4$ 处的函数值分别为 $y_0=1$、$y_1=9$、$y_2=23$、$y_3=3$。

(1) 求三次拉格朗日插值多项式；

(2) 求三次牛顿插值多项式；

(3) 写出插值多项式的插值余项。

解：(1) $$l_0(x)=-\frac{1}{8}x^3+\frac{7}{8}x^2-\frac{7}{4}x+1, l_1(x)=\frac{1}{3}x^3-2x^2+\frac{8}{3}x$$

$$l_2(x)=-\frac{1}{4}x^3+\frac{5}{4}x^2-x, l_3(x)=\frac{1}{24}x^3-\frac{1}{8}x^2+\frac{1}{12}x$$

拉格朗日插值多项式为

$$L_3(x)=-\frac{11}{4}x^3+\frac{45}{4}x^2-\frac{1}{2}x+1$$

(2) 建立差商表如下：

x	$f(x)$	一阶差商	二阶差商	三阶差商
0	1			
1	9	8		
2	23	14	3	
4	3	-10	-8	$-\frac{11}{4}$

牛顿插值多项式为

$$N_3(x)=-\frac{11}{4}x^3+\frac{45}{4}x^2-\frac{1}{2}x+1$$

(3) 由上面(1)(2)的结果验证了插值多项式的唯一性，所以插值余项也相同，均为

$$\frac{f^{(4)}(\xi)}{4!}x(x-1)(x-2)(x-4)$$

例 2.2　设 $s(x)=\int_0^x \frac{\sin t}{t}\mathrm{d}x$，给定数据表如下：

x	0.2	0.4	0.6
$s(x)$	0.199 56	0.396 16	0.588 13

试用多项式插值的理论回答当 x 取何值时 $s(x)=0.44$。

解：方法 1：列差商表如下：

k	x_k	$s(x_k)$	$s[x_k, x_{k+1}]$	$s[x_k, x_{k+1}, x_{k+2}]$
0	0.2	0.199 56		
1	0.4	0.396 16	0.983	
2	0.6	0.588 13	0.959 85	−0.057 875

$$N_2(x)=0.199\,56+0.983(x-0.2)-0.057\,875(x-0.2)(x-0.4)$$

由 $N_2(x)=s(x)=0.44$，得

$$-0.057\,875x^2+1.017\,725x-0.441\,67=0$$

所以，当 $x^*=0.445\,25$ 时，$s(x^*)\approx 0.44$。

方法 2：记 $s(x_k)=s_k$，$k=0, 1, 2$。列差商表如下：

k	s_k	$x(s_k)$	$x[s_k, s_{k+1}]$	$x[s_k, s_{k+1}, s_{k+2}]$
0	0.199 56	0.2		
1	0.396 16	0.4	1.0173	
2	0.588 13	0.6	1.0418	0.063 05

$$\widetilde{N}_2(s)=0.2+1.017\,3(s-0.199\,56)+0.063\,05(s-0.199\,56)(s-0.396\,16)$$

当 $x=\widetilde{N}_2(s)=\widetilde{N}_2(0.44)=0.445\,25$ 时，$s(x)=0.44$。

例 2.3　若 $g(x)$ 是 $f(x)$ 以 x_0、x_1、…、x_{n-1} 为插值节点的 $n-1$ 次插值多项式，$h(x)$ 是 $f(x)$ 以 x_1、x_2、…、x_n 为插值节点的 $n-1$ 次插值多项式，证明函数

$$g(x)+\frac{x-x_0}{x_n-x_0}[h(x)-g(x)]$$

是 $f(x)$ 以 x_0、x_1、…、x_n 为插值节点的 n 次插值多项式。

解： 由条件知

$$g(x_i)=f(x_i)\qquad(i=0,1,\cdots,n-1)$$
$$h(x_i)=f(x_i)\qquad(i=1,2,\cdots,n)$$

记
$$s(x)=g(x)+\frac{x-x_0}{x_n-x_0}[h(x)-g(x)]$$

因为 $g(x)$ 和 $h(x)$ 为 $n-1$ 次多项式，所以 $s(x)$ 为 n 次多项式，而且

$$s(x_0)=g(x_0)=f(x_0)$$

当 $j=1, 2, \cdots, n-1$ 时，有

$$\begin{aligned}s(x_j)&=g(x_j)+\frac{x_j-x_0}{x_n-x_0}[h(x_j)-g(x_j)]\\&=f(x_j)+\frac{x_j-x_0}{x_n-x_0}[f(x_j)-f(x_j)]=f(x_j)\end{aligned}$$

$$s(x_n)=g(x_n)+\frac{x_n-x_0}{x_n-x_0}[h(x_n)-g(x_n)]=h(x_n)=f(x_n)$$

因此有

$$s(x_i)=f(x_i)\qquad(i=0,1,\cdots,n)$$

即 $s(x)$ 为 $f(x)$ 以 x_0、x_1、…、x_n 为插值节点的 n 次插值多项式。

例 2.4 在区间 $[a, b]$ 上任取插值节点

$$a\leqslant x_0<x_1<\cdots<x_n\leqslant b$$

令
$$L(x)=\frac{(x-x_1)(x-x_2)\cdots(x-x_n)}{(x_0-x_1)(x_0-x_2)\cdots(x_0-x_n)}$$

求证

$$L(x)=1+\frac{x-x_0}{x_0-x_1}+\frac{(x-x_0)(x-x_1)}{(x_0-x_1)(x_0-x_2)}+\cdots+\frac{(x-x_0)(x-x_1)\cdots(x-x_{n-1})}{(x_0-x_1)(x_0-x_2)\cdots(x_0-x_n)}$$

解： $L(x)$ 为 n 次多项式，且

$$L(x_0)=1,\ L(x_1)=0,\ L(x_2)=0,\ \cdots,\ L(x_n)=0,\ L[x_0]=L(x_0)=1$$

$$L[x_0,x_1,\cdots,x_k]=\sum_{i=0}^{k}\frac{L(x_i)}{\prod\limits_{\substack{j=0\\j\neq i}}^{k}(x_i-x_j)}=\frac{1}{\prod\limits_{j=1}^{k}(x_0-x_j)}\qquad(1\leqslant k\leqslant n)$$

记 $N(x)$ 为 $L(x)$ 的 n 次 Newton 插值多项式，即

$$\begin{aligned}N(x)=&L[x_0]+L[x_0,x_1](x-x_0)+L[x_0,x_1,x_2](x-x_0)(x-x_1)+\cdots\\&+L[x_0,x_1,\cdots,x_n](x-x_0)(x-x_1)\cdots(x-x_{n-1})\end{aligned}$$

由于 $L(x)$ 为 n 次多项式，因而

$$L(x)=N(x)=1+\frac{x-x_0}{x_0-x_1}+\frac{(x-x_0)(x-x_1)}{(x_0-x_1)(x_0-x_2)}+\cdots+\frac{(x-x_0)(x-x_1)\cdots(x-x_{n-1})}{(x_0-x_1)(x_0-x_2)\cdots(x_0-x_n)}$$

例 2.5　设 x_0，x_1，…，x_n 是 n 个不同点，证明

$$\sum_{i=0}^{n}\frac{x_i^k}{\prod\limits_{\substack{j=0\\ j\neq i}}^{n}(x_i-x_j)}=\begin{cases}0 & (0\leqslant k\leqslant n-1)\\ 1 & (k=n)\end{cases}$$

解： 令 $g_k(x)=x^k$，则有

$$\sum_{i=0}^{n}\frac{x_i^k}{\prod\limits_{\substack{j=0\\ j\neq i}}^{n}(x_i-x_j)}=\sum_{i=0}^{n}\frac{g_k(x_i)}{\prod\limits_{\substack{j=0\\ j\neq i}}^{n}(x_i-x_j)}=g_k[x_0,x_1,\cdots,x_n]$$

$$=\frac{g_k^{(n)}\big|_{x=\xi}}{n!}=\begin{cases}0 & (0\leqslant k\leqslant n-1)\\ 1 & (k=n)\end{cases}$$

例 2.6　设函数 $f(x)=\sin x$，取正整数 n，将区间$[0,1]$作 n 等分，记

$$h=\frac{1}{n},\ x_i=ih\qquad (i=0,1,\cdots,n)$$

(1) 求 $f(x)$以 $x_i(i=0,1,\cdots,n)$为节点的 n 次 Lagrange 插值多项式 $L_n(x)$；

(2) 证明$\lim\limits_{n\to\infty}\max\limits_{0\leqslant x\leqslant 1}|f(x)-L_n(x)|=0$。

证明： (1) 根据题意，可得

$$L_n(x)=\sum_{k=0}^{n}\sin(x_k)\prod_{\substack{j=0\\ j\neq k}}^{n}\frac{x-x_j}{x_k-x_j}$$

(2) 由插值余项表达式，对任意 $x\in[0,1]$，有

$$|f(x)-L_n(x)|=\left|\frac{f^{(n+1)}(\xi)}{(n+1)!}\prod_{j=0}^{n}(x-x_j)\right|\leqslant\frac{1}{(n+1)!}$$

因此$\lim\limits_{n\to\infty}\max\limits_{0\leqslant x\leqslant 1}|f(x)-L_n(x)|=0$。

例 2.7　求一个 3 次多项式 $H(x)$，使得

$$H(0)=f(0)=0,\ H(1)=f(1)=1,\ H(2)=f(2)=2,\ H''(3)=f''(3)=\frac{3}{2}$$

解： 设 $p(x)$为 2 次多项式，满足

$$p(0)=f(0),\ p(1)=f(1),\ p(2)=f(2)$$

则

$$p(x)=f(0)+f[0,1]x+f[0,1,2]x(x-1)$$

其中：

$$f[0,1]=f(1)-f(0)=1,\qquad f[1,2]=f(2)-f(1)=1$$

$$f[0,1,2]=\frac{1}{2}\{f[1,2]-f[0,1]\}=0$$

所以 $p(x)=x$。易知

$$H(x)=p(x)+Ax(x-1)(x-2)$$

其中 A 为待定系数。

由条件 $H''(3)=\frac{3}{2}$ 可得 $A=\frac{1}{8}$，因此

$$H(x)=x+\frac{1}{8}x(x-1)(x-2)$$

例 2.8 已知 $f(x)$ 的如下信息：

i	0	1	2
x_i	1	2	4
$f(x_i)$	−1	1	2
$f'(x_i)$	4		−4

求一个 4 次多项式 $H(x)$，使得

$$H(x_i)=f(x_i)\quad(0\leqslant i\leqslant 2);\quad H'(x_i)=f'(x_i)\quad(i=0,2)$$

解：方法 1： 设 $p(x)$ 为 3 次多项式，满足

$$p(1)=f(1)=-1,\ p'(1)=f'(1)=4,\ p(4)=f(4)=2,\ p'(4)=f'(4)=-4$$

则 $p(x)=f(1)+f[1,1](x-1)+f[1,1,4](x-1)^2+f[1,1,4,4](x-1)^2(x-4)$

列表求差商：

x_k	$f(x_k)$	一阶差商	二阶差商	三阶差商
1	−1			
1	−1	4		
4	2	1	−1	
4	2	−4	$-\frac{5}{3}$	$-\frac{2}{9}$

则 $$p(x)=-1+4(x-1)-(x-1)^2-\frac{2}{9}(x-1)^2(x-4)$$

设 $$H(x)=p(x)+A(x-1)^2(x-4)^2$$

其中 A 为待定常数，由条件

$$H(2)=p(2)+A(2-1)^2(2-4)^2=1$$

得 $A=-\frac{13}{36}$，所以

$$H(x)=-1+4(x-1)-(x-1)^2-\frac{2}{9}(x-1)^2(x-4)-\frac{13}{36}(x-1)^2(x-4)^2$$

方法 2：由 Hermit 插值知

$$H(x)=f(1)+f[1,1](x-1)+f[1,1,2](x-1)^2+f[1,1,2,4](x-1)^2(x-2)+f[1,1,2,4,4](x-1)^2(x-2)(x-4)$$

列表求差商：

x_k	$f(x_k)$	一阶差商	二阶差商	三阶差商	四阶差商
1	-1				
1	-1	4			
2	1	2	-2		
4	2	$-\frac{1}{2}$	$-\frac{1}{2}$	$-\frac{1}{2}$	
4	2	-4	$-\frac{9}{4}$	$-\frac{7}{12}$	$-\frac{13}{36}$

所以

$$H(x)=-1+4(x-1)-2(x-1)^2+\frac{1}{2}(x-1)^2(x-2)-\frac{13}{36}(x-1)^2(x-2)(x-4)$$

例 2.9　证明 n 阶差商有如下性质：

(1) 若 $F(x)=cf(x)$，则 $F[x_0, x_1, \cdots, x_n]=cf[x_0, x_1, \cdots, x_n]$；

(2) 若 $F(x)=f(x)+g(x)$，则 $F[x_0, x_1, \cdots, x_n]=f[x_0, x_1, \cdots, x_n]+g[x_0, x_1, \cdots, x_n]$。

证明：(1) $F[x_0, x_1, \cdots, x_n]=\sum\limits_{k=0}^{n}\frac{F(x_k)}{\omega'(x_k)}$，其中 $\omega'(x_k)=\prod\limits_{\substack{i=0\\i\neq k}}^{n}(x_k-x_i)$。

由 $F(x)=cf(x)$，得

$$F(x_k)=cf(x_k)$$

$$F[x_0, x_1, \cdots, x_n]=\sum_{k=0}^{n}\frac{cf(x_k)}{\omega'(x_k)}=cf[x_0, x_1, \cdots, x_n]$$

(2) $F[x_0, x_1, \cdots, x_n]=\sum\limits_{k=0}^{n}\frac{F(x_k)}{\omega'(x_k)}$，其中 $\omega'(x_k)=\prod\limits_{\substack{i=0\\i\neq k}}^{n}(x_k-x_i)$。

由 $F(x)=f(x)+g(x)$，得

$$F(x_k)=f(x_k)+g(x_k)$$

$$F[x_0, x_1, \cdots, x_n] = \sum_{k=0}^{n} \frac{f(x_k)+g(x_k)}{\omega'(x_k)} = \sum_{k=0}^{n} \frac{f(x_k)}{\omega'(x_k)} + \sum_{k=0}^{n} \frac{g(x_k)}{\omega'(x_k)}$$

$$= f[x_0, x_1, \cdots, x_n] + g[x_0, x_1, \cdots, x_n]$$

例 2.10 证明差商的莱布尼茨公式：若 $p(x)=f(x)g(x)$，则

$$p[x_0, x_1, \cdots, x_n] = \sum_{k=0}^{n} f[x_0, x_1, \cdots, x_k] \cdot g[x_k, x_{k+1}, \cdots, x_n]$$

证明：用数学归纳法，当 $n=1$ 时，有

$$p[x_0, x_1] = \frac{p[x_1]-p[x_0]}{x_1-x_0} = \frac{f[x_1]g[x_1]-f[x_0]g[x_0]}{x_1-x_0}$$

$$= \frac{f[x_0]g[x_1]-f[x_0]g[x_0]}{x_1-x_0} + \frac{f[x_1]g[x_1]-f[x_0]g[x_1]}{x_1-x_0}$$

$$= f[x_0]\frac{g[x_1]-g[x_0]}{x_1-x_0} + \frac{f[x_1]-f[x_0]}{x_1-x_0}g[x_1]$$

$$= f[x_0]g[x_0, x_1] + f[x_0, x_1]g[x_1]$$

$$= \sum_{k=0}^{1} f[x_0, x_1, \cdots, x_k]g[x_k, x_{k+1}, \cdots, x_1]$$

结论成立。

设当 $n=m$ 时结论成立，即有

$$p[x_0, x_1, \cdots, x_m] = \sum_{k=0}^{m} f[x_0, x_1, \cdots, x_k]g[x_k, x_{k+1}, \cdots, x_m]$$

和

$$p[x_1, x_2, \cdots, x_{m+1}] = \sum_{k=1}^{m+1} f[x_1, x_2, \cdots, x_k]g[x_k, x_{k+1}, \cdots, x_{m+1}]$$

由差商定义

$$f[x_0, x_1, \cdots, x_k] = \frac{f[x_1, \cdots, x_k]-f[x_0, x_1, \cdots, x_{k-1}]}{x_k-x_0}$$

有

$$f[x_1, x_2, \cdots, x_k] = f[x_0, x_1, \cdots, x_{k-1}] + (x_k-x_0)f[x_0, x_1, \cdots, x_k]$$

由差商定义

$$g[x_k, x_{k+1}, \cdots, x_{m+1}] = \frac{g[x_{k+1}, x_{k+2}, \cdots, x_{m+1}]-g[x_k, x_{k+1}, \cdots, x_m]}{x_{m+1}-x_k}$$

有 $g[x_k, x_{k+1}, \cdots, x_m] = g[x_{k+1}, x_{k+2}, \cdots, x_{m+1}] - (x_{m+1}-x_k)g[x_k, x_{k+1}, \cdots, x_{m+1}]$

由差商定义

$$p[x_0, x_1, \cdots, x_{m+1}] = \frac{p[x_1, x_2, \cdots, x_{m+1}]-p[x_0, x_1, \cdots, x_m]}{x_{m+1}-x_0}$$

$$= \frac{1}{x_{m+1}-x_0}\left(\sum_{k=1}^{m+1} f[x_1, x_2, \cdots, x_k]g[x_k, x_{k+1}, \cdots, x_{m+1}]\right.$$

$$-\sum_{k=0}^{m} f[x_0, x_1, \cdots, x_k]g[x_k, x_{k+1}, \cdots, x_m])$$

$$=\frac{1}{x_{m+1}-x_0}\Big[\sum_{k=1}^{m+1}(f[x_0, x_1, \cdots, x_{k-1}]+(x_k-x_0)f[x_0, x_1, \cdots, x_k])$$

$$g[x_k, x_{k+1}, \cdots, x_{m+1}]-\sum_{k=0}^{m} f[x_0, x_1, \cdots, x_k](g[x_{k+1}, x_{k+2}, \cdots, x_{m+1}]$$

$$-(x_{m+1}-x_k)g[x_k, x_{k+1}, \cdots, x_{m+1}])\Big]$$

$$=\frac{1}{x_{m+1}-x_0}\Big[\sum_{k=1}^{m+1}(x_k-x_0)f[x_0, x_1, \cdots, x_k]g[x_k, x_{k+1}, \cdots, x_{m+1}]$$

$$+\sum_{k=0}^{m}(x_{m+1}-x_k)f[x_0, x_1, \cdots, x_k]g[x_k, x_{k+1}, \cdots, x_{m+1}]\Big]$$

$$=\sum_{k=0}^{m+1} f[x_0, x_1, \cdots, x_k]\cdot g[x_k, x_{k+1}, \cdots, x_{m+1}]$$

所以，有

$$p[x_0, x_1, \cdots, x_n]=\sum_{k=0}^{n} f[x_0, x_1, \cdots, x_k]\cdot g[x_k, x_{k+1}, \cdots, x_n]$$

例 2.11　设 $x_i(i=0, 1, \cdots, 5)$为互异节点，$l_i(x)(i=0, 1, \cdots, 5)$为对应的 5 次插值基函数，计算$\sum_{i=0}^{5} x_i^5 l_i(0)$、$\sum_{i=0}^{5}(x_i-x)^2 l_i(x)$ 和$\sum_{i=0}^{5}(x_i^5+2x_i^4+x_i^3+1)l_i(x)$。

解： 对于次数不大于 n 的多项式，其 n 次插值多项式就是其本身，当 $f(x)$是一个次数不超过 5 次的多项式时，其 5 次插值多项式 $L(x)$满足

$$f(x)=L(x)$$

所以有

$$\sum_{i=0}^{5} x_i^5 l_i(0)=0^5=0$$

$$\sum_{i=0}^{5}(x_i-x)^2 l_i(x)=(x-x)^2=0$$

$$\sum_{i=0}^{5}(x_i^5+2x_i^4+x_i^3+1)l_i(x)=x^5+2x^4+x^3+1$$

例 2.12　将区间$[a, b]$分成 n 等份，求 $f(x)=x^2$ 在区间$[a, b]$上的分段线性插值函数，并估计插值余项。

解： 令 $h=\dfrac{b-a}{n}$，分点 $x_i=a+ih(i=0, 1, \cdots, n)$，在每个小区间上构造插值基函数

$$l_i(x)=\begin{cases}\dfrac{x-x_{i-1}}{x_i-x_{i-1}} & (x_{i-1}\leqslant x\leqslant x_i,\ i=0\text{除去})\\ \dfrac{x-x_{i+1}}{x_i-x_{i+1}} & (x_i\leqslant x\leqslant x_{i+1},\ i=n\text{除去})\\ 0 & (\text{其他})\end{cases}$$

$$I_h(x)-\sum_{i=0}^{n}x_i^2 l_i(x)$$

插值余项

$$R_n(x)\leqslant\frac{f''(\xi)}{2!}\,|\,(x-x_{k+1})(x-x_k)\,|\leqslant\frac{2}{2}\,\frac{h^2}{4}=\frac{h^2}{4}$$

例 2.13 用分段二次插值公式计算区间$[a,b]$上非节点处的函数值 e^x 的近似值，使误差不超过10^{-6}，要使用多少个等分节点处的函数值？

解： 由于

$$f(x)=e^x,\ f'(x)=f''(x)=f'''(x)=e^x$$

从而

$$\max_{0\leqslant x\leqslant 1}|\,f'''(x)\,|=e^1\approx 2.718$$

由

$$R(x)\leqslant\frac{\sqrt{3}}{27}\max_{0\leqslant x\leqslant 1}|\,f'''(x)\,|\,h^3\approx 0.174\ 359\ 78h^3$$

为使误差不超过10^{-6}，选取 $h=\dfrac{1}{n}$，使得上式右端小于10^{-6}，解之得 $h\leqslant 1.79\times10^{-2}$，$n\geqslant 55.867$。

例 2.14 已知数据表如下：

x	0	1	3	4
$f(x)$	-2	0	4	5

求满足自然边界条件 $s''(0)=s''(6)=0$ 的三次样条插值函数 $s(x)$并计算 $f(2)$和 $f(3.5)$的近似值。

解： 由 $x_0=0$，$x_1=1$，$x_2=3$，$x_3=4$，有

$$h_0=x_1-x_0=1,\ h_1=x_2-x_1=2,\ h_2=x_3-x_2=1$$

$$\mu_1=\frac{h_0}{h_0+h_1}=\frac{1}{3},\ \mu_2=\frac{h_1}{h_1+h_2}=\frac{2}{3}$$

$$\lambda_1=1-\mu_1=\frac{2}{3},\ \lambda_2=1-\mu_2=\frac{1}{3}$$

由 $y_0=-2$，$y_1=0$，$y_2=4$，$y_3=5$，有

$$d_1=\frac{6}{h_0+h_1}\left(\frac{y_2-y_1}{h_1}-\frac{y_1-y_0}{h_0}\right)=\frac{6}{3}\left(\frac{4-0}{2}-\frac{0+2}{1}\right)=0$$

$$d_2=\frac{6}{h_0+h_1}\left(\frac{y_3-y_2}{h_2}-\frac{y_2-y_1}{h_1}\right)=\frac{6}{3}\left(\frac{5-4}{1}-\frac{4-0}{2}\right)=-2$$

由自然边界条件 $M_0=M_3=0$，有

$$\begin{pmatrix}2 & \lambda_1\\ \mu_2 & 2\end{pmatrix}\begin{pmatrix}M_1\\ M_2\end{pmatrix}=\begin{pmatrix}d_1-\mu_1 M_0\\ d_2-\lambda_1 M_3\end{pmatrix}$$

代入数据

$$\begin{pmatrix}2 & \frac{2}{3}\\ \frac{2}{3} & 2\end{pmatrix}\begin{pmatrix}M_1\\ M_2\end{pmatrix}=\begin{pmatrix}0\\ -2\end{pmatrix}$$

解之得 $M_1=\frac{3}{8}$，$M_2=-\frac{9}{8}$。将 M_0、M_1、M_2、M_3 代入下式

$$s(x)=\frac{(x_{i+1}-x)^3}{6h_i}M_i+\frac{(x-x_i)^3}{6h_i}M_{i+1}+\frac{x_{i+1}-x}{h_i}\left(y_i-\frac{h_i^2}{6}M_i\right)+\frac{x-x_i}{h_i}\left(y_{i+1}-\frac{h_i^2}{6}M_{i+1}\right)$$

可得

$$s(x)=\begin{cases}\frac{1}{16}x^3+\frac{31}{16}x-2 & x\in[0,\ 1]\\ -\frac{1}{8}x^3+\frac{9}{16}x^2+\frac{11}{8}x-\frac{29}{16} & x\in[1,\ 3]\\ \frac{3}{16}x^3-\frac{9}{4}x^2+\frac{157}{16}x-\frac{41}{4} & x\in[3,\ 4]\end{cases}$$

计算得

$$f(2)\approx s(2)=2.1875\qquad f(3.5)\approx s(3.5)=4.5703$$

例 2.15　证明下式成立：

(1) $\sum_{k=0}^{n}x_k^j l_k(x)=x^j\qquad(j=1,\ 2,\ \cdots,\ n)$；

(2) $\sum_{k=0}^{n}(x_k-x)^j l_k(x)=0\qquad(j=1,\ 2,\ \cdots,\ n)$。

证明　(1) 取 $f(x)=x^j(j=1,\ 2,\ \cdots,\ n)$，$f(x_k)=x_k^j$，由于 $j\leqslant n$，所以有

$$f(x)=L(x)=\sum_{k=0}^{n}l_k(x)f(x_k),\ x^j=\sum_{k=0}^{n}l_k(x)x_k^j$$

(2) 设 $f(x)=(x-t)^j(j=1,\ 2,\ \cdots,\ n)$，$f(x_k)=(x_k-t)^j$，由于 $j\leqslant n$，有

$$f(x)=L(x)=\sum_{k=0}^{n}l_k(x)f(x_k),\ (x-t)^j=\sum_{k=0}^{n}l_k(x)\ (x_k-t)^j$$

令 $t=x$，则

$$\sum_{k=0}^{n}(x_k-x)^j l_k(x)=0$$

2.4 习题解答

1. 利用余项证明，如果 $f(x)$是次数不超过 n 次的代数多项式，则通过 $n+1$ 个不同的点构造的代数多项式就是 $f(x)$，并且有 $\sum_{k=0}^{n} l_k(x)=1$。

证明： 因为 $f(x)$为次数不超过 n 次的代数多项式，所以 $f^{(n+1)}(x)=0$。

根据余项定理可知

$$R(x)=\frac{f^{(n+1)}(\xi)}{(n+1)!}\omega_{n+1}(x)=0$$

所以通过 $n+1$ 个不同的点构造的代数多项式就是 $f(x)$本身。特别地，当 $f(x)=1$ 时，结论仍成立，即 $1=\sum_{k=0}^{n} l_k(x)$。

2. 设 $f(x)=6.5x^4+47$，用余项定理求以 -1、0、1、2 为插值节点的三次插值多项式。

解： 设 $f(x)$以 -1、0、1、2 为插值节点的三次 Lagrange 插值多项式 $L_3(x)$，由 Lagrange 插值余项定理有

$$\begin{aligned}R_3(x)&=f(x)-L_3(x)=\frac{f^{(4)}(\xi)}{4!}(x+1)(x-0)(x-1)(x-2)\\&=6.5(x+1)(x-0)(x-1)(x-2)\end{aligned}$$

因此

$$\begin{aligned}L_3(x)&=f(x)-6.5(x+1)(x-0)(x-1)(x-2)\\&=6.5x^4+47-6.5(x^4-2x^3-x^2+2x)\\&=13x^3+6.5x^2-13x+47\end{aligned}$$

3. 设 $f(x)=x^8+x^4-2x+1$，求 $f[2^0, 2^1, \cdots, 2^8]$及 $f[2^0, 2^1, \cdots, 2^9]$。

解： 由差商与导数之间的关系

$$f[x_0, \cdots, x_n]=\frac{1}{n!}f^{(n)}(\xi) \text{ 及 } f^{(8)}(x)=8!,\ f^{(9)}(x)=0$$

知 $f[2^0, 2^1, \cdots, 2^8]=\frac{f^{(8)}(\xi)}{8!}=\frac{8!}{8!}=1$，$f[2^0, 2^1, \cdots, 2^9]=\frac{f^{(9)}(\xi)}{9!}=\frac{0}{8!}=0$

4. 已知 $f(x)$的数值表如下，分别做二次及三次 Lagrange 插值多项式计算 $f(0.4)$的近似值。

x_i	-2	0	1	2
$f(x_i)$	7.00	1.00	2.00	8.00

解：(1) 选 0.4 附近的三个点 $x_0=0$，$x_1=1$，$x_2=2$ 为插值节点，计算插值基函数

$$l_0(x)=\frac{(x-1)(x-2)}{(0-1)(0-2)}=\frac{1}{2}(x-1)(x-2)$$

$$l_1(x)=\frac{(x-0)(x-2)}{(1-0)(1-2)}=-x(x-2)$$

$$l_2(x)=\frac{(x-0)(x-1)}{(2-0)(2-1)}=\frac{1}{2}x(x-1)$$

故二次 Lagrange 插值多项式为

$$L_2(x)=l_0(x)+2l_1(x)+8l_2(x)=\frac{5}{2}x^2-\frac{3}{2}x+1$$

所以

$$f(0.4)\approx L_2(0.4)=\frac{5}{2}\times 0.4^2-\frac{3}{2}\times 0.4+1=0.8$$

(2) 选 $x_0=-2$，$x_1=0$，$x_2=1$，$x_3=2$ 为插值节点，计算插值基函数

$$l_0(x)=\frac{(x-0)(x-1)(x-2)}{(-2-0)(-2-1)(-2-2)}=-\frac{1}{24}x(x-1)(x-2)$$

$$l_1(x)=\frac{(x+2)(x-1)(x-2)}{(0+2)(0-1)(0-2)}=\frac{1}{4}(x+2)(x-1)(x-2)$$

$$l_2(x)=\frac{(x+2)(x-0)(x-2)}{(1+2)(1-0)(1-2)}=-\frac{1}{3}x(x+2)(x-2)$$

$$l_3(x)=\frac{(x+2)(x-0)(x-1)}{(2+2)(2-0)(2-1)}=\frac{1}{8}x(x+2)(x-1)$$

故三次 Lagrange 插值多项式为

$$L_3(x)=7l_0(x)+l_1(x)+2l_2(x)+8l_3(x)=\frac{7}{27}x^3+\frac{13}{8}x^2-\frac{11}{12}x+1$$

所以

$$f(0.4)\approx L_3(0.4)=\frac{114}{125}=0.912$$

5. 已知 sin0.32=0.314 567，sin0.34=0.333 487，sin0.36=0.352 274。试用抛物插值法计算 sin0.3367 的近似值，并估计误差。

解：选 $x_0=0.32$，$x_1=0.34$，$x_2=0.36$ 为插值节点，则可用抛物插值多项式在 0.3367 处的值来近似，即

$$\sin 0.3367\approx L_2(0.3367)=0.314\,567\times\frac{(0.3367-0.34)\times(0.3367-0.36)}{(0.32-0.34)\times(0.32-0.36)}$$

$$+0.333\,487\times\frac{(0.3367-0.32)\times(0.3367-0.36)}{(0.34-0.32)\times(0.34-0.36)}+0.352\,274\times$$

$$\frac{(0.3367-0.32)\times(0.3367-0.34)}{(0.36-0.32)\times(0.36-0.34)}$$

$$=0.330\,374\,362\,03$$

根据插值余项，可估计误差为

$$|R(0.3367)|=\left|\frac{f^{(2+1)}(\xi)}{(2+1)!}\omega_3(0.3367)\right|$$

$$\leqslant\max_{0.32\leqslant\xi\leqslant0.36}\frac{|f^{(3)}(\xi)|}{3!}|(0.3367-0.32)\times$$

$$(0.3367-0.34)\times(0.3367-0.36)|$$

$$\leqslant\max_{0.32\leqslant\xi\leqslant0.36}\frac{|\cos\xi|}{3!}\times0.0167\times0.0033\times0.0233$$

$$\leqslant\frac{1}{3!}\times0.0167\times0.0033\times0.0233$$

$$=\frac{0.0167\times0.0011\times0.0233}{2}=0.000\,000\,214\,01=2.1401\times10^{-7}$$

6. 利用下表数据：计算正弦积分 $f(x)=-\int_x^{\infty}\frac{\sin t}{t}\mathrm{d}t$ 在 $x=0.462$ 的值(考虑线性插值或二次插值法)。

x	0.3	0.4	0.5	0.6	0.7
$f(x)$	0.298 50	0.396 46	0.493 11	0.588 13	0.681 22

解：(1) 选 $x=0.462$ 附近的点 $x_0=0.4$、$x_1=0.5$ 为插值节点，则 $f(0.462)$可用 $L_1(0.462)$来近似，即

$$f(0.462)\approx L_1(0.462)=0.396\,46\times\frac{0.462-0.5}{0.4-0.5}+0.493\,11\times\frac{0.462-0.4}{0.5-0.4}$$

$$=0.396\,46\times\frac{0.038}{0.1}+0.493\,11\times\frac{0.062}{0.1}$$

$$=0.150\,654\,8+0.305\,728\,2=0.456\,383$$

(2) 选 $x=0.462$ 附近的点 $x_0=0.4$、$x_1=0.5$、$x_2=0.6$ 为插值节点，则

$$f(0.462)\approx L_2(0.462)$$

$$=0.396\,46\times\frac{(0.462-0.5)\times(0.462-0.6)}{(0.4-0.5)\times(0.4-0.6)}+$$

$$0.493\,11\times\frac{(0.462-0.4)\times(0.462-0.6)}{(0.5-0.4)\times(0.5-0.6)}+$$

$$0.58813 \times \frac{(0.462-0.4)\times(0.462-0.5)}{(0.6-0.4)\times(0.6-0.5)}$$

$$= 0.456575014$$

7. 根据如下数据表，试用 Newton 插值法计算 $f(0.596)$的近似值。

x_i	0.40	0.55	0.65	0.80	0.90	1.05
$f(x_i)$	0.410 75	0.578 15	0.696 75	0.888 11	1.026 52	1.253 82

解：首先根据差商公式列出差商表如下：

x_k	$f(x_k)$	1 阶差商	2 阶差商	3 阶差商	4 阶差商	5 阶差商
$x_0=0.40$	0.41075					
$x_1=0.55$	0.578 15	1.116 00				
$x_2=0.65$	0.696 75	1.186 00	0.280 00			
$x_3=0.80$	0.888 11	1.275 73	0.358 92	0.197 30		
$x_4=0.90$	1.026 52	1.384 10	0.433 48	0.213 03	0.031 46	
$x_5=1.05$	1.253 82	1.515 33	0.524 92	0.228 60	0.031 14	−0.000 49

根据 Newton 插值公式，可知

$$\begin{aligned} f(0.596) &\approx N_5(0.596) \\ &= 0.41075+1.11600\times(0.596-0.40)+0.28000\times(0.596-0.40)\times \\ &\quad (0.596-0.55)+0.19730\times(0.596-0.40)\times(0.596-0.55)\times \\ &\quad (0.596-0.65)+0.03146\times(0.596-0.40)\times(0.596-0.55)\times \\ &\quad (0.596-0.65)\times(0.596-0.80)-0.00049\times(0.596-0.40)\times \\ &\quad (0.596-0.55)\times(0.596-0.65)\times(0.596-0.80)\times(0.596-0.90) \\ &\approx 0.63192 \end{aligned}$$

8. 构造一个三次 Hermite 插值多项式，使其满足：

$$f(0)=1,\ f(1)=2,\ f'(0)=0.5,\ f'(1)=0.5$$

解：设 $x_0=0$，$x_1=1$，则相应的两点三次 Hermite 插值多项式为

$$H_3(x)=\alpha_0(x)+2\alpha_1(x)+0.5\beta_0(x)+0.5\beta_1(x)$$

其中 $\alpha_0(x)$、$\alpha_1(x)$、$\beta_0(x)$、$\beta_1(x)$为 Hermite 插值基函数，分别为

$$\begin{cases} \alpha_0(x) = \left(1 + 2 \times \dfrac{x-0}{1-0}\right)\left(\dfrac{x-1}{0-1}\right)^2 = (1+2x)(x-1)^2 \\ \alpha_1(x) = (1 + 2 \times \dfrac{x-1}{0-1})(\dfrac{x-0}{1-0})^2 = (3-2x)x^2 \\ \beta_0(x) = (x-0)(\dfrac{x-1}{0-1})^2 = x(x-1)^2 \\ \beta_1(x) = (x-1)(\dfrac{x-0}{1-0})^2 = (x-1)x^2 \end{cases}$$

所以该三次 Hermite 插值多项式为

$$\begin{aligned} H_3(x) &= (1+2x)(x-1)^2 + 2x^2(3-2x) + 0.5x(x-1)^2 + 0.5x^2(x-1) \\ &= -x^3 + 1.5x^2 + 0.5x + 1 \end{aligned}$$

9. (1) 求满足 $P(x_i)=f(x_i)(i=0, 1, 2)$ 及 $P'(x_1)=f'(x_1)$ 的 Hermite 插值多项式及余项。

(2) 若 $f(0)=1$，$f(1)=2$，$f(2)=9$，$f'(1)=3$，$\max\limits_{0\leqslant x\leqslant 2}|f^{(4)}(x)|\leqslant 1$，计算 $f(1.2)$ 的近似值，并估计误差。

解：(1) 可以把带导数条件的节点 x_1 作为重节点，从而写出 Newton 形式的插值多项式

$$\begin{aligned} H_3(x) = &f(x_0) + f[x_0, x_1](x-x_0) + f[x_0, x_1, x_1](x-x_0)(x-x_1) \\ &+ f[x_0, x_1, x_1, x_2](x-x_0)(x-x_1)^2 \end{aligned}$$

而 Newton 形式的插值余项为

$$f[x_0, x_1, x_1, x_2, x](x-x_0)(x-x_1)^2(x-x_2)$$

由差商的性质可知当 $f\in C^4[a, b]$时，存在 $\xi\in[a, b]$使

$$f[x_0, x_1, x_1, x_2, x] = \frac{1}{4!}f^{(4)}(\xi)$$

所以插值余项为

$$f(x) - H_3(x) = \frac{f^{(4)}(\xi)}{4!}(x-x_0)(x-x_1)^2(x-x_2)$$

(2) 先给出差商表如下：

x_k	$f(x_k)$	1 阶差商	2 阶差商	3 阶差商
0	1			
1	2	1		
1	3	3	2	
2	7	7	4	1

由(1)知，插值多项式 $H_3(x)=1+x-0+2(x-0)(x-1)+(x-0)(x-1)^2$，因此 $f(1.2)\approx H_3(1.2)=2.7288$。误差由(1) 中的余项可得

$$|f(1.2)-H_3(1.2)|=\left|\frac{f^{(4)}(\xi)}{4!}(1.2-0)\times(1.2-1)^2\times(1.2-2)\right|\leqslant 0.0016$$

10. 试用下面的一组数据确定 Hermite 插值多项式，并估求 $x=1.6$ 的函数值。

x_i	1.3	1.5	1.7
$f(x_i)$	0.2624	0.4055	0.5306
$f'(x_i)$	0.7692	0. 6667	0.5822

解：作差商表如下：

x_k	$f(x_k)$	1 阶差商	2 阶差商	3 阶差商	4 阶差商	5 阶差商
1.3	0.2624					
1.3	0.2624	0.7692				
1.5	0.4055	0.7155	−0.2685			
1.5	0.4055	0.6667	−0.244	0.1225		
1.7	0.5306	0.6255	−0.206	0.095	−0.068 75	
1.7	0.5306	0.5822	−0.2165	−0.0525	−0.368 75	−0.75

则 Hermite 多项式为

$$\begin{aligned}H_5(x)=&\ 0.2624+0.7692(x-1.3)-0.2685(x-1.3)^2+0.1225(x-1.3)^2(x-1.5)-\\&0.068\,75(x-1.3)^2(x-1.5)^2-0.75(x-1.3)^2(x-1.5)^2(x-1.7)\\\approx&\ 0.4701\end{aligned}$$

11. 给定函数 $f(x)$的数据表，试求满足第一边界条件的三次样条函数 $S(x)$。

x_i	0	1	2	3
$f(x_i)$	0	0.5	2.0	1.5
$f'(x_i)$	0.2			−1

解：已知 $h_0=h_1=h_2=1$，$f(x_0)=0$，$f(x_1)=0.5$，$f(x_2)=2.0$，$f(x_3)=1.5$，计算得

$$\mu_1=\frac{1}{2},\ \mu_2=\frac{1}{2},\ \mu_3=1,\ \lambda_0=1,\ \lambda_1=\frac{1}{2},\ \lambda_2=\frac{1}{2}$$

$$\alpha_0=\frac{6}{h_0}(f[x_0,\ x_1]-f'(x_0))=6\times(0.5-0.2)=1.8$$

$$\alpha_1 = 6f[x_0, x_1, x_2] = 6 \times 0.5 = 3$$

$$\alpha_2 = 6f[x_1, x_2, x_3] = 6 \times (-1) = -6$$

$$\alpha_3 = \frac{6}{h_2}(f'(x_3) - f[x_2, x_3]) = 6 \times (-1 + 0.5) = -3$$

由此可得到相应的三弯矩方程组

$$\begin{bmatrix} 2 & 1 & & \\ \frac{1}{2} & 2 & \frac{1}{2} & \\ & \frac{1}{2} & 2 & \frac{1}{2} \\ & & 1 & 2 \end{bmatrix} \begin{bmatrix} M_0 \\ M_1 \\ M_2 \\ M_3 \end{bmatrix} = \begin{bmatrix} 1.8 \\ 3 \\ -6 \\ -3 \end{bmatrix}$$

解得 $M_0 = -0.36$，$M_1 = 2.25$，$M_2 = -3.72$，$M_3 = 0.36$。从而三次样条函数

$$S(x) = \begin{cases} M_0 \dfrac{(x_1 - x)^3}{6h_0} + M_1 \dfrac{(x - x_0)^3}{6h_0} + \left[f(x_0) - \dfrac{M_0 h_0^2}{6}\right] \cdot \dfrac{x_1 - x}{h_0} + \\ \left[f(x_1) - \dfrac{M_1 h_0^2}{6}\right] \cdot \dfrac{x - x_0}{h_0},\ x \in [x_0, x_1] \\ M_1 \dfrac{(x_2 - x)^3}{6h_1} + M_2 \dfrac{(x - x_1)^3}{6h_1} + \left[f(x_1) - \dfrac{M_1 h_1^2}{6}\right] \cdot \dfrac{x_2 - x}{h_1} + \\ \left[f(x_2) - \dfrac{M_2 h_1^2}{6}\right] \cdot \dfrac{x - x_1}{h_1},\ x \in [x_1, x_2] \\ M_2 \dfrac{(x_3 - x)^3}{6h_2} + M_3 \dfrac{(x - x_2)^3}{6h_2} + \left[f(x_2) - \dfrac{M_2 h_2^2}{6}\right] \cdot \dfrac{x_3 - x}{h_2} + \\ \left[f(x_3) - \dfrac{M_3 h_2^2}{6}\right] \cdot \dfrac{x - x_2}{h_2},\ x \in [x_2, x_3] \end{cases}$$

即

$$S(x) = \begin{cases} 0.13x^3 - 0.18x^2 + 0.2x,\ x \in [0, 1] \\ -1.04x^3 + 4.38x^2 - 4.36x + 1.52,\ x \in [1, 2] \\ 0.68x^3 - 5.94x^2 + 16.28x - 12.24,\ x \in [2, 3] \end{cases}$$

12. 给定函数 $f(x)$ 的数据表如下：

x_i	1	2	4	5
$f(x_i)$	1	3	4	2

试求自然边界条件下的三次样条函数 $S(x)$，并计算 $f(3)$ 和 $f(4.5)$ 的近似值。

解：已知 $h_0 = 1$，$h_1 = 2$，$h_2 = 1$，$f(x_0) = 1$，$f(x_1) = 3$，$f(x_2) = 4$，$f(x_3) = 2$，计算得

$$\mu_1 = \frac{h_0}{h_0 + h_1} = \frac{1}{3},\ \mu_2 = \frac{h_1}{h_1 + h_2} = \frac{2}{3},\ \lambda_1 = 1 - \mu_1 = \frac{2}{3},\ \lambda_2 = 1 - \mu_2 = \frac{1}{3}$$

$$\alpha_1 = 6f[x_0, x_1, x_2] = -\frac{1}{2}\times 6 = -3, \alpha_2 = 6f[x_1, x_2, x_3] = -\frac{5}{6}\times 6 = -5$$

则相应的三弯矩方程组为

$$\begin{pmatrix} 2 & \frac{2}{3} \\ \frac{2}{3} & 2 \end{pmatrix}\begin{pmatrix} M_1 \\ M_2 \end{pmatrix} = \begin{pmatrix} -3-\frac{1}{3} & 0 \\ -5-\frac{1}{3} & 0 \end{pmatrix} = \begin{pmatrix} -3 \\ -5 \end{pmatrix}$$

解得 $M_1 = -\frac{3}{4}, M_2 = -\frac{9}{4}$。

又由自然边界条件有 $M_0 = M_3 = 0$，所以三次样条函数为

$$S(x) = \begin{cases} -\frac{1}{8}x^3 + \frac{3}{8}x^2 + \frac{7}{4}x - 1, & x \in [1, 2] \\ -\frac{1}{8}x^3 + \frac{3}{8}x^2 + \frac{7}{4}x - 1, & x \in [2, 4] \\ \frac{3}{8}x^3 - \frac{45}{8}x^2 + \frac{103}{4}x - 33, & x \in [4, 5] \end{cases}$$

故
$$f(3) \approx S(3) = \frac{13}{2}, f(4.5) \approx S(4.5) = \frac{201}{64}$$

13. 给出概率积分 $f(x) = \frac{2}{\sqrt{\pi}}\int_0^x e^{-t^2}\,\mathrm{d}t$ 的数据表如下：

x	0.46	0.47	0.48	0.49
$f(x)$	0.484 655 5	0.493 745 2	0.502 749 8	0.511 668 3

试用二次插值计算当 $x=0.472$ 时该积分的值。

解： 选取 $x=0.472$ 附近点 $x_0=0.46$、$x_1=0.47$、$x_2=0.48$ 作为插值节点，列差商表如下：

x_k	$f(x_k)$	1 阶差商	2 阶差商
0.46	0.484 655 5		
0.47	0.493 745 2	0.908 97	
0.48	0.502 749 8	0.900 46	−0.4255

所以二次 Newton 插值多项式为

$$N_2(x) = 0.484\,655\,5 + 0.908\,97(x-0.46) - 0.4255(x-0.46)(x-0.47)$$

故 $f(0.472) \approx N_2(0.472)$

$$= 0.484\,655\,5 + 0.908\,97(0.472-0.46) - 0.4255(0.472-0.46)(0.472-0.47)$$
$$= 0.484\,655\,5 + 0.908\,97\times 0.012 - 0.4255\times 0.012\times 0.002 = 0.4956$$

第 3 章　函数的最佳逼近和离散数据的最小二乘拟合

3.1　主要结论

1. 最佳平方逼近

定义 3.2.1　设在有限区间或无限区间$[a, b]$上的函数$\rho(x)$满足：

(1) $\rho(x)\geqslant 0$，$x\in[a, b]$；

(2) $\int_a^b x^k\rho(x)\mathrm{d}x<\infty$，$k=0, 1, 2, \cdots$；

(3) 对于任意的非负连续函数$h(x)$，若$\int_a^b h(x)\rho(x)\mathrm{d}x=0$，则$h(x)\equiv 0$，于是称$\rho(x)$为区间$[a, b]$上的权函数。

定义 3.2.2　函数的加权内积

$$(f, g)=\int_a^b \rho(x)f(x)g(x)\mathrm{d}x \tag{3.1}$$

由此导出函数的加权 2 范数

$$\| f \|_2=\left(\int_a^b \rho(x)f^2(x)\mathrm{d}x\right)^{\frac{1}{2}} \tag{3.2}$$

定义 3.3.1　设$\varphi_0(x)$，$\varphi_1(x)$，$\cdots$，$\varphi_n(x)$是$C[a, b]$中的$n+1$个线性无关的函数，张成线性子空间$M=\mathrm{span}\{\varphi_0(x), \varphi_1(x), \cdots, \varphi_n(x)\}\subset C[a, b]$。如果对于$f(x)\in C[a, b]$，存在$s^*(x)=\sum_{i=0}^{n}\alpha_i^*\varphi_i\in M$，使得

$$\| f(x)-s^*(x)\|_2^2=\min_{s(x)\in M}\| f(x)-s(x)\|_2^2$$

式中$\| f(x)-s(x)\|_2^2=\int_a^b \rho(x)[f(x)-s(x)]^2\mathrm{d}x$，则称$s^*(x)$是$f(x)$在子空间$M$中的带权函数$\rho(x)$的最佳平方逼近函数。

系数$\alpha_i^*$$(i=0, 1, 2, \cdots, n)$是如下所示方程组的解：

$$\begin{bmatrix}(\varphi_0, \varphi_0) & (\varphi_1, \varphi_0) & \cdots & (\varphi_n, \varphi_0)\\(\varphi_0, \varphi_1) & (\varphi_1, \varphi_1) & \cdots & (\varphi_n, \varphi_1)\\\vdots & \vdots & \ddots & \vdots\\(\varphi_0, \varphi_n) & (\varphi_1, \varphi_n) & \cdots & (\varphi_n, \varphi_n)\end{bmatrix}\begin{bmatrix}\alpha_0^*\\\alpha_1^*\\\vdots\\\alpha_n^*\end{bmatrix}=\begin{bmatrix}(f, \varphi_0)\\(f, \varphi_1)\\\vdots\\(f, \varphi_n)\end{bmatrix}$$

均方误差为

$$\|\delta\|_2=\|f-s^*\|_2=\sqrt{(f, f)-\sum_{i=0}^{n}\alpha_i^*(f, \varphi_i)}$$

2. 正交多项式

1) 正交多项式的定义

定义 3.4.1 如果多项式序列$\{p_n(x), n=0, 1, \cdots\}$满足

$$(p_n, p_m)=\int_a^b\rho(x)p_n(x)p_m(x)\mathrm{d}x=\begin{cases}0, & n\neq m\\A_n\neq 0, & n=m\end{cases}\quad(n, m=0, 1, 2, \cdots)$$

则称$\{p_n(x), n=0, 1, 2, \cdots\}$是$[a, b]$上带权$\rho(x)$的正交多项式序列。

2) 正交多项式的性质

(1) 线性无关性：$\{p_n(x)\}_{n=0}^{+\infty}$中的任意有限子序列均线性无关，进而，任何不超过$n$次的多项式均可以用$\{p_k(x)\}_{k=0}^{n}$线性表出；

(2) $p_k(x)$与所有小于k次的多项式正交；

(3) $p_k(x)$在(a, b)内有k个互不相同的实零点；

(4) 当$\{p_n(x)\}_{n=0}^{+\infty}$是首项系数为1的正交多项式系时，有如下递推关系：

$$p_{n+1}=(x-\alpha_n)p_n-\beta_n p_{n-1}\quad(n=0, 1, \cdots)\tag{3.3}$$

式中：

$$p_0=1, p_{-1}=0, \alpha_n=\frac{(xp_n, p_n)}{(p_n, p_n)}, \beta_n=\frac{(p_n, p_n)}{(p_{n-1}, p_{n-1})}\quad(n=1, 2, \cdots)$$

3) 用斯密特(Schmidt)正交化方法构造正交多项式系

只要给定区间$[a, b]$及权函数$\rho(x)$，均可由一族线性无关的幂函数$\{1, x, \cdots, x^n, \cdots\}$，利用逐个正交化手续构造出正交多项式序列$\{\varphi_n(x)\}_{n=0}^{+\infty}$，即

$$\varphi_0(x)=1, \varphi_n(x)=x^n-\sum_{j=0}^{n-1}\frac{(x^n, \varphi_j)}{(\varphi_j, \varphi_j)}\varphi_j\quad(n=1, 2, \cdots)$$

4) 常用正交多项式系

(1) 勒让德(Legendre)多项式是$[-1, 1]$上带权$\rho(x)\equiv 1$的正交多项式系，定义为

$$P_0(x)=1, P_n(x)=\frac{1}{2^n n!}\frac{\mathrm{d}^n}{\mathrm{d}x^n}[(x^2-1)^n]\quad(n=1, 2, \cdots)$$

并具有下列主要性质：

(ⅰ) $(P_n, P_m)=\begin{cases}\dfrac{2}{2n+1}, & n=m \\ 0, & n\neq m\end{cases}\qquad (n, m=0, 1, \cdots)$

(ⅱ) 当 n 为奇数时，$P_n(x)$为奇函数；当 n 为偶数时，$P_n(x)$为偶函数。

(ⅲ) $P_n(x)$在$(-1, 1)$内有 n 个互不相同的实零点。

(ⅳ) 首项系数为 1 的勒让德多项式 $\widetilde{P}_n(x)$是所有首项系数为 1 的 n 次多项式集合中在$\|\cdot\|_2$意义下距离零最近的元素。

(2) 切比雪夫(Chebyshev)多项式是$[-1, 1]$上带权 $\rho(x)=\dfrac{1}{\sqrt{1-x^2}}$的正交多项式系，定义为

$$T_n(x)=\cos(n\arccos x)\qquad (n=0, 1, \cdots)$$

并具有下列主要性质：

(ⅰ) $T_n(x)$的最高项系数是 $2^{n-1}(n\geqslant 1)$。

(ⅱ) $(T_0, T_0)=\pi$，$(T_n, T_n)=\dfrac{\pi}{2}\qquad (n=1, 2, \cdots)$。

(ⅲ) 当 n 为奇数时，$T_n(x)$为奇函数；当 n 为偶数时，$T_n(x)$为偶函数。

(ⅳ) $T_n(x)$在$(-1, 1)$内有 n 个互不相同的实零点

$$\alpha_k=\cos\frac{2k-1}{2n}\pi\quad (k=1, 2, \cdots, n)$$

在 $\beta_k=\cos\dfrac{k\pi}{n}\quad (k=0, 1, \cdots, n)$点处交错取最大值 1 和最小值$-1$。

(ⅴ) $\widetilde{T}_n(x)=\dfrac{1}{2^{n-1}}T_n$ 是所有首项系数为 1 的 n 次多项式集合中在$\|\cdot\|_\infty$意义下距离零最近的元素。

5) 基于正交基的最佳平方逼近

设 $f(x)\in C[a, b]$，函数族 M 有正交基$\{\varphi_j\}_{j=0}^n$，$f(x)$在 M 中的最佳平方逼近为

$$s(x)=\sum_{k=0}^n \alpha_k\varphi_k=\sum_{k=0}^n\frac{(f, \varphi_k)}{(\varphi_k, \varphi_k)}\varphi_k \tag{3.4}$$

平方误差

$$\|\delta\|_2^2=\|f\|_2^2-\sum_{k=0}^n\alpha_k(f, \varphi_k)=\|f\|_2^2-\sum_{k=0}^n\frac{(f, \varphi_k)^2}{\|\varphi_k\|_2^2}$$

3. 最小二乘拟合

1) 最小二乘原理

定义 3.5.1　已知数据$(x_i, f(x_i))$ $(i=1, 2, \cdots, m)$，在 $M=\mathrm{span}\{\varphi_0(x), \varphi_1(x), \cdots, \varphi_n(x)\}$中确定一函数 $s^*(x)$使得

$$\sum_{i=1}^{m}\omega_i\left[f(x_i)-s^*(x_i)\right]^2=\min_{s(x)\in M}\sum_{i=1}^{m}\omega_i\left[f(x_i)-s(x_i)\right]^2$$

则称 $s^*(x)$是 $f(x)$在 M 中的加权最小二乘拟合函数，求 $s^*(x)$的方法称为最小二乘法。

定义 3.5.2 函数的离散加权内积(权重 $\omega_i\geqslant 0(i=1, 2, \cdots, m)$)：

$$(f, g)=\sum_{i=1}^{m}\omega_i f(x_i)g(x_i) \tag{3.5}$$

导出的加权 2 范数为

$$\|f\|_2=\sqrt{\sum_{i=1}^{m}\omega_i f^2(x_i)} \tag{3.6}$$

显然式(3.5)和式(3.6)分别是式(3.1)和式(3.2)的离散化。

关于点集正交多项式的构造方法同式(3.3)，只需将其中的内积换为离散内积式(3.5)。用该正交多项式构造最小二乘拟合解形式同式(3.4)。

2) 超定方程组的最小二乘解

给定线性方程组

$$\boldsymbol{Ax}=\boldsymbol{b}$$

其中

$$\boldsymbol{A}=\begin{bmatrix}a_{11} & \cdots & a_{1n}\\ a_{21} & \cdots & a_{2n}\\ \vdots & & \vdots\\ a_{m1} & \cdots & a_{mn}\end{bmatrix},\quad \boldsymbol{x}=\begin{bmatrix}x_1\\ x_2\\ \vdots\\ x_n\end{bmatrix},\quad \boldsymbol{b}=\begin{bmatrix}b_1\\ b_2\\ \vdots\\ b_n\end{bmatrix}$$

当 $m>n$ 时，称为超定方程组。求 $\boldsymbol{x}^*$ 使

$$J=(\boldsymbol{b}-\boldsymbol{Ax})^{\mathrm{T}}(\boldsymbol{b}-\boldsymbol{Ax})$$

为最小，有法方程组

$$\boldsymbol{A}^{\mathrm{T}}\boldsymbol{Ax}=\boldsymbol{A}^{\mathrm{T}}\boldsymbol{b}$$

求解得超定方程组的最小二乘解 $\boldsymbol{x}^*$。只要矩阵 $\boldsymbol{A}$ 是列满秩的，法方程就有唯一解。

4. 最佳一致逼近

1) 最佳一致逼近的定义

定义 3.6.1 设 $f(x)\in C[a, b]$，线性子空间 $M_n=\mathrm{span}\{1, x, x^2, \cdots, x^n\}$，若存在多项式函数 $P_n^*(x)\in M_n$，使得

$$\|f-P_n^*(x)\|_\infty=\min_{P_n(x)\in M_n}\|f-P_n(x)\|_\infty$$

则称 $P_n^*(x)$是 $f(x)$在$[a, b]$上的最佳一致逼近多项式或切比雪夫逼近多项式，简称最佳逼近多项式。

定义 3.6.2 设 $f(x)\in C[a, b]$，$P_n(x)\in M_n$，称

$$\Delta(f, P_n) = \| f - P_n \|_\infty = \max_{a \leqslant x \leqslant b} | f(x) - P_n(x) |$$

为 $f(x)$ 与 $P_n(x)$ 在 $[a, b]$ 上的偏差。

定义 3.6.3　给定 $f(x) \in C[a, b]$，任给 $P_n(x) \in M_n$，$f(x)$ 与 $P_n(x)$ 在 $[a, b]$ 上有偏差 $\Delta(f, P_n) \geqslant 0$，偏差的下确界 $E_n = \inf\limits_{P_n \in M_n} \{\Delta(f, P_n)\}$ 称为 $f(x)$ 在 $[a, b]$ 上(与所有 n 次多项式)的最小偏差。

2) 存在性及唯一性

魏尔斯特拉斯定理：设 $f(x) \in C[a, b]$，则对任意 $\varepsilon > 0$，总存在一个代数多项式 $P(x)$，使 $\| f(x) - P(x) \|_\infty < \varepsilon$ 在 $[a, b]$ 上一致成立。

定理 3.6.1　设 $f(x) \in C[a, b]$，则存在唯一的多项式 $P_n^*(x) \in M_n$，使

$$\Delta(f, P_n^*) = \| f(x) - P_n^*(x) \|_\infty = E_n$$

3) 切比雪夫定理

定义 3.6.5　若 $P_n(x_0) - f(x_0) = \| P_n - f \|_\infty$，则称 x_0 为 $P_n(x)$ 的“正”偏差点；

若 $P_n(x_0) - f(x_0) = - \| P_n - f \|_\infty$，则称 x_0 为 $P_n(x)$ 的“负”偏差点。

定理 3.6.3　$P_n(x) \in M_n$ 是 $f(x)$ 的最佳一致逼近多项式的充分必要条件是 $P_n(x)$ 在 $[a, b]$ 上至少有 $n+2$ 个轮流为正、负的偏差点，即有 $n+2$ 个点 $a \leqslant x_1 < x_2 < \cdots < x_{n+2} \leqslant b$，使得

$$P_n(x_k) - f(x_k) = (-1)^k \sigma \| P_n(x) - f(x) \|_\infty \qquad (\sigma = \pm 1;\ k = 1, 2, \cdots, n+2)$$

这样的点组称为切比雪夫交错点组。

4) 最佳一次逼近多项式

设 $f(x) \in C^2[a, b]$，且 $f''(x)$ 在 (a, b) 内不变号，则 $f(x)$ 的一次最佳一致逼近多项式

$$P_1(x) = \frac{1}{2}[f(a) + f(x_2)] - a_1\left(x - \frac{a + x_2}{2}\right)$$

$$a_1 = \frac{f(b) - f(a)}{b - a},\ f'(x_2) = a_1$$

交错点组为 a、x_2 和 b。

3.2　释疑解难

1. **定理 3.2.2**　设 X 为一个内积空间，$u_1, u_2, \cdots, u_n \in X$，矩阵

$$\boldsymbol{G} = \begin{bmatrix} (u_1, u_1) & (u_2, u_1) & \cdots & (u_n, u_1) \\ (u_1, u_2) & (u_2, u_2) & \cdots & (u_n, u_2) \\ \vdots & \vdots & & \vdots \\ (u_1, u_n) & (u_2, u_n) & \cdots & (u_n, u_n) \end{bmatrix}$$

称为格拉姆(Gram)矩阵。矩阵 $\boldsymbol{G}$ 非奇异的充分必要条件是 $u_1, u_2, \cdots, u_n$ 线性无关。

证明： 必要性：已知函数组 $u_1, u_2, \cdots, u_n$ 线性无关。设向量 $\boldsymbol{C}=(c_1, c_2, \cdots, c_n)^{\mathrm{T}}$ 是齐次线性方程组 $\boldsymbol{Gx}=\boldsymbol{0}$ 的任一解向量，即有

$$\boldsymbol{GC}=\boldsymbol{0}$$

进而有

$$\boldsymbol{C}^{\mathrm{T}}\boldsymbol{GC}=\boldsymbol{0} \tag{3.7}$$

利用内积的线性性，知

$$\boldsymbol{C}^{\mathrm{T}}\boldsymbol{GC}=\left(\sum_{j=1}^{n}c_j u_j, \sum_{j=1}^{n}c_j u_j\right) \tag{3.8}$$

综合式(3.7)和式(3.8)以及内积的非负性，有

$$\sum_{j=1}^{n}c_j u_j=0$$

由于函数组 $u_1, u_2, \cdots, u_n$ 线性无关，所以解向量

$$\boldsymbol{C}=(c_1, c_2, \cdots, c_n)^{\mathrm{T}}=\boldsymbol{0}$$

齐次线性方程组 $\boldsymbol{Gx}=\boldsymbol{0}$ 仅有零解，则 $\det\boldsymbol{G}\neq 0$。

充分性：已知 Gram 矩阵 $\boldsymbol{G}$ 非奇异，即 $\det\boldsymbol{G}\neq 0$。

设有一组常数 $\{c_i\}_{i=1}^{n}$，使得 $\sum_{j=1}^{n}c_j u_j=0$ 成立，利用内积的性质有

$$\begin{bmatrix}\left(u_1, \sum_{j=1}^{n}c_j u_j\right)\\ \left(u_2, \sum_{j=1}^{n}c_j u_j\right)\\ \vdots\\ \left(u_n, \sum_{j=1}^{n}c_j u_j\right)\end{bmatrix}=\boldsymbol{0} \tag{3.9}$$

定义向量 $\boldsymbol{C}=(c_1, c_2, \cdots, c_n)^{\mathrm{T}}$，式 (3.9)的左端等于 $\boldsymbol{GC}$，于是有 $\boldsymbol{GC}=\boldsymbol{0}$，因为 $\det\boldsymbol{G}\neq 0$，所以

$$\boldsymbol{C}=(c_1, c_2, \cdots, c_n)^{\mathrm{T}}=\boldsymbol{0}$$

由 $\sum_{j=1}^{n}c_j u_j=0$ 推得 $c_1=c_2=\cdots=c_n=0$，故函数组 $u_1, u_2, \cdots, u_n$ 线性无关。

线性无关函数组 $\{u_i\}_{i=1}^{n}$ 的 Gram 矩阵 $\boldsymbol{G}$ 是对称的。

2. 证明勒让德多项式的正交性：

$$\int_{-1}^{1}P_n(x)P_m(x)\mathrm{d}x=\begin{cases}\dfrac{2}{2n+1} & (n=m)\\ 0 & (n\neq m)\end{cases}$$

证明：由定义

$$P_0(x)=1,\ P_n(x)=\frac{1}{2^n n!}\frac{\mathrm{d}^n}{\mathrm{d}x^n}[(x^2-1)^n]\qquad (n=1,2,\cdots)$$

令 $\varphi(x)=(x^2-1)^n$，则

$$\varphi^{(k)}(\pm 1)=0\qquad (k=0,1,\cdots,n-1)$$

设 $Q(x)$是在区间$[-1,1]$上 n 阶连续可微的函数，由分部积分知

$$\begin{aligned}\int_{-1}^{1}P_n(x)Q(x)\mathrm{d}x&=\frac{1}{2^n n!}\int_{-1}^{1}Q(x)\varphi^{(n)}(x)\mathrm{d}x\\&=-\frac{1}{2^n n!}\int_{-1}^{1}Q'(x)\varphi^{(n-1)}(x)\mathrm{d}x\\&=\cdots\\&=\frac{(-1)^n}{2^n n!}\int_{-1}^{1}Q^{(n)}(x)\varphi(x)\mathrm{d}x\end{aligned}$$

下面分两种情况讨论：

(1) 若 $Q(x)$是次数小于 n 的多项式，则 $Q^{(n)}(x)\equiv 0$，故得

$$\int_{-1}^{1}P_n(x)P_m(x)\mathrm{d}x=0\qquad (n\neq m)$$

(2) 若

$$Q(x)=P_n(x)=\frac{1}{2^n n!}\varphi^{(n)}(x)=\frac{(2n)!}{2^n(n!)^2}x^n+\cdots$$

则

$$Q^{(n)}(x)=P_n^{(n)}(x)=\frac{(2n)!}{2^n n!}$$

于是

$$\begin{aligned}\int_{-1}^{1}P_n^2(x)\mathrm{d}x&=\frac{(-1)^n(2n)!}{2^{2n}(n!)^2}\int_{-1}^{1}(x^2-1)^n\mathrm{d}x\\&=\frac{(2n)!}{2^{2n}(n!)^2}\int_{-1}^{1}(1-x^2)^n\mathrm{d}x\end{aligned}$$

由于

$$\int_0^1(1-x^2)^n\mathrm{d}x=\int_0^{\frac{\pi}{2}}\cos^{2n+1}t\mathrm{d}t=\frac{2\cdot 4\cdot\cdots\cdot(2n)}{1\cdot 3\cdot\cdots\cdot(2n+1)}$$

故

$$\int_{-1}^{1}P_n^2(x)\mathrm{d}x=\frac{2}{2n+1}$$

正交性得证。

3. 证明切比雪夫多项式零点插值截断误差。

定理 3.4.1　设 $f(x)\in C^{n+1}[-1,1]$，试证明当插值节点$\{x_j\}_{j=0}^n$是切比雪夫多项式 $T_{n+1}(x)$的零点时，插值截断误差

$$\|f-P_n\|_\infty\leqslant\frac{M_{n+1}}{(n+1)!}\cdot\frac{1}{2^n},\qquad M_{n+1}=\|f^{(n+1)}(x)\|_\infty\tag{3.10}$$

证明：$f(x)$的 n 次插值余项为

$$f(x)-P_n(x)=\frac{f^{(n+1)}(\xi)}{(n+1)!}(x-x_0)(x-x_1)\cdots(x-x_n)$$

$$\{x_j\}_{j=0}^n\subset[-1,1],\ \xi\in(-1,1)$$

当$\{x_j\}_{j=0}^n$是切比雪夫多项式的零点时有

$$(x-x_0)(x-x_1)\cdots(x-x_n)=\widetilde{T}_{n+1}(x)=\frac{1}{2^n}T_{n+1}(x)=\frac{1}{2^n}\cos[(n+1)\arccos x]$$

这样得到如下截断误差估计

$$\begin{aligned}\|f(x)-P_n(x)\|_\infty&=\frac{1}{(n+1)!}\cdot\frac{1}{2^n}\ \|f^{(n+1)}(\xi)T_{n+1}(x)\|_\infty\\&\leqslant\frac{1}{2^n\cdot(n+1)!}\ \|f^{(n+1)}(x)\|_\infty\ \|T_{n+1}(x)\|_\infty\\&=\frac{M_{n+1}}{2^n\cdot(n+1)!}\end{aligned}$$

4. 用切比雪夫多项式零点做插值点得到的插值多项式与拉格朗日插值有何不同?

答：切比雪夫多项式零点是单位圆周上等距分布点的横坐标，这些点的横坐标在接近区间$[-1,1]$的端点处是密集的，利用切比雪夫点做插值，可使插值区间最大误差最小化，同时还可以避免高次拉格朗日插值所出现的龙格现象，在一定条件下可以保证插值多项式在整个区间上收敛于被插值函数。

5. 证明由$U_n(x)=\dfrac{\sin[(n+1)\arccos x]}{\sqrt{1-x^2}}$给出的第二类切比雪夫多项式族$\{U_n(x)\}$是$[-1,1]$上带权$\rho(x)=\sqrt{1-x^2}$的正交多项式。

证明：

$$\int_{-1}^{1}U_n(x)U_m(x)\rho(x)\mathrm{d}x\overset{x=\cos\theta}{=}\int_0^\pi\sin(n+1)\theta\sin(m+1)\theta\mathrm{d}\theta$$

当 $m=n$ 时，

$$\int_{-1}^{1}U_n^2(x)\ \sqrt{1-x^2}\,\mathrm{d}x=\int_0^\pi\sin^2[(n+1)\theta]\mathrm{d}\theta=\frac{\pi}{2}$$

当 $m\neq n$ 时，

$$\begin{aligned}\int_{-1}^{1}U_n(x)U_m(x)\ \sqrt{1-x^2}\,\mathrm{d}x&=\int_0^\pi\sin(n+1)\theta\sin(m+1)\theta\mathrm{d}\theta\\&=\int_0^\pi\frac{1}{2}[\cos(n+m+2)\theta-\cos(n-m)\theta]\mathrm{d}\theta\\&=0\end{aligned}$$

从而证得$\{U_n(x)\}$是$[-1,1]$上带权$\rho(x)=\sqrt{1-x^2}$的正交多项式。

6. 已知 $M_n=\mathrm{span}\{1,x,\cdots,x^n\}$，判断下列命题是否正确：

(1) 任何 $f\in C[a,b]$都能找到 n 次多项式 $P_n(x)\in M_n$，使

$$|f(x)-P_n(x)|\leqslant \varepsilon \qquad (\varepsilon\text{ 为任给的误差限})$$

(2) $P_n^*(x)\in M_n$ 是连续函数 $f(x)$ 在 $[a, b]$ 上的最佳一致逼近多项式，则 $\lim\limits_{n\to\infty}P_n^*(x)=f(x)$ 对 $\forall x\in[a, b]$ 成立。

(3) $f\in C[a, b]$ 在 $[a, b]$ 上的最佳平方逼近多项式 $P_n(x)\in M_n$，则 $\lim\limits_{n\to\infty}P_n(x)=f(x)$。

(4) $\widetilde{P}_n(x)$ 是 $[-1, 1]$ 上首项系数为 1 的勒让德多项式，$Q_n(x)\in M_n$ 是任一首项系数为 1 的多项式，则

$$\int_{-1}^{1}[\widetilde{P}_n(x)]^2\mathrm{d}x\leqslant\int_{-1}^{1}Q_n^2(x)\mathrm{d}x$$

(5) $\widetilde{T}_n(x)$ 是 $[-1, 1]$ 上首项系数为 1 的切比雪夫多项式，$Q_n(x)\in M_n$ 是任一首项系数为 1 的多项式，则

$$\max_{-1\leqslant x\leqslant 1}|\widetilde{T}_n(x)|\leqslant\max_{-1\leqslant x\leqslant 1}|Q_n(x)|$$

(6) 当数据量很大时用最小二乘拟合比用插值好。

解：(1) 对，由魏尔斯特拉斯定理可知。

(2) 对，由魏尔斯特拉斯定理可知。

(3) 错，由魏尔斯特拉斯定理可知。

(4) 对，因为 $Q_n(x)=\widetilde{P}_n(x)+P_{n-1}(x)$，其中 $P_{n-1}(x)\in M_{n-1}$，由勒让德多项式的正交性得

$$\int_{-1}^{1}\widetilde{P}_n(x)P_{n-1}(x)\mathrm{d}x=0$$

于是

$$\begin{aligned}\int_{-1}^{1}Q_n^2(x)\mathrm{d}x&=\int_{-1}^{1}[\widetilde{P}_n(x)+P_{n-1}(x)]^2\mathrm{d}x\\&=\int_{-1}^{1}[\widetilde{P}_n(x)]^2\mathrm{d}x+2\int_{-1}^{1}\widetilde{P}_n(x)P_{n-1}(x)\mathrm{d}x+\int_{-1}^{1}P_{n-1}^2(x)\mathrm{d}x\\&=\int_{-1}^{1}[\widetilde{P}_n(x)]^2\mathrm{d}x+\int_{-1}^{1}P_{n-1}^2(x)\mathrm{d}x\\&\geqslant\int_{-1}^{1}[\widetilde{P}_n(x)]^2\mathrm{d}x\end{aligned}$$

故

$$\int_{-1}^{1}[\widetilde{P}_n(x)]^2\mathrm{d}x\leqslant\int_{-1}^{1}Q_n^2(x)\mathrm{d}x$$

(5) 对，是首项系数为 1 的切比雪夫多项式的一个性质，且 $\max\limits_{-1\leqslant x\leqslant 1}|\widetilde{T}_n(x)|\leqslant\dfrac{1}{2^{n-1}}$。

(6) 错，当一个函数由给定的一组可能不精确表示函数的数据来确定时，使用最小二乘的曲线拟合是最合适的。

3.3 典型例题

例 3.1 证明定义于内积空间 H 上的函数 $(f, f)^{\frac{1}{2}}(\forall f\in H)$ 是一种范数。

证明：正定性 $(f, f)^{\frac{1}{2}}\geqslant 0$，当且仅当 $f=0$ 时 $(f, f)^{\frac{1}{2}}=0$。

齐次性，设 a 为数域 K 上任一数，有

$$(\alpha f, \alpha f)^{\frac{1}{2}} = [\alpha\bar{\alpha}(f, f)]^{\frac{1}{2}} = |\alpha|(f, f)^{\frac{1}{2}}$$

三角不等式：$\forall f$、$g\in H$，

$$\begin{aligned}(f+g, f+g) &= (f, f)+(f, g)+(g, f)+(g, g)\\ &= (f, f)+(f, g)+\overline{(f, g)}+(g, g)\\ &= (f, f)+2\mathrm{Re}(f, g)+(g, g)\\ &\leqslant (f, f)+2|(f, g)|+(g, g)\\ &\leqslant (f, f)+2(f, f)^{\frac{1}{2}}(g, g)^{\frac{1}{2}}+(g, g) \quad \text{（柯西-施瓦茨不等式）}\\ &= [(f, f)^{\frac{1}{2}}+(g, g)^{\frac{1}{2}}]^2\end{aligned}$$

于是有

$$(f+g, f+g)^{\frac{1}{2}} \leqslant (f, f)^{\frac{1}{2}}+(g, g)^{\frac{1}{2}}$$

故 $(f, f)^{\frac{1}{2}}$ 是 H 上一种范数。

例 3.2 计算 $f(x)=x^m(1-x)^n$，$x\in[0, 1]$ 的范数 $\|f\|_\infty$、$\|f\|_1$、$\|f\|_2$，这里 m 与 n 为正整数。

解：由于 $f(x)=x^m(1-x)^n$ 当 $x\in(0, 1)$ 时，$f(x)>0$；

$$\begin{aligned}f'(x) &= mx^{m-1}(1-x)^n+x^m n(1-x)^{n-1}(-1)\\ &= mx^{m-1}(1-x)^n-nx^m(1-x)^{n-1}\\ &= x^{m-1}(1-x)^{n-1}(m-mx-nx)\end{aligned}$$

令 $f'(x)=0$ 得驻点 $\dfrac{m}{m+n}$，$f\left(\dfrac{m}{m+n}\right)=\left(\dfrac{m}{m+n}\right)^m\left(\dfrac{n}{m+n}\right)^n$。

于是

$$\|f\|_\infty = \max\left\{f(0), f(1), f\left(\frac{m}{m+n}\right)\right\}=\frac{m^m n^n}{(m+n)^{m+n}}$$

$$\|f\|_1 = \int_0^1|f(x)|\mathrm{d}x = \int_0^1 x^m(1-x)^n\mathrm{d}x = \frac{m!n!}{(m+n+1)!}$$

$$\|f\|_2 = \left[\int_0^1 f^2(x)\mathrm{d}x\right]^{\frac{1}{2}} = \left[\int_0^1 x^{2m}(1-x)^{2n}\mathrm{d}x\right]^{\frac{1}{2}} = \left[\frac{(2m)!(2n)!}{(2m+2n+1)!}\right]^{\frac{1}{2}}$$

例 3.3 试构造关于点集 $\{-2, -1, 0, 1, 2\}$ 首项系数为 1 的正交多项式系 $\{\varphi_i\}_{i=0}^{+\infty}$ 中

的前四项$\{\varphi_i\}_{i=0}^3$。

解：记点 −2、−1、0、1、2 分别为 x_0、x_1、x_2、x_3、x_4，离散内积 $(f, g) = \sum_{i=0}^{4} f(x_i)g(x_i)$，应用首项系数为 1 的正交多项式递推关系，有

$$\varphi_0(x) = 1,\ \alpha_0 = \frac{(x\varphi_0, \varphi_0)}{(\varphi_0, \varphi_0)} = \frac{0}{5} = 0$$

$$\varphi_1(x) = (x - \alpha_0)\varphi_0 = x$$

$$\alpha_1 = \frac{(x\varphi_1, \varphi_1)}{(\varphi_1, \varphi_1)} = \frac{0}{10} = 0,\ \beta_1 = \frac{(\varphi_1, \varphi_1)}{(\varphi_0, \varphi_0)} = \frac{10}{5} = 2$$

$$\varphi_2(x) = (x - \alpha_1)\varphi_1 - \beta_1\varphi_0 = x^2 - 2$$

$$\alpha_2 = \frac{(x\varphi_2, \varphi_2)}{(\varphi_2, \varphi_2)} = \frac{0}{14} = 0,\ \beta_2 = \frac{(\varphi_2, \varphi_2)}{(\varphi_1, \varphi_1)} = \frac{14}{10} = 1.4$$

$$\varphi_3(x) = (x - \alpha_2)\varphi_2 - \beta_2\varphi_1 = x^3 - 3.4x$$

例 3.4　设 $q(x)$是任意的 1 次多项式，证明

$$\int_{-1}^{1} [x^3 - q(x)]^2 \mathrm{d}x \geqslant \frac{8}{175}$$

证明：设 $p(x) = a + bx$ 是 $f(x) = x^3$ 在$[-1, 1]$上的 1 次最佳平方逼近多项式。取 $\varphi_0(x) = 1$，$\varphi_1(x) = x$，则

$$(\varphi_0, \varphi_0) = \int_{-1}^{1} 1\mathrm{d}x = 2,\ (\varphi_0, \varphi_1) = \int_{-1}^{1} x\mathrm{d}x = 0,\quad (\varphi_1, \varphi_1) = \int_{-1}^{1} x^2\mathrm{d}x = \frac{2}{3}$$

$$(f, \varphi_0) = \int_{-1}^{1} x^3\mathrm{d}x = 0,\ (f, \varphi_1) = \int_{-1}^{1} x^4\mathrm{d}x = \frac{2}{5}$$

所以 a、b 满足正规方程组

$$\begin{bmatrix} 2 & 0 \\ 0 & \frac{2}{3} \end{bmatrix} \begin{bmatrix} a \\ b \end{bmatrix} = \begin{bmatrix} 0 \\ \frac{2}{5} \end{bmatrix}$$

求得 $a = 0$，$b = \frac{3}{5}$，因此 $p(x) = \frac{3}{5}x$。

因为

$$\int_{-1}^{1} \left(x^3 - \frac{3}{5}x\right)^2 \mathrm{d}x = \frac{8}{175}$$

注意到，对于任意的 1 次多项式 $q(x)$，因为 $p(x)$是 $f(x) = x^3$ 在$[-1, 1]$上的 1 次最佳平方逼近多项式，因此

$$\int_{-1}^{1} [x^3 - q(x)]^2 \mathrm{d}x \geqslant \int_{-1}^{1} [x^3 - p(x)]^2 \mathrm{d}x = \frac{8}{175}$$

例 3.5　证明切比雪夫多项式 $T_n(x)$满足如下微分方程：

$$(1-x^2)T''_n(x)-xT'_n(x)+n^2T_n(x)=0$$

证明：
$$T_n(x)=\cos(n\arccos x)$$

$$T'_n(x)=\sin(n\arccos x)\frac{n}{\sqrt{1-x^2}}$$

$$T''_n(x)=\cos(n\arccos x)\frac{-n^2}{1-x^2}+\sin(n\arccos x)\frac{nx}{(1-x^2)^{3/2}}$$

$$=-\frac{n^2}{1-x^2}T_n(x)+\frac{x}{1-x^2}T'_n(x)$$

于是通过两边同乘$(1-x^2)$，并移项得到

$$(1-x^2)T''_n(x)-xT'_n(x)+n^2T_n(x)=0$$

例 3.6　求 $f(x)=\mathrm{e}^x$ 在$[0,1]$上的四次拉格朗日插值多项式 $L_4(x)$，插值节点用 $T_5(x)$ 的零点，并估计误差$\max\limits_{0\leqslant x\leqslant 1}|\mathrm{e}^x-L_4(x)|$。

解：利用 $T_5(x)$的零点和区间变换可知节点

$$x_k=\frac{1}{2}\left(1+\cos\frac{2k+1}{10}\pi\right)\qquad(k=0,1,2,3,4)$$

即 $x_0=0.975\ 53$，$x_1=0.793\ 90$，$x_2=0.5$，$x_3=0.206\ 11$，$x_4=0.024\ 47$。

对应的拉格朗日插值多项式为

$$L_4(x)=1.000\ 022\ 74+0.998\ 862\ 33x+0.509\ 022\ 51x^2+0.141\ 841\ 05x^3+0.068\ 494\ 35x^4$$

利用前面的式(3.10)可得误差估计

$$\max_{0\leqslant x\leqslant 1}|\mathrm{e}^x-L_4(x)|\leqslant\frac{M_{n+1}}{(n+1)!}\frac{1}{2^n\cdot 2^{n+1}}\qquad(n=4)$$

而
$$M_{n+1}=\|f^{(5)}(x)\|_\infty\leqslant\|\mathrm{e}^x\|_\infty\leqslant\mathrm{e}^1\leqslant 2.72$$

于是有

$$\max_{0\leqslant x\leqslant 1}|\mathrm{e}^x-L_4(x)|\leqslant\frac{\mathrm{e}}{5!}\frac{1}{2^9}<\frac{2.72}{6}\cdot\frac{1}{10240}<4.4\times 10^{-5}$$

在第 2 章中我们已经知道，由于高次插值出现龙格现象，一般 $L_n(x)$不收敛于 $f(x)$，因此它并不适用。但若用切比雪夫多项式零点插值却可避免龙格现象，可保证整个区间上收敛。

例 3.7　求 a、b，使得积分$\int_{-1}^{1}[\mathrm{e}^x-(a+bx^2)]^2\mathrm{d}x$ 取最小值。

解法一：记 $f(x)=\mathrm{e}^x$，取 $\varphi_0(x)=1$，$\varphi_1(x)=x^2$。计算内积

$$(\varphi_0,\varphi_0)=\int_{-1}^{1}1\mathrm{d}x=2,\quad(\varphi_0,\varphi_1)=\int_{-1}^{1}x^2\mathrm{d}x=\frac{2}{3},\quad(\varphi_1,\varphi_1)=\int_{-1}^{1}x^2\cdot x^2\mathrm{d}x=\frac{2}{5}$$

$$(f,\varphi_0)=\int_{-1}^{1}\mathrm{e}^x\mathrm{d}x=\mathrm{e}-\mathrm{e}^{-1},\quad(f,\varphi_1)=\int_{-1}^{1}x^2\cdot\mathrm{e}^x\mathrm{d}x=\mathrm{e}-5\mathrm{e}^{-1}$$

法方程为

$$\begin{bmatrix} 2 & \frac{2}{3} \\ \frac{2}{3} & \frac{2}{5} \end{bmatrix}\begin{bmatrix} a \\ b \end{bmatrix} = \begin{bmatrix} e - e^{-1} \\ e - 5e^{-1} \end{bmatrix}$$

求得

$$a = \frac{3}{4}(-e + 11e^{-1}), \qquad b = \frac{15}{4}(e - 7e^{-1})$$

解法二：此问题等价于求 $f(x)=e^x$ 在$[-1, 1]$上关于权函数 $\rho(x)=1$ 的最佳二次平方逼近多项式。取勒让德多项式为基函数：

$$P_0(x) = 1，P_1(x) = x，P_2(x) = \frac{1}{2}(3x^2 - 1)$$

$$(P_0, P_0) = 2，(P_1, P_1) = \frac{2}{3}，(P_2, P_2) = \frac{2}{5}$$

$$(f, P_0) = \int_{-1}^{1} 1 \cdot e^x dx = e - e^{-1}，(f, P_1) = \int_{-1}^{1} x \cdot e^x dx = 2e^{-1}$$

$$(f, P_2) = \int_{-1}^{1} \frac{1}{2}(3x^2 - 1) \cdot e^x dx = e - 7e^{-1}$$

法方程为

$$\begin{bmatrix} 2 & 0 & 0 \\ 0 & \frac{2}{3} & 0 \\ 0 & 0 & \frac{2}{5} \end{bmatrix}\begin{bmatrix} \alpha_0 \\ \alpha_1 \\ \alpha_2 \end{bmatrix} = \begin{bmatrix} e - \frac{1}{e} \\ 2e^{-1} \\ e - \frac{7}{e} \end{bmatrix}$$

解得

$$\alpha_0 = \frac{1}{2}e - \frac{1}{2e}，\alpha_1 = \frac{3}{e}，\alpha_2 = \frac{5}{2}e - \frac{35}{2e}$$

$f(x)=e^x$ 在$[-1, 1]$上的二次最佳平方逼近多项式为

$$S_2(x) = \frac{1}{2}e - \frac{1}{2e} + \frac{3}{e} \cdot x + \left(\frac{5}{2}e - \frac{35}{2e}\right) \cdot \frac{1}{2}(3x^2 - 1)$$

$$= \left(-\frac{3}{4}e + \frac{33}{4e}\right) + \frac{3}{e}x + \left(\frac{15}{4}e - \frac{105}{4e}\right)x^2$$

故

$$a = -\frac{3}{4}e + \frac{33}{4e}，b = (\frac{15}{4}e - \frac{105}{4e})x^2$$

例 3.8　求下列超定方程组的最小二乘解，并求残差平方和。

$$\begin{cases} 2x_1 + 4x_2 = 11 \\ 3x_1 - 5x_2 = 3 \\ x_1 + 2x_2 = 6 \\ 2x_1 + x_2 = 7 \end{cases}$$

解: 将方程组写成矩阵形式为

$$\begin{bmatrix}2 & 4\\3 & -5\\1 & 2\\2 & 1\end{bmatrix}\begin{bmatrix}x_1\\x_2\end{bmatrix}=\begin{bmatrix}11\\3\\6\\7\end{bmatrix}$$

其正则方程组为

$$\begin{bmatrix}2 & 3 & 1 & 2\\4 & -5 & 2 & 1\end{bmatrix}\begin{bmatrix}2 & 4\\3 & -5\\1 & 2\\2 & 1\end{bmatrix}\begin{bmatrix}x_1\\x_2\end{bmatrix}=\begin{bmatrix}2 & 3 & 1 & 2\\4 & -5 & 2 & 1\end{bmatrix}\begin{bmatrix}11\\3\\6\\7\end{bmatrix}$$

即

$$\begin{bmatrix}18 & -3\\-3 & 46\end{bmatrix}\begin{bmatrix}x_1\\x_2\end{bmatrix}=\begin{bmatrix}51\\48\end{bmatrix}$$

解得 $x_1=3.0403$，$x_2=1.2418$。

残差平方和为

$$\begin{aligned}\delta^2 &= (11-2x_1-4x_2)^2+(3-3x_1+5x_2)^2+(6-x_1-2x_2)^2+(7-2x_1-x_2)^2\\&=0.340\ 66\end{aligned}$$

例 3.9　选取常数 a，使 $\max\limits_{0\leqslant x\leqslant 1}|x^3-ax|$ 达到极小，这个解是否唯一？

解: 由于 x^3-ax 是$[-1,1]$上的奇函数，故

$$\max_{0\leqslant x\leqslant 1}|x^3-ax|=\max_{-1\leqslant x\leqslant 1}|x^3-ax|=\|(x^3-ax)-0\|_\infty$$

要使上式达到极小，即求 0 在$[-1,1]$上的三次最佳一致逼近多项式，由切比雪夫多项式的性质知

$$x^3-ax=\widetilde{T}_3(x)=\frac{1}{4}(4x^3-3x)$$

时，$\|(x^3-ax)-0\|_\infty$ 达到最小，故 $a=\dfrac{3}{4}$。

由最佳一致逼近多项式的唯一性知，a 是唯一的。

例 3.10　求函数 $f(x)=\sqrt{1+x^2}$ 在$[0,1]$上的一次最佳一致逼近多项式，并求其偏差。

解: 因 $f'(x)=\dfrac{x}{\sqrt{1+x^2}}$，$f''(x)=\dfrac{1}{(1+x^2)^{3/2}}$

所以在$[0,1]$上 $f''(x)$恒为正。故由公式

$$\|f-P_n^*\|_\infty=\min_{P_n\in M_n}\|f-P_n\|_\infty$$

知
$$a_1 = \frac{f(1)-f(0)}{1-0} = \sqrt{2}-1 \approx 0.4142$$

由
$$f'(x_2) = \frac{x_2}{\sqrt{1+x_2^2}} = \sqrt{2}-1$$

得
$$x_2 = \left(\frac{\sqrt{2}-1}{2}\right)^{1/2} \approx 0.4551,\ f(x_2) = \sqrt{1+x_2^2} \approx 1.0986$$

所以
$$a_0 = \frac{1}{2}[f(0)+f(x_2)] - a_1\frac{0+x_2}{2} \approx 0.955$$

于是得到 $f(x)=\sqrt{1+x^2}$ 在 $[0, 1]$ 上的一次最佳一致逼近多项式：
$$P_1(x) = 0.955 + 0.4142x$$

即
$$\sqrt{1+x^2} \approx 0.955 + 0.4142x \qquad (0 \leqslant x \leqslant 1)$$

又因区间端点必属于 Chebyshev 交错点组，故偏差为
$$\Delta(f, P_1) = \max_{0\leqslant x\leqslant 1}|f(0)-P_1(0)| = 0.045$$

3.4　习 题 解 答

1. 在 $L^2\left[\frac{1}{4}, 1\right]$ 中，求函数 $y=\sqrt{x}$ 的一次最佳平方逼近多项式。

解： 取基函数 $\varphi_0=1$，$\varphi_1=x$，则
$$(\varphi_0, \varphi_0) = \int_{1/4}^{1} 1\mathrm{d}x = \frac{3}{4},\ (\varphi_0, \varphi_1) = (\varphi_1, \varphi_0) = \int_{1/4}^{1} x\mathrm{d}x = \frac{15}{32}$$
$$(\varphi_1, \varphi_1) = \int_{1/4}^{1} x^2\mathrm{d}x = \frac{21}{64},\ (f, \varphi_0) = \int_{1/4}^{1}\sqrt{x}\,\mathrm{d}x = \frac{7}{12},\ (f, \varphi_1) = \int_{1/4}^{1} x\sqrt{x}\,\mathrm{d}x = \frac{31}{80}$$

法方程为
$$\begin{bmatrix} \frac{3}{4} & \frac{15}{32} \\ \frac{15}{32} & \frac{21}{64} \end{bmatrix}\begin{bmatrix} \alpha_0 \\ \alpha_1 \end{bmatrix} = \begin{bmatrix} \frac{7}{12} \\ \frac{31}{80} \end{bmatrix}$$

解得 $\alpha_0=\frac{10}{27}$，$\alpha_1=\frac{88}{135}$。

所以，在 $L^2\left[\frac{1}{4}, 1\right]$ 中，函数 $y=\sqrt{x}$ 的一次最佳平方逼近多项式为
$$S^*(x) = \frac{88}{135}x + \frac{10}{27}$$

2. 求出函数 $f(x)=\sin x$ 在 $\left[0,\dfrac{\pi}{2}\right]$ 上的一次最佳平方逼近多项式，并估计均方误差。

解：取基函数 $\varphi_0=1$，$\varphi_1=x$，则

$$(\varphi_0,\varphi_0)=\int_0^{\pi/2}1\mathrm{d}x=\frac{\pi}{2},\ (\varphi_0,\varphi_1)=(\varphi_1,\varphi_0)=\int_0^{\pi/2}x\mathrm{d}x=\frac{\pi^2}{8}$$

$$(\varphi_1,\varphi_1)=\int_0^{\pi/2}x^2\mathrm{d}x=\frac{\pi^3}{24},\ (f,\varphi_0)=\int_0^{\pi/2}\sin x\mathrm{d}x=1,\ (f,\varphi_1)=\int_0^{\pi/2}x\sin x\mathrm{d}x=1$$

其法方程为

$$\begin{bmatrix}\dfrac{\pi}{2} & \dfrac{\pi^2}{8}\\ \dfrac{\pi^2}{8} & \dfrac{\pi^3}{24}\end{bmatrix}\begin{bmatrix}\alpha_0\\ \alpha_1\end{bmatrix}=\begin{bmatrix}1\\ 1\end{bmatrix}$$

解得 $\alpha_0=\dfrac{8\pi-24}{\pi^2}$，$\alpha_1=\dfrac{96-24\pi}{\pi^3}$。

所以，$f(x)=\sin x$ 在 $\left[0,\dfrac{\pi}{2}\right]$ 上的一次最佳平方逼近多项式为

$$S^*(x)=\frac{96-24\pi}{\pi^3}x+\frac{8\pi-24}{\pi^2}$$

均方误差为

$$\begin{aligned}\|\delta\|_2&=\sqrt{(f,f)-\alpha_0(f,\varphi_0)-\alpha_1(f,\varphi_1)}\\&=\sqrt{\frac{\pi}{4}-\frac{8\pi-24}{\pi^2}-\frac{96-24\pi}{\pi^3}}\approx 0.078\,667\,0\end{aligned}$$

3. 在 $L^2[-1,1]$ 中，分别求 $f(x)=|x|$ 在 $M_1=\mathrm{span}\{1,x,x^3\}$ 和 $M_2=\mathrm{span}\{1,x^2,x^4\}$ 中的最佳平方逼近多项式。

解：(1) 在 $M_1=\mathrm{span}\{1,x,x^3\}$ 中取基函数 $\varphi_0=1$，$\varphi_1=x$，$\varphi_2=x^3$，则

$$(\varphi_0,\varphi_0)=\int_{-1}^{1}1\mathrm{d}x=2,\ (\varphi_0,\varphi_1)=\int_{-1}^{1}x\mathrm{d}x=0,\ (\varphi_0,\varphi_2)=\int_{-1}^{1}x^3\mathrm{d}x=0$$

$$(\varphi_1,\varphi_1)=\int_{-1}^{1}x^2\mathrm{d}x=\frac{2}{3},\ (\varphi_1,\varphi_2)=\int_{-1}^{1}x^4\mathrm{d}x=\frac{2}{5},\ (\varphi_2,\varphi_2)=\int_{-1}^{1}x^3\mathrm{d}x=\frac{2}{7}$$

$$(f,\varphi_1)=\int_{-1}^{1}|x|\mathrm{d}x=1,\ (f,\varphi_1)=\int_{-1}^{1}|x|x\mathrm{d}x=0,\ (f,\varphi_2)=\int_{-1}^{1}|x|x^3\mathrm{d}x=0$$

其法方程为

$$\begin{bmatrix}2 & 0 & 0\\ 0 & \dfrac{2}{3} & \dfrac{2}{5}\\ 0 & \dfrac{2}{5} & \dfrac{2}{7}\end{bmatrix}\begin{bmatrix}\alpha_0\\ \alpha_1\\ \alpha_2\end{bmatrix}=\begin{bmatrix}1\\ 0\\ 0\end{bmatrix}$$

解得 $\alpha_0=\frac{1}{2}$，$\alpha_1=0$，$\alpha_2=0$。

故函数 $f(x)=|x|$ 在 $M_1=\text{span}\{1, x, x^3\}$ 中的最佳平方逼近多项式为

$$S^*(x)=\frac{1}{2}$$

(2) 在 $M_2=\text{span}\{1, x^2, x^4\}$ 中取基函数 $\varphi_0=1$，$\varphi_1=x^2$，$\varphi_2=x^4$，则

$$(\varphi_0, \varphi_0)=\int_{-1}^{1}1\mathrm{d}x=2,\ (\varphi_0, \varphi_1)=\int_{-1}^{1}x^2\mathrm{d}x=\frac{2}{3},\ (\varphi_0, \varphi_2)=\int_{-1}^{1}x^4\mathrm{d}x=\frac{2}{5}$$

$$(\varphi_1, \varphi_1)=\int_{-1}^{1}x^4\mathrm{d}x=\frac{2}{5},\ (\varphi_1, \varphi_2)=\int_{-1}^{1}x^6\mathrm{d}x=\frac{2}{7},\ (\varphi_2, \varphi_2)=\int_{-1}^{1}x^8\mathrm{d}x=\frac{2}{9}$$

$$(f, \varphi_1)=\int_{-1}^{1}|x|\mathrm{d}x=1,\ (f, \varphi_1)=\int_{-1}^{1}|x|x^2\mathrm{d}x=\frac{1}{2},\ (f, \varphi_2)=\int_{-1}^{1}|x|x^4\mathrm{d}x=\frac{1}{3}$$

其法方程为

$$\begin{bmatrix} 2 & \frac{2}{3} & \frac{2}{5} \\ \frac{2}{3} & \frac{2}{5} & \frac{2}{7} \\ \frac{2}{5} & \frac{2}{7} & \frac{2}{9} \end{bmatrix}\begin{bmatrix} \alpha_0 \\ \alpha_1 \\ \alpha_2 \end{bmatrix}=\begin{bmatrix} 1 \\ \frac{1}{2} \\ \frac{1}{3} \end{bmatrix}$$

解得 $\alpha_0=\frac{15}{128}$，$\alpha_1=\frac{105}{64}$，$\alpha_2=-\frac{105}{128}$。

故函数 $f(x)=|x|$ 在 $M_2=\text{span}\{1, x^2, x^4\}$ 中的最佳平方逼近多项式为

$$S^*(x)=-\frac{105}{128}x^4+\frac{105}{64}x^2+\frac{15}{128}$$

4. 求 $f(x)=x^4+3x^2-1$ 在[0, 1]上的三次最佳平方逼近。

解： 作代换 $x=\frac{1}{2}+\frac{t}{2}$，将[0, 1]变成[−1, 1]，则

$$g(t)=\left(\frac{1+t}{2}\right)^4+3\left(\frac{1+t}{2}\right)^2-1$$

取 Legendre 正交多项式为基函数

$$P_0(t)=1,\ P_1(t)=t,\ P_2(t)=\frac{1}{2}(3t^2-1),\ P_3(t)=\frac{1}{2}(5t^3-3t)$$

则

$$(P_j, P_j)=\frac{1}{2j+1}\qquad (j=0, 1, 2, 3)$$

且

$$(g, P_0)=\int_{-1}^{1}\left[\left(\frac{1+t}{2}\right)^4+3\left(\frac{1+t}{2}\right)^2-1\right]\mathrm{d}t=\frac{2}{5}$$

$$(g, P_1)=\int_{-1}^{1}\left[\left(\frac{1+t}{2}\right)^4+3\left(\frac{1+t}{2}\right)^2-1\right]\cdot t\mathrm{d}t=\frac{19}{15}$$

$$(g,\ P_2)=\int_{-1}^{1}\left[\left(\frac{1+t}{2}\right)^4+3\left(\frac{1+t}{2}\right)^2-1\right]\cdot\frac{1}{2}(3t^2-1)\mathrm{d}t=\frac{11}{35}$$

$$(g,\ P_3)=\int_{-1}^{1}\left[\left(\frac{1+t}{2}\right)^4+3\left(\frac{1+t}{2}\right)^2-1\right]\cdot\frac{1}{2}(5t^3-3t)\mathrm{d}t=\frac{1}{35}$$

其法方程为

$$\begin{bmatrix}2&0&0&0\\0&\frac{2}{3}&0&0\\0&0&\frac{2}{5}&0\\0&0&0&\frac{2}{7}\end{bmatrix}\begin{bmatrix}\alpha_0\\\alpha_1\\\alpha_2\\\alpha_3\end{bmatrix}=\begin{bmatrix}\frac{2}{5}\\\frac{19}{15}\\\frac{11}{35}\\\frac{1}{35}\end{bmatrix}$$

解得

$$\alpha_0=\frac{1}{5},\ \alpha_1=\frac{19}{10},\ \alpha_2=\frac{11}{14},\ \alpha_3=\frac{1}{10}$$

故函数

$$g(t)=\left(\frac{1+t}{2}\right)^4+3\left(\frac{1+t}{2}\right)^2-1$$

在[−1，1]上的三次最佳平方逼近为

$$\frac{1}{5}+\frac{19}{10}t+\frac{11}{14}\cdot\frac{1}{2}(3t^2-1)+\frac{1}{10}\cdot\frac{1}{2}(5t^3-3t)=\frac{1}{4}t^3+\frac{33}{28}t^2+\frac{7}{4}t-\frac{27}{140}$$

从而 $f(x)=x^4+3x^2-1$ 在[0，1]上的三次最佳平方逼近为

$$S^*(x)=2x^3+\frac{12}{7}x^2+\frac{2}{7}x-\frac{71}{70}$$

5. 求函数 $f(x)=\ln x$ 在区间[1，2]上的二次最佳平方逼近多项式及平方误差。

解法一： 取 $\Phi=\mathrm{span}\{1,\ x,\ x^2\}$，$[a,\ b]=[1,\ 2]$，$\rho(x)\equiv 1$

$$(1,\ f)=\int_1^2\ln x\mathrm{d}x=2\ln 2-1=0.386\ 294$$

$$(x,\ f)=\int_1^2 x\ln x\mathrm{d}x=2\ln 2-\frac{3}{4}=0.636\ 294$$

$$(x^2,\ f)=\int_1^2 x^2\ln x\mathrm{d}x=\frac{8}{3}\ln 2-\frac{7}{9}=1.070\ 615$$

$$(1,\ 1)=\int_1^2 1\mathrm{d}x=1,\ (1,\ x)=\int_1^2 x\mathrm{d}x=1.5$$

$$(1,\ x^2)=\int_1^2 x^2\mathrm{d}x=\frac{7}{3},\ (x,\ x)=\int_1^2 x^2\mathrm{d}x=\frac{7}{3}$$

$$(x,\ x^2)=\int_1^2 x^3\mathrm{d}x=\frac{15}{4},\ (x^2,\ x^2)=\int_1^2 x^4\mathrm{d}x=\frac{31}{5}$$

由此得法方程组

$$\begin{bmatrix} 1 & \frac{3}{2} & \frac{7}{3} \\ \frac{3}{2} & \frac{7}{3} & \frac{15}{4} \\ \frac{7}{3} & \frac{15}{4} & \frac{31}{5} \end{bmatrix} \begin{bmatrix} a_0 \\ a_1 \\ a_2 \end{bmatrix} = \begin{bmatrix} 2\ln 2 - 1 \\ 2\ln 2 - \frac{3}{4} \\ \frac{8}{3}\ln 2 - \frac{7}{9} \end{bmatrix}$$

解之得

$$a_0 = -1.142\ 989,\ a_1 = 1.382\ 756,\ a_2 = -0.233\ 507$$

所以 $f(x)=\ln x$ 的二次最佳平方逼近多项式为

$$P_2(x) = -1.142\ 989 + 1.382\ 756x - 0.233\ 507x^2$$

其平方误差为

$$\| \delta \|_2^2 = \| f - P_2 \|_2^2 = (f,\ f) - \sum_{i=0}^{2} a_i (f,\ \varphi_i) \approx 0.4 \times 10^{-5}$$

解法二：利用 Legendre 正交多项式，作代换 $x=\frac{3+t}{2}$，将区间$[1,\ 2]$变为$[-1,\ 1]$，则 $g(t)=\ln\left(\frac{3+t}{2}\right)$，求 $g(t)$在 $\Phi=\text{span}\{P_0,\ P_1,\ P_2\}$中的二次最佳平方逼近，其中

$$P_0(t) = 1,\ P_1(t) = t,\ P_2(t) = \frac{1}{2}(3t^2 - 1)$$

则

$$(P_0,\ P_0) = 2,\ (P_1,\ P_1) = \frac{2}{3},\ (P_2,\ P_2) = \frac{2}{5}$$

$$(g,\ P_0) = \int_{-1}^{1} \ln\left(\frac{3+t}{2}\right) \mathrm{d}t = 4\ln 2 - 2$$

$$(g,\ P_1) = \int_{-1}^{1} t\ln\left(\frac{3+t}{2}\right) \mathrm{d}t = 3 - 4\ln 2$$

$$(g,\ P_2) = \int_{-1}^{1} \frac{1}{2}(3t^2 - 1)\ln\left(\frac{3+t}{2}\right) \mathrm{d}t = 12\ln 2 - \frac{25}{3}$$

故 $g(t)$的二次最佳平方逼近多项式为

$$\begin{aligned} P_2(t) &= \frac{(g,\ P_0)}{(P_0,\ P_0)}P_0 + \frac{(g,\ P_1)}{(P_1,\ P_1)}P_1 + \frac{(g,\ P_2)}{(P_2,\ P_2)}P_2 \\ &= 0.405\ 753\ 3 + 0.341\ 116\ 95t - 0.058\ 376\ 85t^2 \end{aligned}$$

$g(t)$关于变量 t 的平方误差为

$$\| \delta_t \|_2^2 = \| g(t) - P_2(t) \|_2^2 = \| g \|^2 - \sum_{i=0}^{2} \alpha_i (g,\ P_i) \approx 0.83 \times 10^{-5}$$

从而 $f(x)$的二次最佳平方逼近多项式为

$$P_2(2x-3)=(180\ln 2-125)x^2+(384-552\ln 2)x+\left(410\ln 2-\frac{856}{3}\right)$$
$$=-1.142\ 989+1.382\ 756x-0.233\ 507x^2$$

$f(x)$关于变量 x 的平方误差为

$$\|\delta_x\|_2^2=\left|\frac{\mathrm{d}x}{\mathrm{d}t}\right|\|\delta_t\|_2^2\approx 0.42\times 10^{-5}$$

解法三： 直接构造$[1, 2]$上 $\rho(x)\equiv 1$ 的正交多项式 $\{\varphi_j\}_{j=0}^2$，内积定义为$(f, g)=\int_1^2 f(x)g(x)\mathrm{d}x$，则

$$\varphi_0=1,\ \alpha_0=\frac{(x\varphi_0,\varphi_0)}{(\varphi_0,\varphi_0)}=\frac{3/2}{1}=\frac{3}{2},\ \varphi_1=(x-\alpha_0)\varphi_0=x-\frac{3}{2}$$
$$\alpha_1=\frac{(x\varphi_1,\varphi_1)}{(\varphi_1,\varphi_1)}=\frac{1/8}{1/12}=\frac{3}{2},\ \beta_1=\frac{(\varphi_1,\varphi_1)}{(\varphi_0,\varphi_0)}=\frac{1}{12}$$
$$\varphi_2=(x-\alpha_1)\varphi_1-\beta_1\varphi_0=x^2-3x+\frac{13}{6}$$

由上述计算可知

$$(\varphi_0,\varphi_0)=1,\ (\varphi_1,\varphi_1)=\frac{1}{12},\ (\varphi_2,\varphi_2)=\frac{1}{180}$$

又

$$(\varphi_0, f)=2\ln 2-1\approx 0.386\ 294\ 3$$
$$(\varphi_1, f)=\frac{3}{4}-\ln 2\approx 0.056\ 852\ 82$$
$$(\varphi_2, f)=\ln 2-\frac{25}{36}\approx -0.001\ 297\ 264$$

故 $f(x)$的二次最佳平方逼近多项式为

$$P_2(x)=\frac{(\varphi_0, f)}{(\varphi_0,\varphi_0)}\varphi_0+\frac{(\varphi_1, f)}{(\varphi_1,\varphi_1)}\varphi_1+\frac{(\varphi_2, f)}{(\varphi_2,\varphi_2)}\varphi_2$$
$$=-1.1429\ 89+1.382\ 756x-0.233\ 507x^2$$

平方误差为

$$\|\delta\|_2^2=\|f-P_2\|_2^2=(f, f)-\sum_{j=0}^{2}\frac{(\varphi_j, f)^2}{(\varphi_j,\varphi_j)}\approx 0.41\times 10^{-5}$$

6. 令 $T_n^*(x)=T_n(2x-1)$，$x\in[0, 1]$，求 $T_0^*(x)$、$T_1^*(x)$、$T_2^*(x)$、$T_3^*(x)$。

解： 由 $T_0(x)=1$，$T_1(x)=x$，$T_2(x)=2x^2-1$，$T_3(x)=4x^3-3x$，可得

$$T_0^*(x)=1$$
$$T_1^*(x)=2x-1$$
$$T_2^*(x)=2(2x-1)^2-1=8x^2-8x+1$$
$$T_3^*(x)=4(2x-1)^3-3(2x-1)=32x^3-48x^2+18x-1$$

7. 在 $L^2[-1, 1]$中定义加权内积 $(f(x), g(x)) = \int_{-1}^{1} f(x)g(x)\frac{1}{\sqrt{1-x^2}}\mathrm{d}x$，给定 $f(x)=x^2\sqrt{1-x^2}$，求该函数的二次最佳平方逼近多项式，并估计平方误差。

解: 选切比雪夫多项式 $T_0(x)=1$，$T_1(x)=x$，$T_2(x)=2x^2-1$ 作为基函数。因为

$$(T_0, T_0) = \pi,\ (T_1, T_1) = (T_2, T_2) = \frac{\pi}{2}$$

$$(f, T_0) = \int_{-1}^{1} x^2\mathrm{d}x = \frac{2}{3},\ (f, T_1) = \int_{-1}^{1} x^3\mathrm{d}x = 0$$

$$(f, T_2) = \int_{-1}^{1} x^2(2x^2-1)\mathrm{d}x = \frac{2}{15}$$

所以

$$\alpha_0 = \frac{(f, T_0)}{(T_0, T_0)} = \frac{2}{3\pi},\ \alpha_1 = \frac{(f, T_1)}{(T_1, T_1)} = 0,\ \alpha_2 = \frac{(f, T_2)}{(T_2, T_2)} = \frac{4}{15\pi}$$

故 $f(x)$的二次最佳平方逼近多项式为

$$\begin{aligned}P_2(x) &= \sum_{i=0}^{2}\alpha_i T_i(x) = \frac{2}{3\pi} + \frac{4}{15\pi}(2x^2-1)\\ &= \frac{8}{15\pi}x^2 + \frac{2}{5\pi}\end{aligned}$$

平方误差为

$$\begin{aligned}\|\delta\|_2^2 &= (f, f) - (f, P_2) = \int_{-1}^{1} x^4\cdot\sqrt{1-x^2}\,\mathrm{d}x - \sum_{j=0}^{2}\alpha_j(f, T_j)\\ &= \frac{\pi}{16} - \left(\frac{2}{3\pi}\cdot\frac{2}{3} + \frac{4}{15\pi}\cdot\frac{2}{15}\right) \approx 0.043\,56\end{aligned}$$

8. 确定参数 a、b、c，使得 $I(a, b, c) = \int_{-1}^{1}\left[|x|\sqrt{1-x^2} - (ax^2+bx+c)\right]^2\frac{1}{\sqrt{1-x^2}}\mathrm{d}x$，取得最小值，并计算最小值。

解: 选切比雪夫多项式 $T_0(x)=1$，$T_1(x)=x$，$T_2(x)=2x^2-1$ 作为基函数。因为

$$(T_0, T_0) = \pi,\ (T_1, T_1) = (T_2, T_2) = \frac{\pi}{2}$$

$$(f, T_0) = \int_{-1}^{1}\frac{1}{\sqrt{1-x^2}}|x|\sqrt{1-x^2}\,\mathrm{d}x = 1$$

$$(f, T_1) = \int_{-1}^{1}\frac{1}{\sqrt{1-x^2}}\cdot|x|\sqrt{1-x^2}\cdot x\mathrm{d}x = 0$$

$$(f, T_2) = \int_{-1}^{1}\frac{1}{\sqrt{1-x^2}}\cdot|x|\sqrt{1-x^2}\cdot(2x^2-1)\mathrm{d}x = 0$$

所以

$$\alpha_0=\frac{(f,\ T_0)}{(T_0,\ T_0)}=\frac{1}{\pi}\int_{-1}^{1}|x|\mathrm{d}x=\frac{1}{\pi}$$

$$\alpha_1=\frac{(f,\ T_1)}{(T_1,\ T_1)}=0$$

$$\alpha_2=\frac{(f,\ T_2)}{(T_2,\ T_2)}=\frac{2}{\pi}\int_{-1}^{1}|x|(2x^2-1)\mathrm{d}x=0$$

$$S_2(x)=\frac{1}{\pi}$$

最小值 $I(a,b,c)$就是平方误差，且

$$\begin{aligned}I(a,\ b,\ c)&=\|\delta\|_2^2=(f,\ f)-(f,\ S_2)\\&=\int_{-1}^{1}x^2(1-x^2)\cdot\frac{1}{\sqrt{1-x^2}}\mathrm{d}x-\sum_{j=0}^{2}\alpha_j(f,\ T_j)\\&=\frac{\pi}{8}-\frac{1}{\pi}\approx 0.074\ 389\end{aligned}$$

9．对于权函数 $\rho(x)=1+x^2$，在区间$[-1,1]$上，试求首项系数为 1 的正交多项式 $\varphi_0(x)$、$\varphi_1(x)$、$\varphi_2(x)$、$\varphi_3(x)$。

解： 定义内积 $(f,\ g)=\int_{-1}^{1}\rho(x)f(x)g(x)\mathrm{d}x$

$$\varphi_0(x)=1,\ \alpha_0=\frac{(x\varphi_0,\ \varphi_0)}{(\varphi_0,\ \varphi_0)}=\frac{0}{8/3}=0,\ \varphi_1(x)=(x-\alpha_0)\varphi_0=x$$

$$\alpha_1=\frac{(x\varphi_1,\ \varphi_1)}{(\varphi_1,\ \varphi_1)}=\frac{0}{16/15}=0,\ \beta_1=\frac{(\varphi_1,\ \varphi_1)}{(\varphi_0,\ \varphi_0)}=\frac{16/15}{8/3}=\frac{2}{5}$$

$$\varphi_2(x)=(x-\alpha_1)\varphi_1-\beta_1\varphi_0=x^2-\frac{2}{5}$$

$$\alpha_2=\frac{(x\varphi_2,\ \varphi_2)}{(\varphi_2,\ \varphi_2)}=\frac{0}{136/525}=0,\ \beta_2=\frac{(\varphi_2,\ \varphi_2)}{(\varphi_1,\ \varphi_1)}=\frac{136/525}{16/15}=\frac{17}{70}$$

$$\varphi_3(x)=(x-\alpha_2)\varphi_2-\beta_2\varphi_1=x^3-\frac{9}{14}x$$

10．求 a、b，使得$\int_0^1[x^2-(ax+b)]^2\mathrm{d}x$ 达到最小，并求出最小值。

解： 原问题等价于求 x^2 在$[0,1]$上的一次最佳平方逼近多项式 $P_1(x)$。

取基函数$\varphi_0=1$，$\varphi_1=x$，则

$$(\varphi_0,\ \varphi_0)=\int_0^1 1\mathrm{d}x=1,\ (\varphi_0,\ \varphi_1)=\int_0^1 x\mathrm{d}x=0,\ (\varphi_1,\ \varphi_1)=\int_0^1 x^2\mathrm{d}x=\frac{1}{3}$$

$$(x^2,\ \varphi_0)=\int_0^1 x^2 1\mathrm{d}x=\frac{1}{3},\ (x^2,\ \varphi_1)=\int_0^1 x^2 x\mathrm{d}x=\frac{1}{4}$$

其法方程为

$$\begin{bmatrix} 1 & \frac{1}{2} \\ \frac{1}{2} & \frac{2}{3} \end{bmatrix} \begin{bmatrix} \alpha_0 \\ \alpha_1 \end{bmatrix} = \begin{bmatrix} \frac{1}{3} \\ \frac{1}{4} \end{bmatrix}$$

解得 $\alpha_0 = -\frac{1}{6}$，$\alpha_1 = 1$。

故 $P_1(x) = -\frac{1}{6} + x$，即 $a=1$，$b=-\frac{1}{6}$，最小值为

$$\int_0^1 \left[x^2 - \left(x - \frac{1}{6}\right)\right]^2 \mathrm{d}x = \frac{1}{180}$$

11. 确定参数 a、b，使得 $I(a, b) = \int_0^{\frac{\pi}{2}} [\sin x - (ax+b)]^2 \mathrm{d}x$ 取得最小值，并与第 2 题中一次逼近多项式作比较。

解： 该问题等价于第 2 题中求一次最佳逼近多项式。故 $f(x) = \sin x$ 在 $\left[0, \frac{\pi}{2}\right]$ 上的一次最佳平方逼近多项式为

$$S^*(x) = \frac{96 - 24\pi}{\pi^3} x + \frac{8\pi - 24}{\pi^2}$$

$$a = \frac{96 - 24\pi}{\pi^3},\ b = \frac{8\pi - 24}{\pi^2}$$

12. 设由实验测得的数据如下：

x_i	-3	-2	-1	0	1	2	3
y_i	4	2	3	0	-1	-2	-5

试求一条二次曲线(权取 $\omega_i = 1$)，对它们进行最小二乘拟合。

解： $\varphi_0 = 1$，$\varphi_1 = x$，$\varphi_2 = x^2$，则

$$(\varphi_0, \varphi_0) = \sum_{i=1}^{7} 1 \times 1 = 7,\ (\varphi_0, \varphi_1) = \sum_{i=1}^{7} 1 \times x_i = 0,\ (\varphi_0, \varphi_2) = \sum_{i=1}^{7} 1 \times x_i{}^2 = 28$$

$$(\varphi_1, \varphi_1) = \sum_{i=1}^{7} x_i \times x_i = 28,\ (\varphi_1, \varphi_2) = \sum_{i=1}^{7} x_i \times x_i{}^2 = 0$$

$$(\varphi_2, \varphi_2) = \sum_{i=1}^{7} x_i{}^2 \times x_i{}^2 = 196$$

$$(f, \varphi_0) = \sum_{i=1}^{7} y_i \times 1 = 1,\ (f, \varphi_1) = \sum_{i=1}^{7} y_i \times x_i = -39,\ (f, \varphi_2) = \sum_{i=1}^{7} y_i \times x_i{}^2 = -7$$

其法方程为

$$\begin{bmatrix} 7 & 0 & 28 \\ 0 & 28 & 0 \\ 28 & 0 & 196 \end{bmatrix}\begin{bmatrix} a \\ b \\ c \end{bmatrix} = \begin{bmatrix} 1 \\ -39 \\ -7 \end{bmatrix}$$

解得 $a \approx 0.1031$，$b \approx -1.3929$，$c = -0.1310$。所以拟合二次曲线为

$$0.1031 - 1.3929x - 0.1310x^2$$

13. 用最小二乘法确定经验公式 $y = a + b\mathrm{e}^x$ 中的参数 a 和 b，使该曲线拟合下面的数据：

x_i	-1	0	1	2
y_i	2	3	5	9

解：记 $\varphi_0 = 1$，$\varphi_1 = \mathrm{e}^x$，则

$$(\varphi_0, \varphi_0) = \sum_{i=1}^{4} 1 \times 1 = 4, (\varphi_0, \varphi_1) = \sum_{i=1}^{4} 1 \times \mathrm{e}^{x_i} = \mathrm{e}^{-1} + \mathrm{e}^0 + \mathrm{e}^1 + \mathrm{e}^2 \approx 11.4752$$

$$(\varphi_1, \varphi_1) = \sum_{i=1}^{4} \mathrm{e}^{x_i} \times \mathrm{e}^{x_i} = \mathrm{e}^{-1}\mathrm{e}^{-1} + \mathrm{e}^0\mathrm{e}^0 + \mathrm{e}^1\mathrm{e}^1 + \mathrm{e}^2\mathrm{e}^2 \approx 63.1225$$

$$(y, \varphi_0) = \sum_{i=1}^{4} y_i \times 1 = 2 + 3 + 5 + 9 = 19$$

$$(y, \varphi_1) = \sum_{i=1}^{4} y_i \times \mathrm{e}^{x_i} = 2\mathrm{e}^{-1} + 3\mathrm{e}^0 + 5\mathrm{e}^1 + 9\mathrm{e}^2 \approx 83.8287$$

其法方程为

$$\begin{bmatrix} 4 & 11.4752 \\ 11.4752 & 63.1225 \end{bmatrix}\begin{bmatrix} a \\ b \end{bmatrix} = \begin{bmatrix} 19 \\ 83.8287 \end{bmatrix}$$

解得 $a \approx 1.9650$，$b \approx 0.9708$。

14. 设由实验测得的数据如下：

x_i	1	2	5	7
y_i	9	4	2	1

试求它的最小二乘拟合曲线(取 $\omega(x) \equiv 1$，$M = \mathrm{span}\{1, 1/x\}$)。

解：取 $\varphi_0 = 1$，$\varphi_1 = \dfrac{1}{x}$，则

$$(\varphi_0, \varphi_0) = \sum_{i=1}^{4} 1 \times 1 = 4$$

$$(\varphi_0, \varphi_1) = \sum_{i=1}^{4} 1 \times \frac{1}{x_i} = \frac{129}{70}$$

$$(\varphi_1, \varphi_1) = \sum_{i=1}^{4} \frac{1}{x_i} \times \frac{1}{x_i} = \frac{6421}{4900}$$

$$(y, \varphi_0) = \sum_{i=1}^{4} y_i \times 1 = 16$$

$$(y, \varphi_1) = \sum_{i=1}^{4} y_i \times \frac{1}{x_i} = \frac{404}{35}$$

其法方程为

$$\begin{bmatrix} 4 & \frac{129}{70} \\ \frac{129}{70} & \frac{6421}{4900} \end{bmatrix} \begin{bmatrix} \alpha_0 \\ \alpha_1 \end{bmatrix} = \begin{bmatrix} 16 \\ \frac{404}{35} \end{bmatrix}$$

解得 $\alpha_0 \approx -0.1654$，$\alpha_1 \approx 9.0412$。所以最小二乘拟合曲线为

$$\frac{9.0412}{x} - 0.1654$$

第4章 数值积分与数值微分

4.1 主要结论

1. 数值积分的基本思想

对于定积分 $I(f)=\int_a^b f(x)\mathrm{d}x$，为了避免牛顿-莱布尼兹公式需要寻求原函数的困难，将积分求值问题归结为函数值的计算，即构造的数值积分公式通常称为机械型求积公式，其形式如下：

$$I(f)=\int_a^b f(x)\mathrm{d}x \approx \sum_{k=0}^{n} A_k f(x_k)$$

式中，x_k 称为求积节点，A_k 称为求积系数，它们与被积函数 $f(x)$无关。

2. 几个简单的积分近似公式

(1) 梯形公式：$I\approx T(f)=\dfrac{b-a}{2}[f(a)+f(b)]$。

(2) 左、右矩形公式：$I\approx(b-a)f(a)$，$I\approx(b-a)f(b)$。

(3) 中矩形公式：$I\approx(b-a)f\left(\dfrac{a+b}{2}\right)$。

(4) 抛物线公式(辛普森公式)：$I\approx S(f)=\dfrac{b-a}{6}\left[f(a)+4f\left(\dfrac{a+b}{2}\right)+f(b)\right]$。

3. 代数精度

数值求积公式是近似方法，我们希望求积公式对尽可能高阶的多项式准确成立。

定义 4.1.1 如果用求积公式计算所有次数不超过 m 的多项式的积分都是准确的，而对于 $m+1$ 次多项式的积分不一定准确，则称求积公式具有 m 次(或 m 阶)代数精度。

左(右)矩形公式均具有 0 次代数精度，中矩形公式和梯形公式均具有 1 次代数精度，辛普森公式具有 3 次代数精度。一般地，代数精度越高，求积公式越精确。代数精度只是定性地描述了求积公式的准确程度，并不能定量地表示数值求积公式的误差的大小。

求积公式 $I(f)=\int_a^b f(x)\mathrm{d}x \approx \sum_{k=0}^{n} A_k f(x_k)$ 至少具有 0 次代数精度，即由 $\sum_{k=0}^{n} A_k=b-a$，

表明求积系数之和等于积分区间的长度，这是求积系数的基本特性。

4. 代数精度与节点数的关系

给定互异节点$(x_k, f(x_k))$，$k=0, 1, \cdots, n$，总存在求积系数 A_k，使得求积公式 $I(f)=\int_a^b f(x)\mathrm{d}x \approx \sum_{k=0}^{n} A_k f(x_k)$ 至少有 n 次代数精度。

可以代数精度为标准构造求积公式，即由节点数写出求积公式。例如给出数据$(a, f(a))$，$(b, f(b))$，求积公式为$\int_a^b f(x)\mathrm{d}x \approx Af(a)+Bf(b)$，至少有 1 次代数精度。根据代数精度的定义，可进一步确定出求积系数 $A=B=\dfrac{b-a}{2}$，从而得到梯形公式。

5. 插值型求积公式

插值型求积公式是用插值多项式代替被积函数，插值多项式的积分近似被积函数的积分。已知数据$(x_k, f(x_k))$，$k=0, 1, \cdots, n$，拉格朗日插值多项式 $L_n(x)=\sum_{k=0}^{n} l_k(x)f(x_k)$，其中 $l_k(x)$为 Lagrange 插值基函数，则有插值型求积公式：

$$\int_a^b f(x)\mathrm{d}x \approx I_n(f)=\sum_{k=0}^{n} A_k f(x_k)$$

求积系数：

$$A_k=\int_a^b l_k(x)\mathrm{d}x=\int_a^b \frac{\omega_{n+1}(x)}{(x-x_k)\omega'_{n+1}(x_k)}\mathrm{d}x,\quad \omega_{n+1}(x)=(x-x_0)(x-x_1)\cdots(x-x_n)$$

积分余项：

$$E_n(f)=\int_a^b \frac{f^{n+1}(\xi(x))}{(n+1)!}\omega_{n+1}(x)\mathrm{d}x$$

定理 4.2.1　求积公式$\int_a^b f(x)\mathrm{d}x \approx I_n(f)=\sum_{k=0}^{n} A_k f(x_k)$ 至少有 n 次代数精度的充分必要条件是，它是插值型的。

例如：考察三个节点的求积公式的代数精度：

(1) $\int_a^b f(x)\mathrm{d}x \approx \dfrac{b-a}{6}\left[f(a)+4f\left(\dfrac{a+b}{2}\right)+f(b)\right]$，代数精度为 3，是插值型的。

(2) $\int_{-1}^{1} f(x)\mathrm{d}x \approx \dfrac{1}{2}[f(-1)+2f(0)+f(1)]$，代数精度为 1，不是插值型的。

6. 构造插值型求积公式的步骤

(1) 在积分区间上选取节点 x_k，$k=0, 1, \cdots, n$；

(2) 求出 $f(x_k)$，$k=0, 1, \cdots, n$，利用 $A_k=\int_a^b l_k(x)\mathrm{d}x=\int_a^b \dfrac{\omega_{n+1}(x)}{(x-x_k)\omega'_{n+1}(x_k)}\mathrm{d}x$ 或者

求解方程组

$$\begin{cases}\sum_{k=0}^{n} A_k = b-a \\ \sum_{k=0}^{n} A_k x_k = \frac{1}{2}(b^2-a^2) \\ \vdots \\ \sum_{k=0}^{n} A_k x_k^n = \frac{1}{n+1}(b^{n+1}-a^{n+1})\end{cases}$$

得到求积系数，从而得到求积公式

$$\int_a^b f(x)\mathrm{d}x \approx I_n(f) = \sum_{k=0}^{n} A_k f(x_k)$$

（3）确定求积公式的代数精度。

7. 求积公式的数值稳定性

设实际代入数值积分公式的函数值为 $\overline{f}_k$，其与对应的精确函数值 $f(x_k)$ 的误差为 δ_k，即 $f(x_k)=\overline{f}_k+\delta_k$，并记 $I_n(f)=\sum\limits_{k=0}^{n} A_k f(x_k)$，$I_n(\overline{f})=\sum\limits_{k=0}^{n} A_k \overline{f}_k$，则 $I_n(\overline{f})$ 与 $I_n(f)$ 之间的误差完全是由原始数据有误差引起的。

定义 4.2.3　如果对于任意给定的小正数 $\varepsilon>0$，只要原始数据的误差 $|\delta_k|$ 充分小，就有

$$|I_n(f)-I_n(\overline{f})| = \left|\sum_{k=0}^{n} A_k[f(x_k)-\overline{f}_k]\right| \leqslant \varepsilon$$

则称求积公式是数值稳定的。

定理 4.2.2　若求积系数都为正，即 $A_k>0(k=0, 1, \cdots, n)$，则求积公式是数值稳定的。

8. 牛顿-柯特斯公式

牛顿-柯特斯公式是等距节点的插值型求积公式。设将积分区间 $[a, b]$ n 等分，步长 $h=\frac{b-a}{n}$，选取等距节点 $x_k=a+kh(k=0, 1, \cdots, n)$，再令 $x=a+th$，$t\in[0, n]$，则求积系数为

$$A_k = (b-a)\frac{(-1)^{n-k}}{nk!(n-k)!}\int_0^n t(t-1)\cdots(t-k+1)(t-k-1)\cdots(t-n)\mathrm{d}t$$

令

$$C_k^{(n)} = \frac{(-1)^{n-k}}{nk!(n-k)!}\int_0^n \prod_{\substack{j=0 \\ j\neq k}}^{n}(t-j)\mathrm{d}t$$

则求积公式可写成

$$I_n(f)=(b-a)\sum_{k=0}^{n}C_k^{(n)}f(x_k)$$

此公式称为牛顿-柯特斯(Newton - Cotes)公式，其中 $C_k^{(n)}$ 称为柯特斯系数。

在节点均匀分布的情况下，求积系数 $A_k=(b-a)C_k^{(n)}$，其中 $b-a$ 与积分区间有关，剩下的部分与积分区间无关，仅与等分点个数有关。因此，柯特斯系数 $C_k^{(n)}$ 对任意有限区间的积分是相同的，可以事先计算出来存储在计算机中，在使用时直接调用。

柯特斯系数的重要性质：

(1) $\forall n$，有 $\sum_{k=0}^{n}C_k^{(n)}=1$；

(2) 柯特斯系数中心对称，计算和存储时只需计算和存储一半的系数。

9. 牛顿-柯特斯公式的数值稳定性

当 $n\geqslant 8$ 时，柯特斯系数 $C_k^{(n)}$ 出现负值，初始数据误差将引起计算结果误差增大，即计算数值不稳定，故 $n\geqslant 8$ 的牛顿-柯特斯公式不宜使用。

10. 偶数阶牛顿-柯特斯求积公式的代数精度

n 阶牛顿-柯特斯公式至少具有 n 次代数精度。

定理 4.3.1　当阶 n 为偶数时，牛顿-柯特斯公式至少具有 $n+1$ 次代数精度。

设 n 为偶数，对比 n 阶和 $n+1$ 阶牛顿-柯特斯公式，两者都至少具有 $n+1$ 次代数精度，然而 n 阶公式计算量较少，因此实际计算时，通常选择偶数阶的牛顿-柯特斯公式。再考虑到数值稳定性，通常只选用 $n<8$ 的偶数阶牛顿-柯特斯公式。梯形公式虽然是 1 阶的，但由于简单，也常选用。

11. 低阶牛顿-柯特斯公式的积分余项

梯形公式的积分余项：

$$R_{\mathrm{T}}(f)=\frac{f''(\eta)}{2}\int_a^b(x-a)(x-b)\mathrm{d}x=-\frac{f''(\eta)}{12}(b-a)^3=-\frac{h^3}{12}f''(\eta)$$

其中，$h=b-a$ 为梯形公式的步长。

辛普森公式的积分余项：

$$R_{\mathrm{S}}(f)=\frac{f^{(4)}(\eta)}{4!}\int_a^b(x-a)(x-c)^2(x-b)\mathrm{d}x=-\frac{h^5}{90}f^{(4)}(\eta)=-\frac{(b-a)^5}{2880}f^{(4)}(\eta)$$

其中，$\eta\in(a,b)$，$h=\dfrac{b-a}{2}$是辛普森公式的步长。

柯特斯公式的积分余项：

$$R_{\mathrm{C}}(f)=-\frac{2(b-a)}{945}h^6f^{(6)}(\eta)=-\frac{8}{945}\left(\frac{b-a}{4}\right)^7f^{(6)}(\eta)$$

其中，$\eta\in(a,b)$，$h=\dfrac{b-a}{4}$是柯特斯公式的步长。

定理 4.3.2 （牛顿-柯特斯公式的积分余项）　若 n 为偶数，设 $f(x)\in C^{n+2}[a,b]$（设 k 为正整数，$C^k[a,b]$表示定义在$[a,b]$上，直到 k 阶导数都存在并连续的函数的全体），则有

$$R_n(f)=\frac{h^{n+3}f^{(n+2)}(\eta)}{(n+2)!}\int_0^n t^2(t-1)\cdots(t-n)\mathrm{d}t,\ \eta\in(a,b)$$

若 n 为奇数，设 $f(x)\in C^{n+1}[a,b]$，则有

$$R_n(f)=\frac{h^{n+2}f^{(n+1)}(\eta)}{(n+1)!}\int_0^n t(t-1)\cdots(t-n)\mathrm{d}t,\ \eta\in(a,b)$$

当 n 为偶数时，牛顿-柯特斯公式具有 $n+1$ 次代数精度；当 n 为奇数时，牛顿-柯特斯公式具有 n 次代数精度。另外，由牛顿-柯特斯公式的积分余项看到，积分公式带来的离散误差不仅与 f 有关，还与步长 h 有关。

12. 复化求积法

复化求积法的基本思想：将区间$[a,b]$作 n 等分，步长为 $h=\dfrac{b-a}{n}$，分点为 $x_k=a+kh$ $(k=0,1,\cdots,n)$，复化求积法是在每个子区间$[x_k,x_{k+1}]$$(k=0,1,\cdots,n-1)$上使用低阶的牛顿-柯特斯求积公式，然后累加求和作为积分的近似值。

(1) 复化梯形公式及余项：

$$T_n(f)=\frac{h}{2}\sum_{k=0}^{n-1}[f(x_k)+f(x_{k+1})]=\frac{h}{2}[f(a)+2\sum_{k=1}^{n-1}f(x_k)+f(b)]$$

$$R_T(f)=-\frac{h^2(b-a)}{12}f''(\eta),\ \eta\in(a,b)$$

(2) 复化辛普森公式及余项：

$$\begin{aligned}S_n(f)&=\frac{h}{6}\sum_{k=0}^{n-1}[f(x_k)+4f(x_{k+\frac{1}{2}})+f(x_{k+1})]\\&=\frac{h}{6}[f(a)+4\sum_{k=0}^{n-1}f(x_{k+\frac{1}{2}})+2\sum_{k=1}^{n-1}f(x_k)+f(b)]\end{aligned}$$

$$R_S(f)=-\frac{b-a}{2880}h^4f^{(4)}(\eta),\ \eta\in(a,b)$$

(3) 复化柯特斯公式及余项：

$$\begin{aligned}C_n(f)=\frac{h}{90}[&7f(a)+32\sum_{k=0}^{n-1}f(x_{k+\frac{1}{4}})+12\sum_{k=0}^{n-1}f(x_{k+\frac{1}{2}})\\&+32\sum_{k=0}^{n-1}f(x_{k+\frac{3}{4}})+14\sum_{k=1}^{n-1}f(x_k)+7f(b)]\end{aligned}$$

$$R_C(f)=-\frac{2(b-a)}{945}\left(\frac{h}{4}\right)^6f^{(6)}(\eta),\ \eta\in(a,b)$$

13. 梯形法的递推化

复化求积法通过选择较小的步长可减小离散误差，提高求积精度。实际计算时，若精度不够，可将步长逐次分半。设将区间$[a, b]$作 n 等分，步长为 $h=\dfrac{b-a}{n}$，则复化梯形值为

$$T_n = \frac{h}{2}\sum_{k=0}^{n-1}[f(x_k)+f(x_{k+1})]$$

如果将求积区间二分一次，则步长减半。将每个子区间上的复化梯形值相加得二分后的积分近似值：

$$T_{2n} = \frac{h}{4}\sum_{k=0}^{n-1}[f(x_k)+f(x_{k+1})]+\frac{h}{2}\sum_{k=0}^{n-1}f(x_{k+\frac{1}{2}})$$

递推公式(也称为变步长的梯形公式)如下：

$$T_{2n} = \frac{1}{2}T_n + \frac{h}{2}\sum_{k=0}^{n-1}f(x_{k+\frac{1}{2}})$$

二分后的复化梯形公式可以利用二分前的近似值来计算，只要将二分前的近似值折半，再加上新增节点的函数值之和乘以二分后的步长即可。在区间逐次二分过程中，利用上述递推公式计算积分近似值和直接用复化梯形公式计算相比，可以避免大量重复的计算。

14. 龙贝格算法

利用复化梯形公式计算积分，虽然计算简单，但收敛速度很慢，需要对其进行加工以加速收敛。龙贝格算法是在区间逐次二分的过程中，对梯形值进行加权平均以获得准确程度较高的积分值的一种方法，适宜求积节点等距的情形。在区间逐次二分得到的梯形值的基础上，进行加工处理，即：

(1) 对梯形值进行加工，得到辛普森值 $S_n=\dfrac{4}{3}T_{2n}-\dfrac{1}{3}T_n$；

(2) 对辛普森值进行加工，得到柯特斯值 $C_n=\dfrac{16}{15}S_{2n}-\dfrac{1}{15}S_n$；

(3) 对柯特斯值进行加工，得到龙贝格值 $R_n=\dfrac{64}{63}C_{2n}-\dfrac{1}{63}C_n$(龙贝格公式)。

将梯形值 T_n 逐步加工成精度较高的辛普森值 S_n、柯特斯值 C_n 和龙贝格值 R_n，这一过程称为龙贝格算法。

15. 高斯型求积公式及余项

如果求积节点 $x_k(k=0, 1, \cdots, n)$和求积系数 $A_k(k=0, 1, \cdots, n)$均没有事先给定，则通过适当选取节点 $x_k(k=0, 1, \cdots, n)$，有可能使求积公式具有 $2n+1$ 次代数精度，我们称这类公式为高斯(Gauss)型求积公式，其表示如下：

$$\int_a^b f(x)\mathrm{d}x \approx \sum_{k=0}^{n} A_k f(x_k)$$

定理 4.6.1　如果以节点 $a \leqslant x_0 < x_1 < \cdots < x_n \leqslant b$ 为零点的 $n+1$ 次多项式

$$\omega_{n+1}(x) = (x-x_0)(x-x_1)\cdots(x-x_n)$$

与任何次数不超过 n 的多项式 $q(x)$ 正交，即 $\int_a^b \omega_{n+1}(x)q(x)\mathrm{d}x = 0$，则求积公式对一切次数不超过 $2n+1$ 的多项式都准确成立(至少有 $2n+1$ 次代数精度)，此时求积系数为

$$A_k = \int_a^b l_k(x)\mathrm{d}x = \int_a^b \frac{\omega_{n+1}(x)}{(x-x_k)\omega'_{n+1}(x_k)}\mathrm{d}x$$

定理 4.6.2　设 $f(x) \in C^{2n+2}[a, b]$，则高斯型求积公式的余项为

$$R_n(f) = \frac{f^{2n+2}(\eta)}{(2n+2)!}\int_a^b \omega_{n+1}^2(x)\rho(x)\mathrm{d}x$$

其中，$\rho(x)$ 为权函数(也称为积分核函数)。

16. 高斯-勒让德求积公式

若权函数 $\rho(x)=1$，区间为 $[-1, 1]$，勒让德多项式 $P_{n+1}(x)$ 的零点为高斯点，求积系数为

$$A_k = \int_{-1}^1 \frac{P_{n+1}(x)}{(x-x_k)P'_{n+1}(x_k)}\mathrm{d}x，或\ A_k = \frac{2}{(1-x_k^2)[P'_{n+1}(x_k)]^2}$$

则所得插值型求积公式 $\int_{-1}^1 f(x)\mathrm{d}x \approx \sum_{k=0}^{n} A_k f(x_k)$ 即为高斯-勒让德求积公式，而其截断误差为

$$R(f) = \frac{2^{2n+3}[(n+1)!]^4}{(2n+3)[(2n+2)!]^3} f^{(2n+2)}(\eta), \qquad \eta \in (-1, 1)$$

17. 低阶的高斯-勒让德求积公式及余项

(1) $n=0$ 时，求积公式为 $\int_{-1}^1 f(x)\mathrm{d}x \approx 2f(0)$ (中矩形公式)，其截断误差为 $R(f) = \frac{1}{3}f''(\eta)$，$\eta \in (-1, 1)$。

(2) $n=1$ 时，求积公式为 $\int_{-1}^1 f(x)\mathrm{d}x \approx f\left(-\frac{1}{\sqrt{3}}\right) + f\left(\frac{1}{\sqrt{3}}\right)$，其截断误差为

$$R(f) = \frac{1}{135}f^{(4)}(\eta), \qquad \eta \in (-1, 1)$$

18. 高斯一切比雪夫求积公式

若权函数 $\rho(x) = \frac{1}{\sqrt{1-x^2}}$，区间为 $[-1, 1]$，则 $n+1$ 次切比雪夫多项式的零点就是高

斯点，即 $x_k=\cos\left(\frac{2k+1}{2n+2}\pi\right)(k=0, 1, \cdots, n)$，相应的求积系数 $A_k=\frac{\pi}{n+1}$，求积公式为

$$\int_{-1}^{1}\frac{f(x)}{\sqrt{1-x^2}}\mathrm{d}x\approx\frac{\pi}{n+1}\sum_{k=0}^{n}f\left[\cos\left(\frac{2k+1}{2n+2}\pi\right)\right]$$

其截断误差为

$$R(f)=\frac{2\pi}{2^{2n+2}(2n+2)!}f^{(2n+2)}(\eta),\ \eta\in(-1, 1)$$

19. 插值型数值微分法的基本思想

插值型数值微分法的基本思想与数值积分法的类似，用插值多项式 $L_n(x)$ 近似 $f(x)$，即 $f(x)\approx L_n(x)$，用 $L_n'(x)$ 近似 $f'(x)$，得到 $f'(x)\approx L_n'(x)$，称其为插值型微分公式。

插值型微分公式的余项(即截断误差)为

$$f'(x)-L_n'(x)=\frac{f^{(n+1)}[\xi(x)]}{(n+1)!}\omega_{n+1}'(x)+\frac{\omega_{n+1}(x)}{(n+1)!}\frac{\mathrm{d}}{\mathrm{d}x}f^{(n+1)}[\xi(x)]$$

若限定 x 为节点 x_k，则余项公式为

$$f'(x_k)-L_n'(x_k)=\frac{f^{(n+1)}[\xi(x_k)]}{(n+1)!}\omega_{n+1}'(x_k)$$

20. 几个插值型数值微分公式

1）两点公式

设节点 x_0 和 $x_1(x_0<x_1)$上的函数值分别为 $f(x_0)$和 $f(x_1)$，令 $h=x_1-x_0$，则带余项的两点公式如下：

$$f'(x_0)=\frac{1}{h}[f(x_1)-f(x_0)]-\frac{h}{2}f''(\xi)$$

$$f'(x_1)=\frac{1}{h}[f(x_1)-f(x_0)]+\frac{h}{2}f''(\xi)$$

2）三点公式

设三个节点 x_0、$x_1=x_0+h$、$x_2=x_0+2h(h>0)$上的函数值分别为 $f(x_0)$、$f(x_1)$、$f(x_2)$，则带余项的三点公式如下：

$$f'(x_0)=\frac{1}{2h}[-3f(x_0)+4f(x_1)-f(x_2)]+\frac{h^2}{3}f'''(\xi)$$

$$f'(x_1)=\frac{1}{2h}[-f(x_0)+f(x_2)]-\frac{h^2}{6}f'''(\xi)\qquad\text{(中点公式)}$$

$$f'(x_2)=\frac{1}{2h}[f(x_0)-4f(x_1)+3f(x_2)]+\frac{h^2}{3}f'''(\xi)$$

带余项的二阶三点公式如下：

$$f''(x_1)=\frac{1}{h^2}[f(x_1-h)-2f(x_1)+f(x_1+h)]-\frac{h^2}{12}f^{(4)}(\xi)$$

4.2　释 疑 解 难

1. 使用牛顿-莱布尼兹(Newton - Leibniz)公式求定积分的值时会遇到哪些困难？

答： 主要困难有：

(1) 大量的被积函数，诸如$\frac{\sin x}{x}$、$\sin x^2$ 等，找不到用初等函数表示的原函数；

(2) 即使 $f(x)$用初等函数表示的原函数 $F(x)$存在，但因为 $F(x)$过于复杂，人们不愿将大量的时间与精力用在求原函数上；

(3) 除特殊的无穷积分外，通常很难求出无穷积分的值；

(4) 当 $f(x)$是由测量或数值计算给出的一张数据表而不知其解析表达式时，牛顿—莱布尼兹公式不能直接运用。

2. 插值型求积公式有哪些特点？

答： 插值型求积公式将复杂函数的积分转化为计算多项式的积分，具有以下特点：

(1) 求积系数是插值基函数的积分，只与积分区间和节点有关，而与被积函数无关；而插值基函数是代数多项式，其积分很容易计算。

(2) 由插值余项很容易得到插值型求积公式对所有不超过 n 次的代数多项式都是准确的，因此至少有 n 次代数精度。

(3) 如果求积公式至少有 n 次代数精度，则其求积系数一定是插值基函数的积分，即至少有 n 次代数精度的求积公式也一定是插值型的。

(4) 求积余项是插值余项的积分。

(5) 求积系数之和为 $\sum_{k=0}^{n} A_k = b - a$。

3. 什么是复化求积法？

答： 应用高阶($n\geqslant 8$)Newton - Cotes 求积公式计算积分 $\int_a^b f(x)\mathrm{d}x$ 时会出现数值不稳定的问题，而应用低阶公式又会因积分步长过大而使离散误差(积分余项)变大。因此，为了降低实际计算结果的误差，提高计算精度，通常把积分区间分成若干个小区间(通常是等分)，在每个小区间上使用低阶牛顿-柯特斯求积公式，然后将结果加起来，这种方法称为复化求积法。

4. 什么是龙贝格求积法？它有什么优点？

答： 龙贝格求积法是从梯形公式出发，将区间逐次二分，通过外推算法逐步提高求积公式的精度。其优点是公式简练，使用方便及稳定，通过一次次的加工，用阶数较低的求积公式得到高精度的结果，便于编程计算。

5. 什么是高斯型求积公式？它的求积节点和求积系数如何确定？

答： 高斯型求积公式是通过适当选取求积节点和求积系数，使得求积公式具有 $2n+1$ 次代数精度的求积公式。高斯型求积公式的求积节点称为高斯点。

节点 $x_0, x_1, x_2, \cdots, x_n$ 是高斯点的充分必要条件是以这些点为零点的多项式

$$\omega_{n+1}(x)=(x-x_0)(x-x_1)\cdots(x-x_n)$$

与任何次数不超过 n 的多项式 $q(x)$ 带权 $\rho(x)$ 正交，即

$$\int_a^b \rho(x)\omega_{n+1}(x)q(x)\mathrm{d}x=0$$

故通常将求积节点取为 $n+1$ 次带权正交多项式的零点。求积系数为

$$A_k=\int_a^b \rho(x)l_k(x)\mathrm{d}x=\int_a^b \rho(x)\frac{\omega_{n+1}(x)}{(x-x_k)\omega'_{n+1}(x_k)}\mathrm{d}x$$

注意：（1）高斯型求积公式的代数精度为 $2n+1$；

（2）高斯型求积公式的系数都为正数，即 $A_k=\int_a^b \rho(x)l_k^2(x)\mathrm{d}x>0$，这表明高斯型求积公式是数值稳定的。

6．牛顿-柯特斯求积公式和高斯型求积公式的节点分布有什么不同？对于同样数目的求积节点，两种求积方法哪个更精确？为什么？

答： 牛顿-柯特斯求积公式的求积节点是等距的，而高斯型求积公式的求积节点通常是不等距的。对于同样数目的求积节点，如 $n+1$ 个，牛顿-柯特斯求积公式至少具有 n 次代数精度，n 为偶数时至少具有 $n+1$ 次代数精度，但通常达不到 $2n+1$ 次代数精度，而高斯型求积公式则可以达到 $2n+1$ 次代数精度，所以对于同样数目的求积节点，高斯型求积公式更精确一些。

7．判断下列命题是否正确：

（1）使用数值求积公式计算积分总是稳定的。

（2）代数精度是衡量算法稳定性的一个重要指标。

（3）$n+1$ 个点的插值型求积公式的代数精度至少是 n 次，最高可达到 $2n+1$ 次。

（4）n 阶牛顿-柯特斯求积公式的代数精度是 $n+1$ 次。

（5）求积公式的阶数与所依据的插值多项式的次数一样。

（6）梯形公式与两点高斯求积公式的精度一样。

（7）高斯型求积公式的求积系数都是正数，故计算总是稳定的。

（8）由于龙贝格求积节点与牛顿-柯特斯求积节点相同，因此它们的精度相同。

（9）高斯型求积公式只能计算区间[－1，1]上的积分。

（10）阶数不同的高斯型求积公式没有公共节点。

答：（1）错。当 $n\geqslant 8$ 时牛顿-柯特斯求积公式的求积系数出现负值，就是不稳定的。

（2）错。代数精度是衡量求积公式精度的一个指标。

（3）对。$n+1$ 个点的插值型求积公式的代数精度至少是 n 次。如果求积节点取为高斯

点，则代数精度最高可达到 $2n+1$ 次。

(4) 错。n 阶牛顿-柯特斯求积公式是 $n+1$ 个节点的插值型求积公式，故代数精度至少为 n 次，当 n 是偶数时，代数精度至少是 $n+1$ 次。

(5) 错。当 n 是偶数时，插值型求积公式(n 阶牛顿-柯特斯求积公式)的代数精度至少为 $n+1$ 次。

(6) 错。梯形公式的代数精度为 1，两点高斯求积公式的代数精度为 3。

(7) 对。因为高斯型求积公式的求积系数 $A_k=\int_a^b l_k{}^2(x)\rho(x)\mathrm{d}x\geqslant 0$，故求积公式数值稳定。

(8) 错。龙贝格求积公式对被积函数的连续性要求比较高。当被积函数的连续性不太高时，用复化牛顿-柯特斯求积公式求得的积分值可能会比用龙贝格求积公式求得的积分值的精度高些。

(9) 错。高斯型求积公式可以计算任何区间上的积分，只需要作适当的变换即可。

(10) 错。不同次数的正交多项式有可能具有公共的零点，故阶数不同的高斯型求积公式可能具有公共节点。

4.3 典型例题

例 4.1 设 $f(x)\in C[0,1]$，确定 a、b，使得求积公式

$$\int_0^1 \frac{f(x)}{\sqrt{x}}\mathrm{d}x\approx af\left(\frac{1}{5}\right)+bf(1)$$

的代数精度尽可能高，并确定其代数精度。

解： 将 $f(x)=1$ 和 x 分别代入求积公式，公式准确成立，即

$$\int_0^1 \frac{1}{\sqrt{x}}\mathrm{d}x=2=a+b;\ \int_0^1 \frac{x}{\sqrt{x}}\mathrm{d}x=\frac{2}{3}=\frac{1}{5}a+b$$

由此解得 $a=\frac{5}{3}$，$b=\frac{1}{3}$，对应的求积公式为

$$\int_0^1 \frac{f(x)}{\sqrt{x}}\mathrm{d}x\approx \frac{5}{3}f\left(\frac{1}{5}\right)+\frac{1}{3}f(1)$$

将 $f(x)=x^2$ 代入求积公式，有 $\int_0^1\frac{x^2}{\sqrt{x}}\mathrm{d}x=\frac{2}{5}=\frac{5}{3}\times\frac{1}{25}+\frac{1}{3}$，即公式恒成立，将 $f(x)=x^3$ 代入求积公式，有 $\int_0^1\frac{x^3}{\sqrt{x}}\mathrm{d}x=\frac{2}{7}\neq\frac{26}{75}$，即公式不成立，故该求积公式具有 2 次代数精度。

例 4.2 确定 a、b、c 的值，使得求积公式

$$\int_0^2 xf(x)\mathrm{d}x \approx af(0)+bf(1)+cf(2)$$

具有尽可能高的代数精度，并确定其代数精度。

解： 将 $f(x)=1$，x，x^2 分别代入求积公式，公式准确成立，即

$$\begin{cases}\int_0^2 x\times 1\mathrm{d}x = a+b+c \\ \int_0^2 x\times x\mathrm{d}x = a\times 0+b\times 1+c\times 2 \\ \int_0^2 x\times x^2\mathrm{d}x = a\times 0^2+b\times 1^2+c\times 2^2\end{cases}$$

整理得 $\begin{cases}a+b+c=2 \\ b+2c=\dfrac{8}{3} \\ b+4c=4\end{cases}$，解得 $a=0$，$b=\dfrac{4}{3}$，$c=\dfrac{2}{3}$。

故求积公式为

$$\int_0^2 xf(x)\mathrm{d}x \approx \frac{4}{3}f(1)+\frac{2}{3}f(2)$$

当 $f(x)=x^3$ 时，公式左边 $=\int_0^2 x\cdot x^3\mathrm{d}x=\dfrac{32}{5}$，公式右边 $=\dfrac{4}{3}\times 1^3+\dfrac{2}{3}\times 2^3=\dfrac{20}{3}$

即求积公式不准确成立，故求积公式具有 2 次代数精度。

例 4.3　已知求积公式 $\int_a^b f(x)\mathrm{d}x\approx\sum\limits_{k=0}^{n}A_k f(x_k)$ 的求积系数 $A_k(k=0,1,\cdots,n)$ 由下列方程组确定

$$\begin{cases}\sum\limits_{k=0}^{n}A_k = b-a \\ \sum\limits_{k=0}^{n}A_k x_k = \dfrac{1}{2}(b^2-a^2) \\ \qquad\vdots \\ \sum\limits_{k=0}^{n}A_k x_k^n = \dfrac{1}{n+1}(b^{n+1}-a^{n+1})\end{cases}$$

证明该方程组的解 $A_k(k=0,1,\cdots,n)$ 与插值型求积公式的系数

$$A_k=\int_a^b l_k(x)\mathrm{d}x=\int_a^b\frac{\omega_{n+1}(x)}{(x-x_k)\omega_{n+1}'(x_k)}\mathrm{d}x \qquad (l_k(x)\text{ 是拉格朗日插值基函数})$$

完全一致。

证明： 方程组中的各等式表明求积公式对 $f(x)=1$，x，x^2，$\cdots$，x^n 准确成立，故求积公式至少有 n 次代数精度，从而该求积公式是插值型的，即求积系数

$$A_k=\int_a^b l_k(x)\mathrm{d}x=\int_a^b \frac{\omega_{n+1}(x)}{(x-x_k)\omega'_{n+1}(x_k)}\mathrm{d}x$$

反之，若

$$A_k=\int_a^b l_k(x)\mathrm{d}x=\int_a^b \frac{\omega_{n+1}(x)}{(x-x_k)\omega'_{n+1}(x_k)}\mathrm{d}x$$

则求积公式是插值型的，故至少有 n 次代数精度，从而求积公式对 $f(x)=1, x, x^2, \cdots, x^n$ 准确成立，即系数 $A_k(k=0, 1, \cdots, n)$满足题中的线性方程组。

例 4.4 对积分 $\int_0^3 f(x)\mathrm{d}x$，构造一个至少有 3 次代数精度的求积公式。

解: 有 4 个节点的插值型求积公式至少有 3 次代数精度，为方便起见，在区间上取 0、1、2、3 为求积节点，构造求积公式：

$$\int_a^b f(x)\mathrm{d}x\approx Af(0)+Bf(1)+Cf(2)+Df(3)$$

则求积系数为

$$A=\int_0^3 \frac{(x-1)(x-2)(x-3)}{(0-1)(0-2)(0-3)}\mathrm{d}x=\frac{3}{8},\ B=\int_0^3 \frac{(x-0)(x-2)(x-3)}{(1-0)(1-2)(1-3)}\mathrm{d}x=\frac{9}{8}$$

$$C=\int_0^3 \frac{(x-0)(x-1)(x-3)}{(2-0)(2-1)(2-3)}\mathrm{d}x=\frac{9}{8},\ D=\int_0^3 \frac{(x-0)(x-1)(x-2)}{(3-0)(3-1)(3-2)}\mathrm{d}x=\frac{3}{8}$$

故求积公式为

$$\int_a^b f(x)\mathrm{d}x\approx\frac{3}{8}f(0)+\frac{9}{8}f(1)+\frac{9}{8}f(2)+\frac{3}{8}f(3)$$

因为有 4 个节点，且是插值型求积公式，故至少有 3 次代数精度。将 $f(x)=x^4$ 代入公式，验证左边是 48.6，右边是 48.75，所以此求积公式只有 3 次代数精度。

例 4.5 给定求积节点 $x_0=\frac{1}{4}$、$x_1=\frac{3}{4}$，试推出计算积分 $\int_0^1 f(x)\mathrm{d}x$ 的插值型求积公式，并写出它的余项。

解: 因为所构造的求积公式是插值型的，故其求积系数可表示为

$$A_0=\int_0^1 \frac{x-\frac{3}{4}}{\frac{1}{4}-\frac{3}{4}}\mathrm{d}x=\int_0^1 -\frac{1}{2}(4x-3)\mathrm{d}x=\frac{1}{2}$$

$$A_1=\int_0^1 \frac{x-\frac{1}{4}}{\frac{3}{4}-\frac{1}{4}}\mathrm{d}x=\int_0^1 \frac{1}{2}(4x-1)\mathrm{d}x=\frac{1}{2}$$

从而求积公式为

$$\int_0^1 f(x)\mathrm{d}x\approx\frac{1}{2}\left[f\left(\frac{1}{4}\right)+f\left(\frac{3}{4}\right)\right]$$

若 $f''(x)$在积分区间上存在，则求积余项为

$$R(f)=\int_0^1 \frac{1}{2!}f''(\xi)\left(x-\frac{1}{4}\right)\left(x-\frac{3}{4}\right)\mathrm{d}x$$

其中 $\xi\in(0,1)$，并依赖于 x。

例 4.6　已知 $x_0=\frac{1}{4}$，$x_1=\frac{1}{2}$，$x_2=\frac{3}{4}$。

(1) 推导在$[0,1]$上以这 3 个点作为求积节点的插值型求积公式；

(2) 指明求积公式所具有的代数精度；

(3) 用所求公式计算积分 $\int_0^1 x^2\mathrm{d}x$。

解：(1) 求积系数可表示为

$$A_0=\int_0^1 l_0(x)\mathrm{d}x=\int_0^1 \frac{(x-x_1)(x-x_2)}{(x_0-x_1)(x_0-x_2)}\mathrm{d}x=\int_0^1 \frac{\left(x-\frac{1}{2}\right)\left(x-\frac{3}{4}\right)}{\left(\frac{1}{4}-\frac{1}{2}\right)\left(\frac{1}{4}-\frac{3}{4}\right)}\mathrm{d}x=\frac{2}{3}$$

$$A_1=\int_0^1 l_1(x)\mathrm{d}x=\int_0^1 \frac{(x-x_0)(x-x_2)}{(x_1-x_0)(x_1-x_2)}\mathrm{d}x=\int_0^1 \frac{\left(x-\frac{1}{4}\right)\left(x-\frac{3}{4}\right)}{\left(\frac{1}{2}-\frac{1}{4}\right)\left(\frac{1}{2}-\frac{3}{4}\right)}\mathrm{d}x=-\frac{1}{3}$$

$$A_2=\int_0^1 l_2(x)\mathrm{d}x=\int_0^1 \frac{(x-x_0)(x-x_1)}{(x_2-x_0)(x_2-x_1)}\mathrm{d}x=\int_0^1 \frac{\left(x-\frac{1}{4}\right)\left(x-\frac{1}{2}\right)}{\left(\frac{3}{4}-\frac{1}{4}\right)\left(\frac{3}{4}-\frac{1}{2}\right)}\mathrm{d}x=\frac{2}{3}$$

故所求的插值型求积公式为

$$\int_0^1 f(x)\mathrm{d}x\approx\frac{2}{3}f\left(\frac{1}{4}\right)-\frac{1}{3}f\left(\frac{1}{2}\right)+\frac{2}{3}f\left(\frac{3}{4}\right)=\frac{1}{3}\left[2f\left(\frac{1}{4}\right)-f\left(\frac{1}{2}\right)+2f\left(\frac{3}{4}\right)\right]$$

(2) 因为是有 3 个节点的插值型求积公式，故至少有 2 次代数精度。

将 $f(x)=x^3$，x^4 分别代入上述求积公式，有

$$\frac{1}{4}=\int_0^1 x^3\mathrm{d}x=\frac{1}{3}\left[2\left(\frac{1}{4}\right)^3-\left(\frac{1}{2}\right)^3+2\left(\frac{3}{4}\right)^3\right]$$

$$\frac{1}{5}=\int_0^1 x^4\mathrm{d}x\neq\frac{1}{3}\left[2\left(\frac{1}{4}\right)^4-\left(\frac{1}{2}\right)^4+2\left(\frac{3}{4}\right)^4\right]$$

故上述求积公式具有 3 次代数精度。

(3) 因为求积公式有 3 次代数精度，故对 $f(x)=x^2$ 准确成立，即

$$\int_0^1 x^2\mathrm{d}x=\frac{1}{3}\left[2\left(\frac{1}{4}\right)^2-\left(\frac{1}{2}\right)^2+2\left(\frac{3}{4}\right)^2\right]=\frac{1}{3}$$

例 4.7　确定求积公式

$$\int_0^1 f(x)\mathrm{d}x=A_0f(0)+A_1f(1)+A_2f'(1)+kf'''(\xi),\quad \xi\in(0,1)$$

的待定参数，使其代数精度尽量高，并确定余项中的常数 k 和所确定的求积公式的代数精度。

解：求积公式

$$\int_0^1 f(x)\mathrm{d}x \approx A_0 f(0) + A_1 f(1) + A_2 f'(1)$$

中有 3 个未知参数，令求积公式对 $f(x)=1$、x、x^2 均准确成立，即

$$\begin{cases} A_0 + A_1 = 1 \\ A_1 + A_2 = \dfrac{1}{2} \\ A_1 + 2A_2 = \dfrac{1}{3} \end{cases}$$

解得 $A_0=\dfrac{1}{3}$，$A_1=\dfrac{2}{3}$，$A_2=-\dfrac{1}{6}$，所以求积公式为

$$\int_0^1 f(x)\mathrm{d}x \approx \frac{1}{3}f(0) + \frac{2}{3}f(1) - \frac{1}{6}f'(1)$$

其代数精度至少为 2 次。

将 $f(x)=x^3$ 代入求积公式，得

$$\text{左边} = \int_0^1 x^3\mathrm{d}x = \frac{1}{4}，\text{右边} = \frac{1}{3}f(0) + \frac{2}{3}f(1) - \frac{1}{6}f'(1) = \frac{1}{6}$$

又此时 $f'''(\xi)=6$，即有$\dfrac{1}{4}=\dfrac{1}{6}+6k$，解得 $k=\dfrac{1}{72}$。

求积余项为

$$kf'''(\xi) = 6k = \frac{1}{12} \neq 0$$

故求积公式对 $f(x)=x^3$ 不准确成立，即只有 2 次代数精度。

例 4.8　设 $h=\dfrac{b-a}{3}$，$x_0=a$，$x_1=a+h$，$x_2=b$，确定求积公式

$$\int_a^b f(x)\mathrm{d}x \approx \frac{9}{4}hf(x_1) + \frac{3}{4}hf(x_2)$$

的代数精度。

解：将 $f(x)=1$ 代入求积公式，有

$$\text{左边} = \int_a^b \mathrm{d}x = b-a，\text{右边} = \frac{9}{4}h + \frac{3}{4}h = 3h = b-a$$

所以左边＝右边；

将 $f(x)=x$ 代入求积公式，有

$$\text{左边} = \int_a^b x\,\mathrm{d}x = \frac{1}{2}(b^2-a^2)$$

$$\text{右边} = \frac{9}{4}hx_1 + \frac{3}{4}hx_2 = \frac{3}{4}h(3x_1 + x_2) = \frac{1}{2}(b^2 - a^2)$$

即左边=右边；

将 $f(x)=x^2$ 代入求积公式，有

$$\text{左边} = \int_a^b x^2 \mathrm{d}x = \frac{1}{3}(b^3 - a^3)$$

$$\text{右边} = \frac{9}{4}hx_1^2 + \frac{3}{4}hx_2^2 = \frac{3}{4}h(3x_1^2 + x_2^2) = \cdots = \frac{1}{3}(b^3 - a^3)$$

即左边=右边；

将 $f(x)=x^3$ 代入求积公式，有

$$\text{左边} = \int_a^b x^3 \mathrm{d}x = \frac{1}{4}(b^4 - a^4) = \frac{1}{4}(b-a)(a^3 + a^2 b + ab^2 + b^3)$$

$$\text{右边} = \frac{9}{4}hx_1^3 + \frac{3}{4}hx_2^3 = \frac{3}{4}h(3x_1^3 + x_2^3) = \cdots = \frac{1}{4}(b-a)\left(\frac{8}{9}a^3 + \frac{4}{3}a^2 b + \frac{2}{3}ab^2 + \frac{10}{9}b^3\right)$$

即左边≠右边。

综上可知，求积公式的代数精度为 2。

例 4.9 设 $f(x)\in C[-1, 1]$，若取三次勒让德多项式 $P_3(x)=\frac{1}{2}(5x^3-3x)$ 的 3 个根 x_1、x_2、x_3 为插值节点，确定常数 A、B、C 使得求积公式

$$\int_{-1}^1 f(x)\mathrm{d}x \approx Af(x_1) + Bf(x_2) + Cf(x_3)$$

的代数精度尽可能高，并求出代数精度。

解： $P_3(x)=\frac{1}{2}(5x^3-3x)$ 的 3 个根分别为 $x_1=-\sqrt{\frac{3}{5}}$，$x_2=0$，$x_3=\sqrt{\frac{3}{5}}$，则求积公式为

$$\int_{-1}^1 f(x)\mathrm{d}x \approx Af\left(-\sqrt{\frac{3}{5}}\right) + Bf(0) + Cf\left(\sqrt{\frac{3}{5}}\right)$$

将 $f(x)=1$、x、x^2 分别代入求积公式，得

$$\begin{cases} A + B + C = 2 \\ -\sqrt{\frac{3}{5}}A + \sqrt{\frac{3}{5}}C = 0 \\ \frac{3}{5}A + \frac{3}{5}C = \frac{2}{3} \end{cases}$$

解得

$$A = C = \frac{5}{9},\ B = \frac{8}{9}$$

所以

$$\int_{-1}^{1} f(x)\mathrm{d}x \approx \frac{5}{9} f\left(-\sqrt{\frac{3}{5}}\right)+\frac{8}{9} f(0)+\frac{5}{9} f\left(\sqrt{\frac{3}{5}}\right)$$

例 4.10　对于函数 $f(x)=\dfrac{\sin x}{x}$，给出[0，1]上 $n=8$ 的函数表(见表 4.1)，用下列方法计算积分 $I=\int_{0}^{1} \dfrac{\sin x}{x}\mathrm{d}x$ 的近似值，并比较结果。

(1) 低阶牛顿-柯特斯公式($n=1$，2，4)；

(2) 复化梯形公式、复化辛普森公式、复化柯特斯公式；

(3) 梯形法的递推公式；

(4) 龙贝格算法。

表 4.1　例 4.10 所用的函数表

x	$f(x)=\dfrac{\sin x}{x}$	x	$f(x)=\dfrac{\sin x}{x}$
0	1	$\frac{5}{8}$	0.936 155 6
$\frac{1}{8}$	0.997 397 8	$\frac{3}{4}$	0.908 851 6
$\frac{1}{4}$	0.989 615 8	$\frac{7}{8}$	0.877 192 5
$\frac{3}{8}$	0.976 726 7	1	0.841 470 9
$\frac{1}{2}$	0.958 851 0		

解：(1) 用低阶牛顿-柯特斯公式计算：

$n=1$ 时，

$$\int_{0}^{1} \frac{\sin x}{x}\mathrm{d}x \approx \frac{1}{2}[f(0)+f(1)]=0.920\ 735\ 4$$

$n=2$ 时，

$$\int_{0}^{1} \frac{\sin x}{x}\mathrm{d}x \approx \frac{1}{6}\left[f(0)+4 f\left(\frac{1}{2}\right)+f(1)\right]=0.946\ 145\ 9$$

$n=4$ 时，

$$\int_0^1 \frac{\sin x}{x}\mathrm{d}x \approx \frac{1}{90}\left[7f(0)+32f\left(\frac{1}{4}\right)+12f\left(\frac{1}{2}\right)+32f\left(\frac{3}{4}\right)+7f(1)\right]=0.946\ 083\ 0$$

而准确值为 0.946 083 1，由此可知，$n=1$ 时有 1 位有效数字，$n=2$ 时有 3 位有效数字，$n=4$ 时有 6 位有效数字。

注意：$n=3$ 时，$\int_0^1 \frac{\sin x}{x}\mathrm{d}x \approx 0.946\ 110\ 9$ 也有 3 位有效数字；$n=5$ 时，$\int_0^1 \frac{\sin x}{x}\mathrm{d}x \approx 0.946\ 083\ 0$ 也有 6 位有效数字。因此，除了梯形公式简单而常被采用外，一般常选用偶数阶的牛顿-柯特斯公式即辛普森公式和柯特斯公式。

(2) 用复化梯形公式计算：将区间分成 8 等份，$h=\frac{1}{8}$，有

$$T_8=\frac{h}{2}\left[f(0)+2f\left(\frac{1}{8}\right)+2f\left(\frac{1}{4}\right)+2f\left(\frac{3}{8}\right)+2f\left(\frac{1}{2}\right)+2f\left(\frac{5}{8}\right)+2f\left(\frac{3}{4}\right)+2f\left(\frac{7}{8}\right)+f(1)\right]$$
$$=0.945\ 690\ 9$$

用复化辛普森公式计算：将区间分成 4 等份，$h=\frac{1}{4}$，有

$$S_4=\frac{h}{6}\left[f(0)+4f\left(\frac{1}{8}\right)+2f\left(\frac{1}{4}\right)+4f\left(\frac{3}{8}\right)+2f\left(\frac{1}{2}\right)+4f\left(\frac{5}{8}\right)+2f\left(\frac{3}{4}\right)+4f\left(\frac{7}{8}\right)+f(1)\right]$$
$$=0.946\ 083\ 2$$

用复化柯特斯公式计算：将区间分成 2 等份，$h=\frac{1}{2}$，有

$$C_2=\frac{h}{90}\left[7f(0)+32f\left(\frac{1}{8}\right)+12f\left(\frac{1}{4}\right)+32f\left(\frac{3}{8}\right)+14f\left(\frac{1}{2}\right)+32f\left(\frac{5}{8}\right)\right.$$
$$\left.+12f\left(\frac{3}{4}\right)+32f\left(\frac{7}{8}\right)+7f(1)\right]$$
$$=0.946\ 083\ 1$$

同样给出 9 个数据点，计算量基本相同，与准确值 $I=0.946\ 083\ 1$ 比较，复化梯形法的结果 $T_8=0.945\ 690\ 9$ 只有 3 位有效数字，复化辛普森法的结果 $S_4=0.946\ 083\ 3$ 有 6 位有效数字，复化柯特斯法的结果 $C_2=0.946\ 083\ 1$ 却有 7 位有效数字。

(3) 用梯形法的递推公式计算：

$$T_1=\frac{1}{2}[f(0)+f(1)]=0.920\ 735\ 5$$

$$T_2=\frac{1}{2}T_1+\frac{1}{2}f\left(\frac{1}{2}\right)=0.939\ 793\ 3$$

$$T_4=\frac{1}{2}T_2+\frac{1}{4}\left[f\left(\frac{1}{4}\right)+f\left(\frac{3}{4}\right)\right]=0.944\ 513\ 5$$

计算结果见表 4.2(其中 k 代表二分次数，$n=2^k$，$h=1/2^k$)。

表 4.2 用梯形法的递推公式计算的结果

k	1	2	3	4	5
T_{2^k}	0.939 793 3	0.944 513 5	0.945 690 9	0.945 985 0	0.946 059 6
k	6	7	8	9	10
T_{2^k}	0.946 0769	0.946 081 5	0.946 082 7	0.946 083 0	0.946 083 1

复化梯形法计算积分 I 要达到 7 位有效数字的精度需要二分区间 10 次，即需要分点 1025 个，计算量很大。

(4) 用龙贝格算法计算：利用公式

$$S_n = \tilde{T}_n = \frac{4T_{2n} - T_n}{4-1},\ C_n = \tilde{S}_n = \frac{4^2 S_{2n} - S_n}{4^2-1},\ R_n = \frac{4^3 C_{2n} - C_n}{4^3-1}$$

计算结果见表 4.3：

表 4.3 用龙贝格算法计算的结果

k	T_{2^k}	$S_{2^{k-1}}$	$C_{2^{k-2}}$	$R_{2^{k-3}}$
0	0.920 735 5			
1	0.939 793 3	0.946 145 9		
2	0.944 515 3	0.946 086 9	0.946 083 0	
3	0.945 690 9	0.946 083 3	0.946 083 1	0.946 083 1

利用 3 次二分的梯形数据(它们的精度都很差，只有两三位有效数字)，通过 3 次加速求得 R_1=0.946 083 1，具有 7 位有效数字。加速效果十分显著，但计算量比梯形法的递推公式小得多。

例 4.11 简述复化梯形法的求积思想，写出复化梯形求积公式。已知 $f(x)=\dfrac{1}{\ln x}$的一组值如表 4.4 所示，用复化梯形公式计算积分 $\displaystyle\int_2^{3.2} \frac{1}{\ln x}\mathrm{d}x$。

表 4.4 $f(x)=\dfrac{1}{\ln x}$的一组值

x_k	2.0	2.2	2.4	2.6	2.8	3.0	3.2
$f(x_k)$	1.44	1.27	1.14	1.05	0.97	0.91	0.86

解： 将积分区间$[a, b]$分为 n 个等长 $h=\dfrac{b-a}{n}$的小区间，每个小区间上利用梯形公式

计算积分的近似值，再对这些近似值求和，即得到复化梯形求积公式：

$$\int_a^b f(x)\mathrm{d}x \approx \sum_{i=0}^{n-1} \frac{h}{2}[f(x_i)+f(x_{i+1})] = \frac{h}{2}[f(a)+2\sum_{i=1}^{n-1} f(x_i)+f(b)] \quad (h=\frac{b-a}{n})$$

$$\int_2^{3.2} \frac{1}{\ln x}\mathrm{d}x \approx \frac{0.2}{2}[1.44+2(1.27+1.14+1.05+0.97+0.91)+0.86] = 1.298$$

代入 $f(x)=x^4$，x^5，上式准确相等，而代入 $f(x)=x^6$，上式不相等，故该求积公式具有 5 次代数精度。

例 4.12　已知函数 $f(x)=\ln x$ 在区间[1，2]上 9 个等分节点的函数值如表 4.5 所示，用龙贝格积分法计算 $\int_1^2 \ln x\mathrm{d}x$ 的近似值，要求列表计算出第一个龙贝格积分，每步计算结果保留到小数点后 3 位。

表 4.5　$f(x)=\ln x$ **在区间[1，2]上 9 个等分节点的函数值**

x_i	1	1.125	1.25	1.375	1.5	1.625	1.75	1.875	2
$f(x_i)$	0	0.118	0.223	0.319	0.406	0.486	0.56	0.629	0.693

解： 由于

$$T_{2^0} = \frac{1}{2}[f(0)+f(1)] = 0.347$$

$$T_{2^1} = \frac{1}{2}T_{2^0} + \frac{1}{2}f(1.5) = 0.377$$

$$T_{2^2} = \frac{1}{2}T_{2^1} + \frac{1}{2^2}[f(1.25)+f(1.75)] = 0.384$$

$$T_{2^3} = \frac{1}{2}T_{2^2} + \frac{1}{2^3}[f(1.125)+f(1.375)+f(1.625)+f(1.875)] = 0.386$$

列表计算如表 4.6 所示，故 $\int_1^2 \ln x\mathrm{d}x \approx 0.387$。

表 4.6　计 算 结 果

k	T	S	C	R
0	0.347			
1	0.377	0.387		
2	0.384	0.386	0.386	
3	0.386	0.387	0.387	0.387

例 4.13　从地面发射一枚火箭，在最初 80 s 内记录其加速度，如表 4.7 所示，已知火

箭速度 $v(t)=\int_0^t a(s)\mathrm{d}s$，用复化辛普森公式近似计算火箭在第 80 s 时的速度。

表 4.7　80 s 内火箭的加速度

t/s	0	10	20	30	40	50	60	70	80
$a/(\mathrm{m/s^2})$	30	31	33	35	37	40	43	46	50

解：由速度 $v(t)$ 和加速度 $a(t)$ 之间的关系，可知 $v(t)=v(0)+\int_0^t a(t)\mathrm{d}t$，则有

$$v(80)=v(0)+\int_0^{80} a(t)\mathrm{d}t$$

应用复化辛普森公式计算，已知区间长为 80，共 9 个节点，故 $n=4$，$h=80/4=20$。由于火箭从地面向上发射，$v(0)=0$，因此有

$$\begin{aligned}v(80)&=\int_0^{80} a(t)\mathrm{d}t\\&\approx\frac{20}{6}[30.00+4\times(31.63+35.47+40.33+46.69)\\&\quad+2\times(33.44+37.75+43.29)+50.67]\\&=3087.033\,33\end{aligned}$$

即火箭在第 80 s 时的速度约为 3087.033 33 m/s。

例 4.14　若用复合梯形公式计算积分 $I=\int_0^1 6\mathrm{e}^x\mathrm{d}x$，问区间[0，1]至少应分多少等份才能使截断误差不超过 $\frac{1}{2}\times10^{-4}$（取 $\sqrt{\mathrm{e}}\approx1.6487$）

解：设 $f(x)=6\mathrm{e}^x$，则 $f''(x)=6\mathrm{e}^x$，$b-a=1$，故复合梯形公式的积分余项为

$$|R_{\mathrm{T}}(f)|=\left|-\frac{h^2(b-a)}{12}f''(\xi)\right|\leqslant\frac{1}{2}\left(\frac{1}{n}\right)^2\mathrm{e}\leqslant\frac{1}{2}\times10^{-4}$$

即 $n^2\geqslant\mathrm{e}\times10^4$，解得 $n\geqslant164.87$，故取 $n=165$，即用复合梯形公式计算积分，应该将区间[0，1]至少分为 165 等份才能使截断误差不超过 $\frac{1}{2}\times10^{-4}$。

例 4.15　对积分 $\int_0^1 f(x)\mathrm{d}x$，确定高斯型求积公式 $\int_0^1 f(x)\mathrm{d}x\approx Af(x_0)$ 的节点 x_0 及系数 A，并用所构造公式计算 $\int_0^1\sqrt{1+x^2}\,\mathrm{d}x$ 的近似值。

解：高斯型求积公式为

$$\int_0^1 f(x)\mathrm{d}x\approx Af(x_0)$$

$n=0$ 时为一个节点，代数精度是 $2n+1=1$。

将 $f(x)=1$、x 分别代入求积公式两端并令其相等，得

$$\begin{cases}\int_0^1 1\mathrm{d}x = A\\ \int_0^1 x\mathrm{d}x = Ax_0\end{cases}$$

解得 $A=1$，$x_0=\frac{1}{2}$。故高斯型求积公式 $\int_0^1 f(x)\mathrm{d}x \approx f\left(\frac{1}{2}\right)$，且具有 1 次代数精度。

$$\int_0^1 \sqrt{1+x^2}\,\mathrm{d}x \approx \sqrt{1+x^2}\,\Big|_{x=\frac{1}{2}} = \frac{\sqrt{5}}{2} \approx 1.118$$

例 4.16　构造公式 $\int_{-1}^1 \frac{1}{\sqrt{1-x^2}} f(x)\mathrm{d}x \approx A_0 f(x_0) + A_1 f(x_1)$，使其具有 3 次代数精度。

解： 根据题意，两个节点的求积公式具有 3 次代数精度，故只需构造带权 $\frac{1}{\sqrt{1-x^2}}$ 的高斯型求积公式即可。因此，取二次切比雪夫多项式 $T_2(x)=2x^2-1$ 的零点作为高斯点，即高斯点为 $x_0=\frac{\sqrt{2}}{2}$，$x_1=-\frac{\sqrt{2}}{2}$，从而

$$\int_{-1}^1 \frac{1}{\sqrt{1-x^2}} f(x)\mathrm{d}x \approx A_0 f\left(\frac{\sqrt{2}}{2}\right) + A_1 f\left(-\frac{\sqrt{2}}{2}\right)$$

令公式对 $f(x)=1$，x 准确成立，可得

$$\begin{cases}\pi = A_0 + A_1\\ 0 = A_0\left(\frac{\sqrt{2}}{2}\right) + A_1\left(-\frac{\sqrt{2}}{2}\right)\end{cases}$$

解得 $A_0=A_1=\frac{\pi}{2}$，则

$$\int_{-1}^1 \frac{1}{\sqrt{1-x^2}} f(x)\mathrm{d}x \approx \frac{\pi}{2} f\left(\frac{\sqrt{2}}{2}\right) + \frac{\pi}{2} f\left(-\frac{\sqrt{2}}{2}\right)$$

4.4　习题解答

1. 确定下列求积公式中的待定参数，使其代数精度尽可能高，并指明所构造出的求积公式具有的代数精度。

(1) $\int_{-h}^{h} f(x)\mathrm{d}x \approx Af(-h) + Bf(0) + Cf(h)$；

(2) $\int_{-2h}^{2h} f(x)\mathrm{d}x \approx Af(-h) + Bf(0) + Cf(h)$；

(3) $\int_{-1}^{1} f(x)\mathrm{d}x \approx \dfrac{f(-1)+2f(x_1)+3f(x_2)}{3}$;

(4) $\int_{0}^{h} f(x)\mathrm{d}x \approx h[f(0)+f(h)]/2+ah^2[f'(0)-f'(h)]$。

解：(1) 分别取 $f(x)=1$、x、x^2，代入公式两端并令其相等，得

$$\begin{cases} A+B+C=\int_{-h}^{h}1\mathrm{d}x=2h \\ A(-h)+B\cdot 0+Ch=\int_{-h}^{h}x\mathrm{d}x=0 \\ A(-h)^2+B\cdot 0^2+Ch^2=\int_{-h}^{h}x^2\mathrm{d}x=\dfrac{2}{3}h^3 \end{cases}，解得\begin{cases} A=\dfrac{1}{3}h \\ B=\dfrac{4}{3}h \\ C=\dfrac{1}{3}h \end{cases}$$

故求积公式为 $\int_{-h}^{h} f(x)\mathrm{d}x \approx \dfrac{h}{3}f(-h)+\dfrac{4h}{3}f(0)+\dfrac{h}{3}f(h)$，代数精度至少为 2 次。

当 $f(x)=x^3$ 时，该求积公式左边 $=$ 右边 $=0$；

当 $f(x)=x^4$ 时，该求积公式左边 $=\int_{-h}^{h}x^4\mathrm{d}x=\dfrac{2}{5}h^5$，右边 $=\dfrac{2}{3}h^5$。

因此，该求积公式具有 3 次代数精度。

(2) 分别取 $f(x)=1$、x、x^2，代入公式两端并令其相等，得

$$\begin{cases} A+B+C=\int_{-2h}^{2h}1\mathrm{d}x=4h \\ A(-h)+B\cdot 0+Ch=\int_{-2h}^{2h}x\mathrm{d}x=0 \\ A(-h)^2+B\cdot 0^2+Ch^2=\int_{-2h}^{2h}x^2\mathrm{d}x=\dfrac{16}{3}h^3 \end{cases}，解得\begin{cases} A=\dfrac{8}{3}h \\ B=-\dfrac{4}{3}h \\ C=\dfrac{8}{3}h \end{cases}$$

故求积公式为 $\int_{-2h}^{2h} f(x)\mathrm{d}x \approx \dfrac{8h}{3}f(-h)-\dfrac{4h}{3}f(0)+\dfrac{8h}{3}f(h)$。

当 $f(x)=x^3$ 时，该求积公式左边 $=$ 右边 $=0$；

当 $f(x)=x^4$ 时，该求积公式左边 $=\int_{-2h}^{2h}x^4\mathrm{d}x=\dfrac{64}{5}h^5$，右边 $=\dfrac{16}{3}h^5$。

因此，该求积公式具有 3 次代数精度。

(3) 分别取 $f(x)=x$、x^2，代入公式两端并令其相等，得

$$\begin{cases} \dfrac{-1+2x_1+3x_2}{3}=\int_{-1}^{1}x\mathrm{d}x=0 \\ \dfrac{(-1)^2+2x_1^2+3x_2^2}{3}=\int_{-1}^{1}x^2\mathrm{d}x=\dfrac{2}{3} \end{cases}，\quad 即\begin{cases} 2x_1+3x_2=1 \\ 2x_1^2+3x_2^2=1 \end{cases}$$

解得
$$\begin{cases} x_1=\dfrac{1\pm 2\sqrt{6}}{5} \\ x_2=\dfrac{3\mp 2\sqrt{6}}{15} \end{cases}$$

即
$$\begin{cases} x_1=-0.289\,897\,9 \\ x_2=0.526\,598\,6 \end{cases} \quad 或 \quad \begin{cases} x_1=0.689\,897\,9 \\ x_2=-0.126\,598\,6 \end{cases}$$

故求积公式为
$$\int_{-1}^{1} f(x)\mathrm{d}x \approx \frac{1}{3}[f(-1)+2f(-0.289\,897\,9)+3f(0.526\,598\,6)]$$

或
$$\int_{-1}^{1} f(x)\mathrm{d}x \approx \frac{1}{3}[f(-1)+2f(0.689\,897\,9)+3f(-0.126\,598\,6)]$$

当 $f(x)=x^3$ 时，该求积公式等号不成立，所以该求积公式具有 2 次代数精度。

(4) 分别取 $f(x)=1$、x、x^2，代入公式两端并令其相等，得
$$\frac{h(0+h^2)}{2}+ah^2(-2h) = \frac{1}{3}h^3$$

解得 $a=\dfrac{1}{12}$，故求积公式为
$$\int_{0}^{h} f(x)\mathrm{d}x \approx h\,\frac{f(0)+f(h)}{2}+\frac{1}{12}h^2[f'(0)-f'(h)]$$

当 $f(x)=x^3$ 时，$\dfrac{h(0+h^3)}{2}+\dfrac{1}{12}ah^2(-3h^2)=\dfrac{1}{4}h^4$；

当 $f(x)=x^4$ 时，$\dfrac{h(0+h^4)}{2}+\dfrac{1}{12}ah^2(-4h^3)=\dfrac{1}{6}h^5\neq\dfrac{1}{5}h^5$。

所以，该求积公式具有 3 次代数精度。

2. 如果 $f''(x)>0$，证明用梯形公式计算积分 $I=\int_a^b f(x)\mathrm{d}x$ 所得的结果比准确值 I 大，并说明其几何意义。

证明：由 $E_T(f)=-\dfrac{h^2(b-a)}{12}f''(\xi)$，$\xi\in(a, b)$，$f''(x)>0$ 知，$E_T(f)<0$，$I=T+E_T(f)<T$，即 $T>I$，说明用梯形公式计算积分所得的结果比准确值大。

几何意义：$f''(x)>0$，故函数 $f(x)$ 是下凸的，对应的以两端点函数值作为上、下底的梯形面积比曲边梯形的面积大(如图 4－1 所示)。

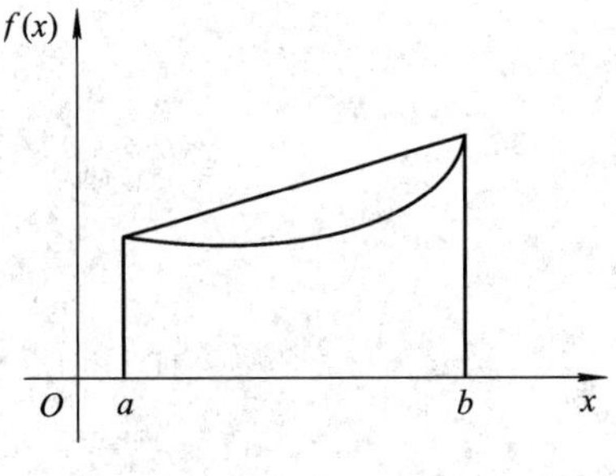

图 4－1　习题 2 用图

3. 用梯形公式、辛普森公式和柯特斯公式计算定积分 $\int_{0.5}^{1} \sqrt{x}\,dx$，并与真值进行比较。

解：用梯形公式求解：

$$\int_{0.5}^{1} \sqrt{x}\,dx \approx \frac{1-0.5}{2}(\sqrt{1}+\sqrt{0.5}) = \frac{2+\sqrt{2}}{8} \approx 0.426\,776\,7$$

用辛普森公式求解：

$$\int_{0.5}^{1} \sqrt{x}\,dx \approx \frac{1-0.5}{6}(\sqrt{1}+4\sqrt{0.75}+\sqrt{0.5}) = \frac{6+\sqrt{2}}{24} \approx 0.430\,934\,03$$

用柯特斯公式求解：

$$\int_{0.5}^{1} \sqrt{x}\,dx \approx \frac{1-0.5}{90}(7\times\sqrt{0.5}+32\times\sqrt{0.625}+12\times\sqrt{0.75}+32\times\sqrt{0.875}+7\times\sqrt{1})$$
$$\approx 0.430\,964\,07$$

其真值为

$$\int_{0.5}^{1} \sqrt{x}\,dx = \frac{2}{3}x^{\frac{3}{2}}\Big|_{0.5}^{1} = \frac{4-\sqrt{2}}{6} = 0.430\,964\,333\,33\cdots$$

比较发现，用梯形公式求解所得的结果有 1 位有效数字，用辛普森公式求解所得的结果有 4 位有效数字，用柯特斯公式求解所得的结果有 6 位有效数字。

4. 分别用复化梯形公式和复化辛普森公式计算下列积分：

(1) $\int_{0}^{1} \frac{x}{4+x^2}\,dx$，积分区间 8 等分；

(2) $\int_{1}^{9} \sqrt{x}\,dx$，积分区间 4 等分；

(3) $\int_{0}^{\pi/6} \sqrt{4-\sin^2 x}\,dx$，积分区间 6 等分。

解：(1) 用复化梯形公式求解：

$$h=\frac{1}{8},\ f(x)=\frac{x}{4+x^2},\ x_k=\frac{1}{8}k$$

$$\begin{aligned}
T_8 &= \frac{h}{2}\left[f(0)+2\sum_{k=1}^{7}f(x_k)+f(1)\right] \\
&= \frac{1}{16}\left[0+2\sum_{k=1}^{7}\frac{\frac{k}{8}}{4+\left(\frac{k}{8}\right)^2}+\frac{1}{5}\right] \\
&= \frac{1}{16}\left(0+2\sum_{k=1}^{7}\frac{8k}{256+k^2}+\frac{1}{5}\right) \\
&= \frac{1}{16}\left[0+2\left(\frac{8}{257}+\frac{4}{65}+\frac{24}{265}+\frac{2}{17}+\frac{40}{281}+\frac{12}{73}+\frac{56}{305}\right)+\frac{1}{5}\right] \\
&\approx 0.111\,402\,354
\end{aligned}$$

用复化辛普森公式求解：

$$h=\frac{1}{8},\ f(x)=\frac{x}{4+x^2},\ x_k=\frac{1}{8}k,\ x_{k+\frac{1}{2}}=\frac{1}{8}k+\frac{1}{16}$$

$$S_8=\frac{h}{6}\left[f(0)+4\sum_{k=0}^{7}f(x_{k+\frac{1}{2}})+2\sum_{k=1}^{7}f(x_k)+f(1)\right]$$

$$=\frac{1}{48}\left[0+4\sum_{k=0}^{7}\frac{\frac{2k+1}{16}}{4+\left(\frac{2k+1}{16}\right)^2}+2\sum_{k=1}^{7}\frac{\frac{k}{8}}{4+\left(\frac{k}{8}\right)^2}+\frac{1}{5}\right]$$

$$=\frac{1}{48}\left[0+4\sum_{k=0}^{7}\frac{16(2k+1)}{1024+(2k+1)^2}+2\sum_{k=1}^{7}\frac{8k}{256+k^2}+\frac{1}{5}\right]$$

$$\approx 0.111\ 571\ 8$$

精确值为 $\int_0^1 \frac{x}{4+x^2}\mathrm{d}x=\frac{1}{2}\ln(4+x^2)\Big|_0^1=\frac{1}{2}\ln\frac{5}{4}\approx 0.111\ 57$。

（2）用复化梯形公式求解：

$$h=2,\ f(x)=\sqrt{x},\ x_k=1+2k$$

$$T_4=\frac{h}{2}\left[f(1)+2\sum_{k=1}^{3}f(x_k)+f(9)\right]=17.227\ 74$$

用复化辛普森公式求解：

$$h=2,\ f(x)=\sqrt{x},\ x_k=1+2k,\ x_{k+\frac{1}{2}}=2+2k$$

$$S_4=\frac{h}{6}\left[f(1)+4\sum_{k=0}^{3}f(x_{k+\frac{1}{2}})+2\sum_{k=1}^{3}f(x_k)+f(9)\right]=17.332\ 087\ 3$$

精确值为 $\int_1^9\sqrt{x}\,\mathrm{d}x=\frac{2}{3}x^{\frac{3}{2}}\ |_1^9=\frac{2}{3}(27-1)=\frac{52}{3}=17.333\ 333\cdots$。

（3）用复化梯形公式求解：

$$h=\frac{\pi}{36},\ f(x)=\sqrt{4-\sin^2 x},\ x_k=\frac{\pi}{36}k$$

$$T_6=\frac{h}{2}\left[f(0)+2\sum_{k=1}^{5}f(x_k)+f\left(\frac{\pi}{6}\right)\right]=1.035\ 684\ 1$$

用复化辛普森公式求解：

$$h=\frac{\pi}{36},\ f(x)=\sqrt{4-\sin^2 x},\ x_k=\frac{\pi}{36}k,\ x_{k+\frac{1}{2}}=\frac{\pi}{36}k+\frac{\pi}{72}$$

$$S_6=\frac{h}{6}\left[f(0)+4\sum_{k=0}^{5}f(x_{k+\frac{1}{2}})+2\sum_{k=1}^{5}f(x_k)+f\left(\frac{\pi}{6}\right)\right]=1.035\ 763\ 9$$

5. 若用复化梯形公式计算积分 $I=\int_0^1 \mathrm{e}^x\mathrm{d}x$，问区间[0，1]应分多少等份才能使截断误差不超过$\frac{1}{2}\times10^{-5}$？若用复化辛普森公式，要达到同样的精度，区间[0，1]应分为多少等份？

解： 令 $f(x)=\mathrm{e}^x$，则在区间[0，1]上 $f(x)$是单调增函数。设将区间 n 等分，则 $h=\frac{1}{n}$。

对于复化梯形公式，有

$$E_{T_n}(f)=-\frac{h^2}{12}(b-a)f''(\xi)=-\frac{1}{12}\frac{1}{n^2}(1-0)\mathrm{e}^{\xi},\ \xi\in(0,1)$$

要求

$$|E_{T_n}(f)|=\frac{1}{12}\frac{1}{n^2}\mathrm{e}^{\xi}\leqslant\frac{\mathrm{e}}{12n^2}<\frac{1}{2}\times10^{-5}$$

整理得 $n^2\geqslant\frac{\mathrm{e}}{6}\times10^5$，从而 $n\geqslant212.85$，故取 $n=213$，即区间[0，1]应分为 213 等份，才能保证用复化梯形公式计算出的截断误差不超过$\frac{1}{2}\times10^{-5}$。

对于复化辛普森公式，有

$$E_{S_n}(f)=-\frac{h^4}{180\times2^4}(b-a)f^{(4)}(\xi)=-\frac{1}{180\times2^4}\cdot\frac{1}{n^4}\mathrm{e}^{\xi},\ \xi\in(0,1)$$

要求

$$|E_{S_n}(f)|\leqslant\frac{1}{180\times2^4}\cdot\frac{1}{n^4}\mathrm{e}\leqslant\frac{1}{2}\times10^{-5}$$

整理得 $n^4\geqslant\frac{\mathrm{e}}{1440}\times10^5$，从而 $n\geqslant3.7066$，故取 $n=4$，即区间[0，1]应分为 4 等份，才能保证用复化辛普森公式计算出的截断误差不超过$\frac{1}{2}\times10^{-5}$。

6. 用复化梯形法逐次二分三次计算定积分 $I=\int_0^1\frac{2}{1+x^2}\mathrm{d}x$ 的近似值，要求写出计算过程(如果计算结果用小数表示，则小数点后面保留 4 位有效数字)。

解： 设 $f(x)=\frac{2}{1+x^2}$，则

$$T_1=\frac{1}{2}[f(0)+f(1)]=1.5$$

$$T_2=\frac{1}{2}T_1+\frac{1}{2}f(0.5)=1.55$$

$$T_4=\frac{1}{2}T_2+\frac{1}{4}[f(0.25)+f(0.75)]=1.5656$$

$$T_8=\frac{1}{2}T_4+\frac{1}{8}[f(0.125)+f(0.375)+f(0.625)+f(0.875)]=1.5695$$

因为$|T_8-T_4|\leqslant\frac{1}{2}\times10^{-2}$，故 $I=1.5695$。

精确值为 $$I=\int_0^1 \frac{2}{1+x^2}\mathrm{d}x = 2\arctan x\big|_0^0 = \frac{\pi}{2} \approx 1.5708$$

7. 用龙贝格算法计算下列积分，使误差不超过10^{-5}：

(1) $\frac{2}{\sqrt{\pi}}\int_0^1 \mathrm{e}^{-x}\mathrm{d}x$；

(2) $\int_0^{2\pi} x\sin x\mathrm{d}x$；

(3) $\int_0^3 x\sqrt{1+x^2}\mathrm{d}x$。

解：(1) 计算结果如表 4.8 所示。

表 4.8　习题 7(1)的计算结果

k	$T_0^{(k)}$	$T_1^{(k)}$	$T_2^{(k)}$	$T_3^{(k)}$
0	0.771 743 3			
1	0.728 069 9	0.713 512 1		
2	0.716 982 8	0.713 287 0	0.713 272 0	
3	0.714 200 2	0.713 272 6	0.713 271 7	0.713 271 7

所以 $\frac{2}{\sqrt{\pi}}\int_0^1 \mathrm{e}^{-x}\mathrm{d}x \approx 0.713\,271\,7$。

(2) 计算结果如表 4.9 所示。

表 4.9　习题 7(2)的计算结果

k	$T_0^{(k)}$	$T_1^{(k)}$
0	$3.451\,313\,2\times10^{-6}$	
1	$8.628\,283\,0\times10^{-7}$	$-4.446\,923\,0\times10^{-21}$

所以 $\int_0^{2\pi} x\sin x\mathrm{d}x \approx -4.446\,923\,0\times10^{-21}\approx 0$。

(3) 计算结果如表 4.10 所示。

表 4.10　习题 7(3)的计算结果

k	$T_0^{(k)}$	$T_1^{(k)}$	$T_2^{(k)}$	$T_3^{(k)}$	$T_4^{(k)}$	$T_5^{(k)}$
0	14.230 249 5					
1	11.171 369 9	10.151 743 4				
2	10.443 796 8	10.201 272 5	10.204 574 4			
3	10.266 367 2	10.207 224 0	10.207 620 7	10.207 669 1		
4	10.222 270 2	10.207 571 2	10.207 594 3	10.207 593 9	10.207 593 6	
5	10.211 260 7	10.207 590 9	10.207 592 2	10.207 592 2	10.207 592 2	10.207 592 2

所以$\int_0^3 x\sqrt{1+x^2}\,\mathrm{d}x \approx 10.2075922$。

8. 确定A、B及C的值，使得公式

$$\int_0^2 xf(x)\mathrm{d}x \approx Af(0)+Bf(1)+Cf(2)$$

对于所有次数尽可能高的多项式是准确成立的，试问最大次数是多少？

解：分别取$f(x)=1$、x、x^2，代入公式两端并令其相等，得

$$\begin{cases} A+B+C=\int_0^2 x\cdot 1\mathrm{d}x=2 \\ A\cdot 0+B\cdot 1+C\cdot 2=\int_0^2 x\cdot x\mathrm{d}x=\dfrac{8}{3} \\ A\cdot 0^2+B\cdot 1^2+C\cdot 2^2=\int_0^2 x\cdot x^2\mathrm{d}x=4 \end{cases}，解得\begin{cases} A=0 \\ B=\dfrac{4}{3} \\ C=\dfrac{2}{3} \end{cases}$$

故求积公式为

$$\int_0^2 xf(x)\mathrm{d}x \approx \frac{4}{3}f(1)+\frac{2}{3}f(2)$$

当$f(x)=x^3$时，该求积公式左边$=\dfrac{2^5}{5}$，右边$=\dfrac{20}{3}$，所以该求积公式具有2次代数精度。

9. 确定高斯型求积公式$\int_0^1\sqrt{x}f(x)\mathrm{d}x \approx A_0f(x_0)+A_1f(x_1)$的节点$x_0$、$x_1$及系数$A_0$、$A_1$，使其具有3次代数精度。

解：因两点高斯型求积公式具有3次代数精度，故取$f(x)=1$、x、x^2、x^3，代入求积公式，得

$$\begin{cases} A_0+A_1=\int_0^1\sqrt{x}\,\mathrm{d}x=\dfrac{2}{3} \\ A_0x_0+A_1x_1=\int_0^1\sqrt{x}x\,\mathrm{d}x=\dfrac{2}{5} \\ A_0x_0^2+A_1x_1^2=\int_0^1\sqrt{x}x^2\,\mathrm{d}x=\dfrac{2}{7} \\ A_0x_0^3+A_1x_1^3=\int_0^1\sqrt{x}x^3\,\mathrm{d}x=\dfrac{2}{9} \end{cases} \tag{4.1}$$

设$\varphi(x)=(x-x_0)(x-x_1)=x^2+ax+b$，则求$x_0$、$x_1$的问题转化为求$a$、$b$，其中$a=-(x_0+x_1)$，$b=x_0x_1$。注意到$\varphi(x_0)=\varphi(x_1)=0$，则有

$$\begin{aligned} A_0\varphi(x_0)+A_1\varphi(x_1) &= (A_0x_0^2+A_1x_1^2)+a(A_0x_0+A_1x_1)+b(A_0+A_1) \\ &= \frac{2}{7}+\frac{2}{5}a+\frac{2}{3}b=0 \end{aligned}$$

$$A_0x_0\varphi(x_0)+A_1x_1\varphi(x_1)=(A_0x_0^3+A_1x_1^3)+a(A_0x_0^2+A_1x_1^2)+b(A_0x_0+A_1x_1)$$

$$= \frac{2}{9} + \frac{2}{7}a + \frac{2}{5}b = 0$$

解得 $a = -\frac{10}{9}$，$b = \frac{5}{21}$，即

$$\begin{cases} x_0 + x_1 = \frac{10}{9} \\ x_0 x_1 = \frac{5}{21} \end{cases} \Rightarrow \begin{cases} x_0 \approx 0.289\ 949\ 2 \\ x_1 \approx 0.821\ 161\ 9 \end{cases}$$

将其代入式(4.1)的前两个式子，解得$\begin{cases} A_0 \approx 0.277\ 556\ 1 \\ A_1 \approx 0.389\ 101\ 7 \end{cases}$。

10. 分别取 $n=0$、1、2、3，用高斯-勒让德公式近似计算积分 $\int_1^3 e^x \sin x dx$，并与真值进行比较。

解： 作变换 $x = 2 + t$，$t \in [-1, 1]$。

$n=0$ 时，利用 $\int_{-1}^1 f(x)dx \approx 2f(0)$，得到

$$I = \int_1^3 e^x \sin x dx = \int_{-1}^1 e^{2+t} \sin(2+t) dt \approx 2e^2 \sin 2 \approx 13.437\ 866\ 7$$

$n=1$ 时，利用 $\int_{-1}^1 f(x)dx \approx f\left(-\frac{1}{\sqrt{3}}\right) + f\left(\frac{1}{\sqrt{3}}\right)$，得到

$$I = \int_1^3 e^x \sin x dx = \int_{-1}^1 e^{2+t} \sin(2+t) dt$$

$$\approx e^{2-\frac{1}{\sqrt{3}}} \sin\left(2 - \frac{1}{\sqrt{3}}\right) + e^{2+\frac{1}{\sqrt{3}}} \sin\left(2 + \frac{1}{\sqrt{3}}\right) \approx 11.141\ 494\ 6$$

$n=2$ 时，利用 $\int_{-1}^1 f(x)dx \approx \frac{5}{9}f\left(-\sqrt{\frac{3}{5}}\right) + \frac{8}{9}f(0) + \frac{5}{9}f\left(\sqrt{\frac{3}{5}}\right)$，得到

$$I = \int_1^3 e^x \sin x dx = \int_{-1}^1 e^{2+t} \sin(2+t) dt$$

$$\approx \frac{5}{9} e^{2-\sqrt{\frac{3}{5}}} \sin\left(2 - \sqrt{\frac{3}{5}}\right) + \frac{8}{9} e^2 \sin 2 + \frac{5}{9} e^{2+\sqrt{\frac{3}{5}}} \sin\left(2 + \sqrt{\frac{3}{5}}\right)$$

$$\approx 10.948\ 402\ 6$$

$n=3$ 时，高斯点为 $\pm 0.861\ 136\ 8$，$\pm 0.339\ 981\ 0$；高斯系数为 0.347 855，0.652 145。则有

$$\int_1^3 e^x \sin x dx \approx 0.347\ 855[e^{2-0.861\ 136\ 8} \sin(2 - 0.861\ 136\ 8) + e^{2+0.861\ 136\ 8} \sin(2 + 0.861\ 136\ 8)]$$

$$+ 0.652\ 145[e^{2-0.339\ 981\ 0} \sin(2 - 0.339\ 981\ 0) + e^{2+0.339\ 981\ 0} \sin(2 + 0.339\ 981\ 0)]$$

$$\approx 10.950\ 140\ 1$$

真值为 $\int_1^3 e^x \sin x dx = 10.950\ 146$。

11. 用下列方法计算积分 $\int_1^3 \frac{dy}{y}$，并比较结果：

(1) 龙贝格方法；

(2) 三点及五点高斯公式。

解：(1) 计算结果如表 4.11 所示。

表 4.11　习题 11(1)的计算结果

k	$T_0^{(k)}$	$T_1^{(k)}$	$T_2^{(k)}$	$T_3^{(k)}$	$T_4^{(k)}$
0	1.333 333 3				
1	1.166 666 7	1.111 111 1			
2	1.116 666 7	1.100 000 0	1.099 259 3		
3	1.103 210 7	1.098 725 3	1.098 640 3	1.098 630 5	
4	1.099 767 7	1.098 620 0	1.098 613 0	1.098 612 6	1.098 612 5

所以 $I = \int_1^3 \frac{dy}{y} \approx 1.098\ 612\ 5$。

(2) 积分区间是[1, 3]，要使用高斯公式，需先变换到[−1, 1]。令 $y=t+2$，则三点高斯公式为

$$\begin{aligned}\int_1^3 \frac{dy}{y} &= \int_{-1}^1 \frac{dt}{t+2} \\ &\approx 0.555\ 555\ 6 \times \left(\frac{1}{2-0.774\ 596\ 7} + \frac{1}{2+0.774\ 596\ 7}\right) + 0.888\ 888\ 9 \times \frac{1}{2+0} \\ &= 1.098\ 039\ 3\end{aligned}$$

五点高斯公式为

$$\begin{aligned}\int_1^3 \frac{dy}{y} &= \int_{-1}^1 \frac{dt}{t+2} \\ &\approx 0.236\ 926\ 9 \times \left(\frac{1}{2-0.906\ 179\ 8} + \frac{1}{2+0.906\ 179\ 8}\right) + \\ &\quad 0.478\ 628\ 9 \times \left(\frac{1}{2-0.538\ 469\ 3} + \frac{1}{2+0.538\ 469\ 3}\right) + 0.568\ 888\ 9 \times \frac{1}{2+0} \\ &= 1.098\ 609\ 3\end{aligned}$$

准确解为

$$\int_1^3 \frac{dy}{y} = \ln 3 = 1.098\ 612\ 289$$

12. 已知 $f(-1)=0.5$，$f(0)=1$，$f(1)=2$，构造一个至少有 2 次代数精度的数值微分公式，并求 $f'(0)$的近似值。

解：设数值微分公式为 $f'(0)\approx af(-1)+bf(0)+cf(1)$，为确定 a、b、c 的值，将 $f(x)=1$、x、x^2 分别代入数值微分公式，得方程组

$$\begin{cases}0=a+b+c\\1=-a+c\\0=a+c\end{cases}$$

解得
$$\begin{cases}a=-\dfrac{1}{2}\\b=0\\c=\dfrac{1}{2}\end{cases}$$

故数值微分公式为

$$f'(0)\approx-\frac{1}{2}f(-1)+\frac{1}{2}f(1)$$

当 $f(x)=x^3$ 时，该数值微分公式左边=0，右边=1，所以该数值微分公式具有 2 次代数精度，且

$$f'(0)\approx-\frac{1}{2}f(-1)+\frac{1}{2}f(1)=-\frac{1}{2}\times0.5+\frac{1}{2}\times2=0.75$$

13. 证明数值微分公式

$$f'(x_0)\approx\frac{1}{12h}[f(x_0-2h)-8f(x_0-h)+8f(x_0+h)-f(x_0+2h)]$$

对任意 4 次多项式准确成立，并求出微分公式的余项。

证明：将 $f(x)=1$、x、x^2、x^3、x^4 分别代入数值微分公式，令左边=右边，右边分别为 0、1、$2x_0$、$3x_0{}^2$、$4x_0^3$，即数值微分公式对任意 4 次多项式准确成立。

设 $x_i=x_0-2h$、x_0-h、x_0、x_0+h、x_0+2h，则 4 次插值多项式 $p(x)$满足

$$f(x)-p(x)=\frac{f^{(5)}(\xi)}{5!}\prod_{i=-2}^{2}(x-x_i)$$

令 $g(x)=\dfrac{f^{(5)}(\xi)}{5!}\prod\limits_{\substack{i=-2\\i\neq0}}^{2}(x-x_i)$，则

$$f(x)-p(x)=g(x)(x-x_0)$$

求导得

$$f'(x)-p'(x)=g'(x)(x-x_0)+g(x)$$

故
$$f'(x_0)-p'(x_0)=g(x_0)=\frac{f^{(5)}(\xi)}{5!}\prod_{\substack{i=-2\\i\neq0}}^{2}(x_0-x_i)=\frac{f^{(5)}(\xi)}{30}h^4 \tag{4.2}$$

由数值微分公式对 4 次多项式准确成立及插值条件，可得

$$p'(x_0) \approx \frac{1}{12h}[p(x_0-2h)-8p(x_0-h)+8p(x_0+h)-p(x_0+2h)]$$
$$=\frac{1}{12h}[f(x_0-2h)-8f(x_0-h)+8f(x_0+h)-f(x_0+2h)]$$

将上式代入式(4.2)可得微分公式的余项

$$R=f'(x_0)-\frac{1}{12h}[f(x_0-2h)-8f(x_0-h)+8f(x_0+h)-f(x_0+2h)]$$
$$=\frac{f^{(5)}(\xi)}{30}h^4$$

14. 设 $f(x)$ 在实数集 **R** 上二阶连续可导，构造计算 $f''(0)$ 的近似公式 $f''(0) \approx Af(-1)+Bf(0)+Cf'(1)$，使其代数精度尽可能高。

解：将 $f(x)=1$，x，x^2 分别代入 $f''(0) \approx Af(-1)+Bf(0)+Cf'(1)$ 两端并令其相等，得方程组

$$\begin{cases} 0=A+B \\ 0=-A+C \\ 2=A+2C \end{cases}$$

解得

$$\begin{cases} A=\dfrac{2}{3} \\ B=-\dfrac{2}{3} \\ C=\dfrac{2}{3} \end{cases}$$

故近似公式为

$$f''(0) \approx \frac{2}{3}f(-1)-\frac{2}{3}f(0)+\frac{2}{3}f'(1)$$

当 $f(x)=x^3$ 时，近似公式的左边 $=0$，右边 $=\frac{4}{3}$，所以该近似公式具有 2 次代数精度。

第 5 章　线性方程组的数值解法

5.1　主 要 结 论

考虑 n 元线性方程组的一般形式

$$\begin{cases} a_{11}x_1 + a_{12}x_2 + \cdots + a_{1n}x_n = b_1 \\ a_{21}x_1 + a_{22}x_2 + \cdots + a_{2n}x_n = b_1 \\ \cdots \\ a_{n1}x_1 + a_{n2}x_2 + \cdots + a_{nn}x_n = b_n \end{cases}$$

或写为

$$\boldsymbol{Ax} = \boldsymbol{b}$$

其中 $$\boldsymbol{A}=\begin{bmatrix} a_{11} & a_{12} & \cdots & a_{1n} \\ a_{21} & a_{22} & \cdots & a_{2n} \\ \vdots & \vdots & & \vdots \\ a_{n1} & a_{n2} & \cdots & a_{nn} \end{bmatrix},\ \boldsymbol{x}=\begin{bmatrix} x_1 \\ x_2 \\ \vdots \\ x_n \end{bmatrix},\ \boldsymbol{b}=\begin{bmatrix} b_1 \\ b_2 \\ \vdots \\ b_n \end{bmatrix}$$

$\boldsymbol{A}$ 为系数矩阵，$\boldsymbol{x}$ 为未知向量，$\boldsymbol{b}$ 为右端项。

1. 输入数据误差对解的影响

线性方程组求解时输入数据的误差对数值解的影响，即系数矩阵 $\boldsymbol{A}$ 和右端向量 $\boldsymbol{b}$ 的微小扰动对解的影响。

设 $\boldsymbol{A}$ 为非奇异矩阵，方程组 $\boldsymbol{Ax}=\boldsymbol{b}$ 的准确解为 $\boldsymbol{x}$。当 $\boldsymbol{A}$ 和 $\boldsymbol{b}$ 有小扰动 $\delta\boldsymbol{A}$、$\delta\boldsymbol{b}$ 时，方程组有准确解 $\boldsymbol{x}+\delta\boldsymbol{x}$，即

$$(\boldsymbol{A}+\delta\boldsymbol{A})(\boldsymbol{x}+\delta\boldsymbol{x})=\boldsymbol{b}+\delta\boldsymbol{b}$$

情形 1： 设 $\boldsymbol{b}$ 有扰动 $\delta\boldsymbol{b}$，而 $\boldsymbol{A}$ 无扰动，则有

$$\frac{\|\delta\boldsymbol{x}\|}{\|\boldsymbol{x}\|} \leqslant \|\boldsymbol{A}^{-1}\|\,\|\boldsymbol{A}\|\,\frac{\|\delta\boldsymbol{b}\|}{\|\boldsymbol{b}\|}$$

即当系数矩阵 $\boldsymbol{A}$ 无扰动而常数项 $\boldsymbol{b}$ 有扰动 $\delta\boldsymbol{b}$ 时，所引起解的相对误差不超过右端项 $\boldsymbol{b}$ 的相对误差的 $\|\boldsymbol{A}^{-1}\|\,\|\boldsymbol{A}\|$ 倍。

情形 2： 设 $\boldsymbol{A}$ 有扰动 $\delta\boldsymbol{A}$，而 $\boldsymbol{b}$ 无扰动，则有

$$\frac{\|\delta \boldsymbol{x}\|}{\|\boldsymbol{x}\|} \leqslant \frac{\|\boldsymbol{A}^{-1}\| \|\delta \boldsymbol{A}\|}{1-\|\boldsymbol{A}^{-1}\| \|\delta \boldsymbol{A}\|} \approx \|\boldsymbol{A}^{-1}\| \|\boldsymbol{A}\| \frac{\|\delta \boldsymbol{A}\|}{\|\boldsymbol{A}\|}$$

即当常数项 $\boldsymbol{b}$ 无扰动而 $\boldsymbol{A}$ 有扰动 $\delta\boldsymbol{A}$ 时，所引起解的相对误差不超过 $\boldsymbol{A}$ 的相对误差的 $\|\boldsymbol{A}\| \|\boldsymbol{A}^{-1}\|$ 倍。

情形 3：设 $\boldsymbol{A}$ 有扰动 $\delta\boldsymbol{A}$，$\boldsymbol{b}$ 有扰动 $\delta\boldsymbol{b}$，

$$\frac{\|\delta \boldsymbol{x}\|}{\|\boldsymbol{x}\|} \leqslant \|\boldsymbol{A}\| \|\boldsymbol{A}^{-1}\| \left(\frac{\|\delta \boldsymbol{b}\|}{\|\boldsymbol{b}\|}+\frac{\|\delta \boldsymbol{A}\|}{\|\boldsymbol{A}\|}\right)$$

即当常数项 $\boldsymbol{b}$ 有扰动 $\delta\boldsymbol{b}$ 且 $\boldsymbol{A}$ 有扰动 $\delta\boldsymbol{A}$ 时，所引起解的相对误差不超过 $\boldsymbol{A}$ 的相对误差的 $\|\boldsymbol{A}\| \|\boldsymbol{A}^{-1}\|$ 倍。

2. 条件数

1）常用的条件数

(1) $\operatorname{cond}(\boldsymbol{A})_\infty = \|\boldsymbol{A}\|_\infty \|\boldsymbol{A}^{-1}\|_\infty$。

(2) $\operatorname{cond}(\boldsymbol{A})_2 = \|\boldsymbol{A}\|_2 \|\boldsymbol{A}^{-1}\|_2 = \sqrt{\dfrac{\lambda_{\max}(\boldsymbol{A}^{\mathrm{T}}\boldsymbol{A})}{\lambda_{\min}(\boldsymbol{A}^{\mathrm{T}}\boldsymbol{A})}}$。

特别地，当 $\boldsymbol{A}$ 为对称矩阵时

$$\operatorname{cond}(\boldsymbol{A})_2 = \frac{|\lambda_1|}{|\lambda_n|}$$

其中 λ_1、λ_n 为 $\boldsymbol{A}$ 的绝对值最大和绝对值最小的特征值。

2）条件数的重要性质

(1) 对任何非奇异矩阵 $\boldsymbol{A}$，都有 $\operatorname{cond}(\boldsymbol{A}) \geqslant 1$。

(2) $\operatorname{cond}(\boldsymbol{A}) = \operatorname{cond}(\boldsymbol{A}^{-1})$。

(3) 设 $\boldsymbol{A}$ 为非奇异矩阵且 $c \neq 0$(常数)，则 $\operatorname{cond}(c\boldsymbol{A}) = \operatorname{cond}(\boldsymbol{A})$。

(4) 如果 $\boldsymbol{A}$ 为正交矩阵，则 $\operatorname{cond}(\boldsymbol{A})_2 = 1$；如果 $\boldsymbol{A}$ 为非奇异矩阵，$\boldsymbol{R}$ 为正交矩阵，则

$$\operatorname{cond}(\boldsymbol{RA})_2 = \operatorname{cond}(\boldsymbol{AR})_2 = \operatorname{cond}(\boldsymbol{A})_2$$

(5) $\operatorname{cond}(\boldsymbol{AB}) \leqslant \operatorname{cond}(\boldsymbol{A})\operatorname{cond}(\boldsymbol{B})$。

3. 高斯消元法

定理 5.3.1 设 $\boldsymbol{Ax}=\boldsymbol{b}$，其中 $\boldsymbol{A} \in \mathbf{R}^{n\times n}$，如果 $a_{kk}^{(k)} \neq 0 (k=1, 2, \cdots, n)$，则可通过高斯(Gauss)消元法将 $\boldsymbol{Ax}=\boldsymbol{b}$ 约化为等价三角形方程组。

高斯消元法的计算复杂度如下：

乘除法次数为 $\dfrac{n^3}{3}+n^2-\dfrac{n}{3} \approx \dfrac{n^3}{3}$，加减法次数为 $\dfrac{n^3}{3}+\dfrac{n^2}{2}-\dfrac{5}{6}n \approx \dfrac{n^3}{3}$。

4. 矩阵直接三角分解(杜立特尔(Doolittle)分解)

定理 5.4.2(矩阵 $\boldsymbol{LU}$ 分解的存在唯一性) 对 n 阶矩阵 $\boldsymbol{A}$，如果它的各阶顺序主子式 $\boldsymbol{D}_i \neq 0 (i=1, 2, \cdots, n)$，则 $\boldsymbol{A}$ 可分解为一个单位下三角矩阵 $\boldsymbol{L}$ 和一个上三角矩阵 $\boldsymbol{U}$ 的乘

积，且这种分解是唯一的。

5. 对称及对称正定矩阵的分解

关于对称正定矩阵，有以下重要结论：

(1) 对称正定矩阵 $\boldsymbol{A}$ 的对角元素为正，即 $a_{ii}>0(i=1, 2, \cdots, n)$；

(2) 对称正定矩阵 $\boldsymbol{A}$ 非奇异，则其逆也是对称正定矩阵；

(3) 实对称矩阵 $\boldsymbol{A}$ 正定的充分必要条件是 $\boldsymbol{A}$ 的所有特征值为正；

(4) 实对称矩阵 $\boldsymbol{A}$ 正定的充分必要条件是 $\boldsymbol{A}$ 的所有顺序主子式为正；

(5) 正定矩阵的顺序主子阵是正定的。

如果 $\boldsymbol{A}$ 是 n 阶对称矩阵，且所有顺序主子式均不为零，则 $\boldsymbol{A}$ 存在唯一的三角分解，并且可以利用 $\boldsymbol{A}$ 的对称性进一步简化其三角分解的计算。

定理 5.4.3(对称阵的三角分解定理)　设 $\boldsymbol{A}$ 是 n 阶对称矩阵，且所有顺序主子式均不为零，则 $\boldsymbol{A}$ 可唯一分解为

$$\boldsymbol{A}=\boldsymbol{L}\boldsymbol{D}\boldsymbol{L}^{\mathrm{T}}$$

其中 $\boldsymbol{L}$ 为单位下三角矩阵，$\boldsymbol{D}$ 为对角矩阵。

定理 5.4.4(对称正定阵的三角分解，也称为 Cholesky 分解)　若 $\boldsymbol{A}$ 为 n 阶对称正定矩阵，则存在唯一的主对角线元素都是正数的下三角矩阵 $\boldsymbol{L}$，使得

$$\boldsymbol{A}=\boldsymbol{L}\boldsymbol{L}^{\mathrm{T}}$$

6. 追赶法

三对角线性方程组如下：

$$\begin{bmatrix} b_1 & c_1 & & & & \\ a_2 & b_2 & c_2 & & & \\ & a_3 & b_3 & c_3 & & \\ & & \ddots & \ddots & \ddots & \\ & & & a_{n-1} & b_{n-1} & c_{n-1} \\ & & & & a_n & b_n \end{bmatrix} \begin{bmatrix} x_1 \\ x_2 \\ x_3 \\ \vdots \\ x_{n-1} \\ x_n \end{bmatrix} = \begin{bmatrix} f_1 \\ f_2 \\ f_3 \\ \vdots \\ f_{n-1} \\ f_n \end{bmatrix}$$

定理 5.4.5　设 $\boldsymbol{A}$ 为 n 阶$(n\geqslant 2)$三对角矩阵，如果 $\boldsymbol{A}$ 的元素满足：

(1) $|b_1|>|c_1|>0$；

(2) $|b_i|\geqslant|a_i|+|c_i|(a_i、c_i\neq 0, i=2, 3, \cdots, n-1)$；

(3) $|b_n|>|a_n|>0$，

则三对角阵 $\boldsymbol{A}$ 可唯一分解为一个单位下二对角阵和一个上三角阵的乘积，即

$$\boldsymbol{A} = \begin{bmatrix} 1 & & & & \\ l_2 & 1 & & & \\ & l_3 & 1 & & \\ & & \ddots & \ddots & \\ & & & l_n & 1 \end{bmatrix} \begin{bmatrix} u_1 & c_1 & & & \\ & u_2 & c_2 & & \\ & & \ddots & \ddots & \\ & & & u_{n-1} & c_{n-1} \\ & & & & u_n \end{bmatrix}$$

其中

$$\begin{cases} u_1 = b_1 \\ l_i = \dfrac{a_i}{u_{i-1}} \\ u_i = b_i - l_i c_{i-1} \end{cases} \qquad (i = 2, 3, \cdots, n)$$

假设 $\boldsymbol{A}$ 满足定理 5.4.5 的三个条件，从而方程组 $\boldsymbol{Ax}=\boldsymbol{f}$ 的求解等价为解下述方程组：

$$\begin{cases} \boldsymbol{Ly} = \boldsymbol{f} \\ \boldsymbol{Ux} = \boldsymbol{y} \end{cases}$$

这就是解三对角线性方程组的追赶法。

定理 5.4.5 是充分性定理，条件是充分的不是完全必要的。矩阵三对角线上有零元素时，可对定理的三个条件进行修改，即

(1) $|b_1|>|c_1|>0$；

(2) $|b_i|>|a_i|+|c_i|$　　(a_i、$c_i\neq 0$，$i=2, 3, \cdots, n-1$)；

(3) $|b_n|>|a_n|>0$。

可以证明，系数矩阵是严格对角占优阵的三对角方程组时均可用追赶法对其进行求解。

7. 雅可比迭代法和高斯-赛德尔迭代法

1) 雅可比迭代法

雅可比(Jacobi)迭代的分量形式为

$$x_i^{(k+1)} = \frac{1}{a_{ii}}(b_i - \sum_{j=1, j\neq i}^{n} a_{ij} x_j^{(k)}) \qquad (i = 1, 2, \cdots, n)$$

令 $\boldsymbol{A}=\boldsymbol{L}+\boldsymbol{D}+\boldsymbol{U}$，其中

$$\boldsymbol{L} = \begin{bmatrix} 0 & & & & \\ a_{21} & 0 & & & \\ a_{31} & a_{32} & 0 & & \\ \cdots & \cdots & \cdots & \ddots & \\ a_{n1} & a_{n2} & a_{n3} & \cdots & 0 \end{bmatrix}, \boldsymbol{D} = \begin{bmatrix} a_{11} & & & \\ & a_{22} & & \\ & & \ddots & \\ & & & a_{nn} \end{bmatrix}, \boldsymbol{U} = \begin{bmatrix} 0 & a_{12} & a_{13} & \cdots & a_{1n} \\ & 0 & a_{23} & \cdots & a_{2n} \\ & & \ddots & \cdots & \cdots \\ & & & 0 & a_{n-1,n} \\ & & & & 0 \end{bmatrix}$$

雅可比迭代的向量形式为

$$x^{(k+1)} = -D^{-1}(L+U)x^{(k)} + D^{-1}b$$

等价地，有以下形式：

$$x_i^{(k+1)} = x_i^{(k)} + \frac{1}{a_{ii}}(b_i - \sum_{j=1}^{n} a_{ij}x_j^{(k)}) \qquad (i = 1, 2, \cdots, n)$$

其向量形式为

$$x^{(k+1)} = x^{(k)} + D^{-1}(b - Ax^{(k)})$$

或

$$x^{(k+1)} = (I - D^{-1}A)x^{(k)} + D^{-1}b$$

雅可比迭代的迭代矩阵为 $I-D^{-1}A$ 或 $-D^{-1}(L+U)$。

2）高斯-塞德尔迭代法

高斯-塞德尔(Gauss-Seidel)迭代的分量形式为

$$x_i^{(k+1)} = x_i^{(k)} + \frac{1}{a_{ii}}(b_i - \sum_{j=1}^{i-1} a_{ij}x_j^{(k+1)} - \sum_{j=i}^{n} a_{ij}x_j^{(k)}) \qquad (i = 1, 2, \cdots, n)$$

高斯-赛德尔迭代的向量形式为

$$x^{(k+1)} = -(D+L)^{-1}Ux^{(k)} + (D+L)^{-1}b$$

其中矩阵 $-(D+L)^{-1}U$ 称为高斯-赛德尔迭代的迭代矩阵。

8. 迭代法的收敛性

雅可比迭代和高斯-赛德尔迭代的向量形式可统一写成：

$$x^{(k+1)} = Hx^{(k)} + g$$

其中 H 称为迭代矩阵。

定理 5.5.1　若 $\| H \| < 1$（$\| H \|$ 是 H 的某种算子范数），则一般迭代法 $x^{(k+1)} = Hx^{(k)} + g$ 对任意初始向量 $x^{(0)}$ 和 g 都收敛于方程组 $x = Hx + g$ 的精确解 x^*，且有下述误差估计式：

$$\| x^{(k)} - x^* \| \leqslant \frac{\| H \|}{1 - \| H \|} \| x^{(k)} - x^{(k-1)} \|$$

$$\| x^{(k)} - x^* \| \leqslant \frac{\| H \|^k}{1 - \| H \|} \| x^{(1)} - x^{(0)} \|$$

以下几点值得注意：

(1) $\| H \|$ 小于 1 且其值越小，一般迭代法在迭代过程中的误差下降得越快，$\{x^{(k)}\}$ 收敛到 x^* 的速度也越快。

(2) 对事先给出的误差精度 ε，迭代次数的估计式为

$$K > \frac{\ln \dfrac{\varepsilon(1 - \| H \|)}{\| x^{(1)} - x^{(0)} \|}}{\ln \| H \|}$$

(3) 在 $\| H \|$ 不太接近于 1 的情况下，利用第一个误差估计式可以作为终止迭代条件，即当

$$\|\boldsymbol{x}^{(k)}-\boldsymbol{x}^{(k-1)}\|<\varepsilon$$

时，迭代终止，并取 $\boldsymbol{x}^{(k)}$ 作为方程组的近似解。

(4) 如果雅可比迭代法和高斯-赛德尔迭代法的迭代矩阵的任何一种算子范数小于 1，则这两种迭代法必定收敛。

定理 5.5.2　一般迭代法 $\boldsymbol{x}^{(k+1)}=\boldsymbol{H}\boldsymbol{x}^{(k)}+\boldsymbol{g}$ 对任意的初始向量 $\boldsymbol{x}^{(0)}$ 及 $\boldsymbol{g}$ 都收敛的充要条件是 $\rho(\boldsymbol{H})<1$。

注意：$\boldsymbol{x}^{(k)}$ 收敛到 $\boldsymbol{x}^*$ 的速度实际上取决于 $\rho(\boldsymbol{H})$ 的大小，$\rho(\boldsymbol{H})$ 越小，收敛速度越快。

9. 迭代法收敛性的特殊情形

定义 5.5.3　设 $\boldsymbol{A}=(a_{ij})_{n\times n}$，如果矩阵 $\boldsymbol{A}$ 的元素满足条件

$$|a_{ii}|>\sum_{\substack{j=1\\j\neq i}}^{n}|a_{ij}|\qquad(i=1,2,\cdots,n)$$

即矩阵 $\boldsymbol{A}$ 的每一行对角元素的绝对值都严格大于该行非对角元素绝对值之和，则称 $\boldsymbol{A}$ 为按行严格对角占优矩阵。

定理 5.5.3　如果 $\boldsymbol{A}=(a_{ij})_{n\times n}$ 为按行严格对角占优矩阵，则 $\boldsymbol{A}$ 为非奇异矩阵。

定理 5.5.4　若线性方程组 $\boldsymbol{A}\boldsymbol{x}=\boldsymbol{b}$ 的系数矩阵 $\boldsymbol{A}$ 为按行严格对角占优矩阵，则解此方程组的雅可比迭代法和高斯-赛德尔迭代法都收敛。

定理 5.5.5　对于线性方程组 $\boldsymbol{A}\boldsymbol{x}=\boldsymbol{b}$，

(1) 若系数矩阵 $\boldsymbol{A}$ 为对称正定矩阵，则高斯-赛德尔迭代法收敛。

(2) Jacobi 迭代法收敛的充要条件是 $\boldsymbol{A}$ 和 $2\boldsymbol{D}-\boldsymbol{A}$（$\boldsymbol{D}$ 是 $\boldsymbol{A}$ 的对角元素构成的对角阵）都对称正定。

10. 超松弛迭代法

1) 逐次超松弛迭代法(SOR 法)

SOR 法的迭代格式如下：

$$\boldsymbol{x}^{(k+1)}=\boldsymbol{x}^{(k)}+\omega\boldsymbol{D}^{-1}[\boldsymbol{b}-\boldsymbol{L}\boldsymbol{x}^{(k+1)}-(\boldsymbol{D}+\boldsymbol{U})\boldsymbol{x}^{(k)}]$$

或

$$x_i^{(k+1)}=x_i^{(k)}+\frac{\omega}{a_{ii}}\Big(b_i-\sum_{j=1}^{i-1}a_{ij}x_j^{(k+1)}-\sum_{j=i}^{n}a_{ij}x_j^{(k)}\Big)\qquad(i=1,2,\cdots,n)$$

当松弛因子 $\omega<1$ 时为欠松弛法，当 $\omega>1$ 时为超松弛法。

将超松弛迭代公式改写为

$$\boldsymbol{x}^{(k+1)}=(\boldsymbol{D}+\omega\boldsymbol{L})^{-1}[(1-\omega)\boldsymbol{D}-\omega\boldsymbol{U}]\boldsymbol{x}^{(k)}+(\boldsymbol{D}+\omega\boldsymbol{L})^{-1}\omega\boldsymbol{b}$$

其迭代矩阵为

$$\boldsymbol{L}_\omega=(\boldsymbol{D}+\omega\boldsymbol{L})^{-1}[(1-\omega)\boldsymbol{D}-\omega U]$$

2) 超松弛迭代法的收敛性

超松弛迭代法收敛的充要条件是 $\rho(\boldsymbol{L}_\omega)<1$。

定理 5.6.1(SOR 方法收敛的必要条件)　如果解线性方程组 $\boldsymbol{Ax}=\boldsymbol{b}(a_{ii}\neq 0,\ i=1,\ 2,\ \cdots,\ n)$的 SOR 方法收敛，则必有

$$0<\omega<2$$

定理 5.6.2　线性方程组 $\boldsymbol{Ax}=1\mathrm{b}$ 的系数矩阵 $1\boldsymbol{A}$ 为对称正定矩阵，且 $0<\omega<2$，则解此方程组的 SOR 方法收敛。

定理 5.6.3　若线性方程组 $\boldsymbol{Ax}=\boldsymbol{b}$ 的系数矩阵 $\boldsymbol{A}$ 是按行严格对角占优阵，则当松弛因子 ω 满足 $0<\omega\leqslant 1$ 时，对于任意初始向量，SOR 迭代法收敛。

5.2　释 疑 解 难

1. 分析矩阵的条件数与线性方程组的性态的关系。

答： 当方程组 $\boldsymbol{Ax}=\boldsymbol{b}$ 的 $\boldsymbol{A}$ 或 $\boldsymbol{b}$ 有扰动时，所引起的解的相对误差的大小与原始数据的相对误差相比的倍数都完全取决于数 $\|\boldsymbol{A}^{-1}\|\|\boldsymbol{A}\|$，即条件数，这个数刻画了线性方程组的解对原始数据的敏感程度。

$$\mathrm{cond}(\boldsymbol{A})=\|\boldsymbol{A}\|\|\boldsymbol{A}^{-1}\|$$

当 $\boldsymbol{A}$ 的条件数相对较大，即 $\mathrm{cond}(\boldsymbol{A})\gg 1$ 时，原始数据即使有很小的扰动，解的误差也可能很大，该方程组 $\boldsymbol{Ax}=\boldsymbol{b}$ 是“病态”方程组，$\boldsymbol{A}$ 为“病态”矩阵；反之，当 $\boldsymbol{A}$ 的条件数相对较小时，该方程组是“良态”的，$\boldsymbol{A}$ 为“良态”矩阵。

2. 在实际计算中判别一个矩阵是否为病态矩阵的常用方法有哪些？

答： 要判别一个矩阵是否为病态矩阵需要计算 $\|\boldsymbol{A}^{-1}\|$，而计算 $\boldsymbol{A}^{-1}$ 是比较麻烦的，在实际计算中可用下面的方法判别矩阵是否为病态矩阵。

(1) 如果在 $\boldsymbol{A}$ 的三角约化时(尤其是用主元素消去法解方程组时)出现小主元，这个方程组很可能是病态的。但病态方程组未必一定有小主元。

(2) 系数矩阵行列式的绝对值很小，或系数矩阵某些行近似线性相关，这时 $\boldsymbol{A}$ 可能是病态的。

(3) 系数矩阵 $\boldsymbol{A}$ 的元素间数量级相差很大，并且无一定规则，这时 $\boldsymbol{A}$ 可能是病态的。

3. 高斯消元法的使用条件是什么？

答： 高斯消元法的特点是按照系数矩阵的主对角线元素的顺序依次消元，将主对角元素称为消元的主元素。高斯消元法的使用条件是 $a_{kk}^{(k)}\neq 0(k=1,\ 2,\ \cdots,\ n)$。

定理 5.4.1　若方程组 $\boldsymbol{Ax}=\boldsymbol{b}$ 的系数矩阵 $\boldsymbol{A}$ 的顺序主子式全不为零，则高斯消元法能实现方程组的求解。

在使用顺序高斯消元法时，在消元之前需要检查方程组的系数矩阵的顺序主子式，当阶数较高时这是很难做到的。一般可用系数矩阵的特性判断。

4. **定理 5.4.6**　如果方程组 $\boldsymbol{Ax}=\boldsymbol{b}$ 的系数矩阵 $\boldsymbol{A}$ 为严格对角占优矩阵，则用高斯消元

法求解时，主元素 $a_{kk}^{(k)}$ 全不为零。

证明：因为 $\boldsymbol{A}$ 为严格对角占优矩阵，经过一步高斯消元得到

$$\boldsymbol{A}^{(2)} = \begin{bmatrix} a_{11} & \boldsymbol{a}_1^{\mathrm{T}} \\ & \boldsymbol{A}_2 \end{bmatrix}, \text{其中 } \boldsymbol{A}_2 = \begin{bmatrix} a_{22}^{(2)} & \cdots & a_{2n}^{(2)} \\ \vdots & & \vdots \\ a_{n2}^{(2)} & \cdots & a_{nn}^{(2)} \end{bmatrix}$$

由于 $\boldsymbol{A}$ 为严格对角占优矩阵，故 $|a_{ii}| > \sum\limits_{\substack{j=1 \\ j\neq i}}^{n} |a_{ij}| \quad (i = 1, 2, \cdots, n)$，则高斯消元法的第一步可以进行。经过一步高斯消元得到

$$a_{ij}^{(2)} = a_{ij} - \frac{a_{i1}a_{1j}}{a_{11}} \quad (i、j = 2, 3, \cdots, n)$$

从而

$$\begin{aligned} \sum_{\substack{j=2 \\ j\neq i}}^{n} |a_{ij}^{(2)}| &\leqslant \sum_{\substack{j=2 \\ j\neq i}}^{n} |a_{ij}| + \frac{|a_{i1}|}{|a_{11}|} \sum_{\substack{j=2 \\ j\neq i}}^{n} |a_{1j}| \\ &= \sum_{\substack{j=1 \\ j\neq i}}^{n} |a_{ij}| - |a_{i1}| + \frac{|a_{i1}|}{|a_{11}|}\left(\sum_{j=1}^{n} |a_{1j}| - |a_{1i}|\right) \\ &< |a_{ii}| - |a_{i1}| + \frac{|a_{i1}|}{|a_{11}|}(|a_{11}| - |a_{1i}|) \\ &= |a_{ii}| - \frac{|a_{i1}||a_{1i}|}{|a_{11}|} \leqslant \left| a_{ii} - \frac{a_{i1}a_{1i}}{a_{11}} \right| = |a_{ii}^{(2)}| \end{aligned}$$

故 $\sum\limits_{\substack{j=2 \\ j\neq i}}^{n} |a_{ij}^{(2)}| < |a_{ii}^{(2)}|$，即 $\boldsymbol{A}$ 为严格对角占优矩阵时，$a_{11} \neq 0$，余下的子阵 $\boldsymbol{A}_2$ 也是对角占优的。由此可递推 $a_{kk}^{(k)}$ 全不为零。

根据定理 5.4.6 可知，如果方程组的系数矩阵 $\boldsymbol{A}$ 为严格对角占优矩阵，则用高斯消元法能实现方程组的求解。

另一种常用方法是通过系数矩阵是否非奇异来判断，只要系数矩阵非奇异(一般方程组都已假设，此时方程组有唯一解)，通过初等行变换中的“交换两行”就能实现方程组求解，这就是选主元消元法。

5. 高斯选主元消元法在什么情况下一定可以进行?

答：线性方程组只要系数矩阵非奇异，就存在唯一解，但是高斯顺序消元法在消元过程中可能会出现主元素某个 $a_{kk}^{(k)} = 0$，此时尽管系数矩阵非奇异，消元过程却无法进行，或者即使 $a_{kk}^{(k)} \neq 0$，但如果其绝对值很小，用它做除数也会导致其它元素的数量级急剧增大，使得舍入误差扩大，这将严重影响计算结果的精度。因此在每一次消元之前，都要增加一个选主元的过程。这就是高斯选主元消元法。

有些特殊类型的方程组可以保证 $a_{kk}^{(k)}$ 就是主元，即不需要选主元。

定理 5.4.7　设线性方程组系数矩阵 $\mathbf{A}=(a_{ij})_n$ 对称且严格对角占优，则 $a_{kk}^{(k)}(k=1, 2, \cdots, n)$全是列主元。

证明： 因为 $\mathbf{A}=(a_{ij})_n$ 对称且严格对角占优，故有 $|a_{11}|>\sum\limits_{i=2}^{n}|a_{i1}|\geqslant\max\limits_{2\leqslant i\leqslant n}|a_{i1}|$，所以 a_{11} 是主元。

由消元过程和对称性可得

$$a_{ij}^{(2)}=a_{ij}-\frac{a_{i1}a_{1j}}{a_{11}}=a_{ji}-\frac{a_{1i}a_{j1}}{a_{11}}=a_{ji}^{(2)}\qquad (i、j=2, 3, \cdots, n)$$

故除去第 1 行第 1 列外，余下的方程组系数矩阵仍是对称的，又因为它是对角占优的，故 $a_{ij}^{(2)}$ 也是列主元，类推可得 $a_{kk}^{(k)}(k=3, 4, \cdots, n)$均是列主元。即若线性方程组系数矩阵 $\mathbf{A}=(a_{ij})_n$ 对称且严格对角占优，则 $a_{kk}^{(k)}(k=1, 2, \cdots, n)$全是列主元。

6. 矩阵行列式的计算方法。

消元法与列主元消元法在解方程组时，还可以求出系数矩阵的行列式值。

设系数矩阵 $\mathbf{A}=(a_{ij})_n$，那么

(1) 若用高斯消元法将其化为上三角型矩阵，其对角线上的元素为 $a_{kk}^{(k)}(k=1, 2, \cdots, n)$，则行列式

$$|\mathbf{A}|=a_{11}^{(1)}a_{22}^{(2)}\cdots a_{nn}^{(n)}$$

(2) 若用高斯列主元法将其化为上三角矩阵，其对角线上的元素为 $a_{kk}^{(k)}(k=1, 2, \cdots, n)$，则行列式

$$|\mathbf{A}|=(-1)^m a_{11}^{(1)}a_{22}^{(2)}\cdots a_{nn}^{(n)}$$

其中 m 是所进行的行交换次数(即列选主元的次数)，这是实际中求矩阵行列式的可靠方法。

7. 雅克比迭代矩阵谱半径的求法总结。

方法一： (1) 直接求出迭代矩阵：

$$\boldsymbol{J}=-\boldsymbol{D}^{-1}(\boldsymbol{L}+\boldsymbol{U})=\begin{pmatrix} 0 & -\dfrac{a_{12}}{a_{11}} & \cdots & -\dfrac{a_{1n}}{a_{11}} \\ -\dfrac{a_{21}}{a_{22}} & 0 & \cdots & -\dfrac{a_{2n}}{a_{22}} \\ \vdots & \vdots & \ddots & \vdots \\ -\dfrac{a_{n1}}{a_{nn}} & -\dfrac{a_{n2}}{a_{nn}} & \cdots & 0 \end{pmatrix}$$

或者利用分量形式求出迭代矩阵(可避免对矩阵求逆)。

(2) 由 $|\lambda\boldsymbol{I}-\boldsymbol{J}|=0$，求出迭代矩阵的所有特征值。

(3) 绝对值或模最大的特征值就是谱半径。

方法二：雅克比迭代矩阵 $\boldsymbol{J}=-\boldsymbol{D}^{-1}(\boldsymbol{L}+\boldsymbol{U})$ 的特征值满足

$$
\begin{aligned}
&|\lambda \boldsymbol{I}-\boldsymbol{J}|=0\\
\Leftrightarrow &|\lambda \boldsymbol{I}+\boldsymbol{D}^{-1}(\boldsymbol{L}+\boldsymbol{U})|=0\\
\Leftrightarrow &|\lambda \boldsymbol{D}^{-1}\boldsymbol{D}+\boldsymbol{D}^{-1}(\boldsymbol{L}+\boldsymbol{U})|=0\\
\Leftrightarrow &|\boldsymbol{D}^{-1}|\,|\lambda \boldsymbol{D}+\boldsymbol{L}+\boldsymbol{U}|=0
\end{aligned}
$$

因为 $|\boldsymbol{D}^{-1}|\neq 0$，所以 $|\lambda\boldsymbol{D}+\boldsymbol{L}+\boldsymbol{U}|=0$，即将系数矩阵 $\boldsymbol{A}=\boldsymbol{D}+\boldsymbol{L}+\boldsymbol{U}$ 的对角线元素同时乘以 λ 后取行列式，再令所得行列式等于 0，即可求得雅克比迭代矩阵的特征值。

在不需要求出迭代矩阵，而只需要求出迭代矩阵的特征值时，方法二比方法一计算量小。

8. 高斯-赛德尔迭代矩阵谱半径的求法总结。

方法一：(1) 直接求出迭代矩阵 $\boldsymbol{G}=-(\boldsymbol{D}+\boldsymbol{L})^{-1}\boldsymbol{U}$，或者利用分量形式求出迭代矩阵(可避免对矩阵求逆)；

(2) 由 $|\lambda\boldsymbol{I}-\boldsymbol{G}|=0$，求出迭代矩阵的所有特征值；

(3) 绝对值或模最大的特征值就是谱半径。

方法二：高斯-赛德尔迭代矩阵 $\boldsymbol{G}=-(\boldsymbol{D}+\boldsymbol{L})^{-1}\boldsymbol{U}$ 的特征值满足

$$
\begin{aligned}
&|\lambda \boldsymbol{I}-\boldsymbol{G}|=0\\
\Leftrightarrow &|\lambda \boldsymbol{I}+(\boldsymbol{D}+\boldsymbol{L})^{-1}\boldsymbol{U}|=0\\
\Leftrightarrow &|\lambda (\boldsymbol{D}+\boldsymbol{L})^{-1}(\boldsymbol{D}+\boldsymbol{L})+(\boldsymbol{D}+\boldsymbol{L})^{-1}\boldsymbol{U}|=0\\
\Leftrightarrow &|(\boldsymbol{D}+\boldsymbol{L})^{-1}|\,|\lambda(\boldsymbol{D}+\boldsymbol{L})+\boldsymbol{U}|=0
\end{aligned}
$$

因为 $|(\boldsymbol{D}+\boldsymbol{L})^{-1}|\neq 0$，所以 $|\lambda(\boldsymbol{D}+\boldsymbol{L})+\boldsymbol{U}|=0$，即将系数矩阵 $\boldsymbol{A}=\boldsymbol{D}+\boldsymbol{L}+\boldsymbol{U}$ 的对角线及对角线以下的元素同时乘以 λ 后取行列式，再令所得行列式等于 0，即可求得高斯-赛德尔迭代矩阵的特征值。

在不需要求出迭代矩阵，而只需要求出迭代矩阵的特征值时，方法二比方法一计算量小。

9. 说明高斯-赛德尔迭代法的迭代矩阵至少有一个特征值为 0。

事实上，迭代矩阵 $\boldsymbol{G}=-(\boldsymbol{D}+\boldsymbol{L})^{-1}\boldsymbol{U}$ 的行列式为

$$
|\boldsymbol{G}|=|-(\boldsymbol{D}+\boldsymbol{L})^{-1}\boldsymbol{U}|=|-(\boldsymbol{D}+\boldsymbol{L})^{-1}|\cdot|\boldsymbol{U}|
$$

因为 $|\boldsymbol{U}|=0$，所以 $|\boldsymbol{G}|=0$，即高斯-赛德尔迭代法的迭代矩阵至少有一个特征值为 0。

10. 雅克比迭代与高斯-赛德尔迭代的关系。

一般地，对于某个线性方程组，可能用雅克比迭代收敛，而用高斯-赛德尔迭代却不收敛；也可能用高斯-赛德尔迭代收敛，而用雅克比迭代不收敛；也会出现这两种迭代都收敛或都不收敛的情形。

在二者都收敛的情形下，有时高斯-赛德尔迭代收敛的快，而有时却相反，这取决于谱半径的大小。此时迭代矩阵的谱半径越小，收敛越快。当迭代矩阵的范数小于 1 时，其值

越小，迭代收敛。

定理 5.5.6　设方程组 $\boldsymbol{Ax}=\boldsymbol{b}$，$\boldsymbol{A}=(a_{ij})_n$，矩阵 $\boldsymbol{J}$ 是雅克比迭代法的迭代矩阵。若 $\|\boldsymbol{J}\|<1$，则对应的高斯-赛德尔迭代法收敛。

证明： 以 $\|\boldsymbol{J}\|_\infty<1$ 为例进行证明。因为 $\boldsymbol{J}$ 是雅克比迭代矩阵，故有

$$\boldsymbol{J}=-\boldsymbol{D}^{-1}(\boldsymbol{L}+\boldsymbol{U})=\begin{pmatrix} 0 & -\dfrac{a_{12}}{a_{11}} & \cdots & -\dfrac{a_{1n}}{a_{11}} \\ -\dfrac{a_{21}}{a_{22}} & 0 & \cdots & -\dfrac{a_{2n}}{a_{22}} \\ \vdots & \vdots & \ddots & \vdots \\ -\dfrac{a_{n1}}{a_{nn}} & -\dfrac{a_{n2}}{a_{nn}} & \cdots & 0 \end{pmatrix}$$

由 $\|\boldsymbol{J}\|_\infty<1$，可得

$$\sum_{j=1}^{n}\left|-\frac{a_{ij}}{a_{ii}}\right|<1 \qquad (i=1,2,\cdots,n)$$

从而

$$|a_{ii}|>\sum_{\substack{j=1\\ j\neq i}}^{n}|a_{ij}| \qquad (i=1,2,\cdots,n)$$

故方程组 $\boldsymbol{Ax}=\boldsymbol{b}$ 的系数矩阵 $\boldsymbol{A}=(a_{ij})_n$ 是按行严格对角占优矩阵，所以高斯-赛德尔迭代法收敛。

11. 超松弛迭代法与雅可比迭代和高斯-赛德尔迭代的区别与联系是什么？

超松弛法是解大型方程组，特别是大型稀疏方程组的有效方法之一。它具有计算公式简单、程序设计容易、占用计算机内存贮单元较少等优点。但要选择好松弛因子 ω。

高斯-赛德尔迭代是超松弛迭代当松弛因子 $\omega=1$ 时的特例，而雅可比迭代是超松弛迭代当松弛因子 $\omega=1$，且用同步法计算余量的特例。若将松弛因子 ω 看成算法的参数，同步或异步看成计算余量的选择项，则三种方法的内部计算相同，代码可以共享。

12. 判断下列命题是否正确：

(1) 雅克比迭代与高斯-赛德尔迭代同时收敛且后者比前者收敛快。

(2) 高斯-赛德尔迭代是 SOR 迭代的特殊情形。

(3) 若 $\boldsymbol{A}$ 对称正定，则 SOR 迭代一定收敛。

(4) 若 $\boldsymbol{A}$ 为严格对角占优矩阵，则解线性方程组 $\boldsymbol{Ax}=\boldsymbol{b}$ 的雅克比迭代与高斯-赛德尔迭代均收敛。

(5) 若 $\boldsymbol{A}$ 对称正定，则雅克比迭代与高斯-赛德尔迭代都收敛。

(6) 若 SOR 迭代收敛，则松弛因子 $0<\omega<2$。

(7) 求对称正定方程组 $\boldsymbol{Ax}=\boldsymbol{b}$ 的解等价于求二次函数 $\varphi(\boldsymbol{x})=\dfrac{1}{2}(\boldsymbol{Ax},\boldsymbol{x})-(\boldsymbol{b},\boldsymbol{x})$ 的最

小点。

答：(1) 错。因为有的方程组使用雅克比迭代不收敛，而使用高斯-赛德尔迭代收敛；也有的方程组使用高斯-赛德尔迭代不收敛，而使用雅克比迭代收敛。在二者都收敛时，收敛速度取决于迭代矩阵谱半径的大小。

(2) 对。高斯-赛德尔迭代是松弛因子 $\omega=1$ 的 SOR 迭代。

(3) 错。在 $\boldsymbol{A}$ 对称正定且松弛因子 $0<\omega<2$ 的条件下，才能保证 SOR 迭代一定收敛。

(4) 对。

(5) 错。$\boldsymbol{A}$ 对称正定可以保证高斯-赛德尔迭代收敛，但不能保证雅克比迭代收敛。在 $\boldsymbol{A}$ 对称正定且 $2\boldsymbol{D}-\boldsymbol{A}$ 也对称正定时，雅克比迭代收敛。

(6) 对。

(7) 对。$\boldsymbol{A}$ 对称正定时，二次函数 $\varphi(x)=\frac{1}{2}(\boldsymbol{Ax},\boldsymbol{x})-(\boldsymbol{b},\boldsymbol{x})$ 有唯一的最小点，且此最小点就是对称正定方程组 $\boldsymbol{Ax}=\boldsymbol{b}$ 的解；反之，方程组 $\boldsymbol{Ax}=\boldsymbol{b}$ 的解使二次函数 $\varphi(\boldsymbol{x})$ 达到最小。

5.3 典型例题

例 5.1 设 $\boldsymbol{Ax}=\boldsymbol{b}$，其中 $\boldsymbol{A}\in\mathbf{R}^{n\times n}$ 为非奇异矩阵，证明：

(1) 若 $\boldsymbol{A}$ 是对称正定矩阵，则 $\boldsymbol{A}^{-1}$ 也是对称正定矩阵；

(2) $\boldsymbol{A}^{\mathrm{T}}\boldsymbol{A}$ 为对称正定矩阵；

(3) $\mathrm{cond}\,(\boldsymbol{A}^{\mathrm{T}}\boldsymbol{A})_2=[\mathrm{cond}\,(\boldsymbol{A})_2]^2$。

证明：(1) 因为 $\boldsymbol{A}$ 是对称正定矩阵，故其特征值 λ_i 皆大于 0，$\boldsymbol{A}$ 是可逆的。从而，$\boldsymbol{A}^{-1}$ 的特征值 λ_i^{-1} 也皆大于 0，故 $\boldsymbol{A}^{-1}$ 是正定的。又 $(\boldsymbol{A}^{-1})^{\mathrm{T}}=(\boldsymbol{A}^{\mathrm{T}})^{-1}=\boldsymbol{A}^{-1}$，故 $\boldsymbol{A}^{-1}$ 是对称矩阵，即 $\boldsymbol{A}^{-1}$ 也是对称正定矩阵。

(2) 因为 $(\boldsymbol{A}^{\mathrm{T}}\boldsymbol{A})^{\mathrm{T}}=\boldsymbol{A}^{\mathrm{T}}(\boldsymbol{A}^{\mathrm{T}})^{\mathrm{T}}=\boldsymbol{A}^{\mathrm{T}}\boldsymbol{A}$，故 $\boldsymbol{A}^{\mathrm{T}}\boldsymbol{A}$ 为对称矩阵。

又 $\boldsymbol{A}$ 为非奇异矩阵，故对任意向量 $\boldsymbol{x}\neq\boldsymbol{0}$，有 $\boldsymbol{Ax}\neq\boldsymbol{0}$，从而

$$\boldsymbol{x}^{\mathrm{T}}(\boldsymbol{A}^{\mathrm{T}}\boldsymbol{A})\boldsymbol{x}=(\boldsymbol{Ax})^{\mathrm{T}}(\boldsymbol{Ax})>0$$

所以 $\boldsymbol{A}^{\mathrm{T}}\boldsymbol{A}$ 为正定矩阵，即 $\boldsymbol{A}^{\mathrm{T}}\boldsymbol{A}$ 为对称正定矩阵。

(3) 由 $\boldsymbol{A}^{\mathrm{T}}\boldsymbol{A}$ 为对称正定矩阵可知，$(\boldsymbol{A}^{\mathrm{T}}\boldsymbol{A})^{-1}$ 也是对称正定矩阵，根据条件数的定义及 2 范数的计算 $\|\boldsymbol{B}\|_2=\sqrt{\lambda_{\max}(\boldsymbol{B}^{\mathrm{T}}\boldsymbol{B})}$，$\lambda(\boldsymbol{B}^2)=[\lambda(\boldsymbol{B})]^2$。这里 $\lambda(\cdot)$、$\lambda_{\max}(\cdot)$ 分别表示矩阵 · 的特征值及最大特征值，故可得

$$\begin{aligned}\mathrm{cond}\,(\boldsymbol{A}^{\mathrm{T}}\boldsymbol{A})_2&=\|(\boldsymbol{A}^{\mathrm{T}}\boldsymbol{A})^{-1}\|_2\,\|\boldsymbol{A}^{\mathrm{T}}\boldsymbol{A}\|_2\\&=\sqrt{\lambda_{\max}\{[(\boldsymbol{A}^{\mathrm{T}}\boldsymbol{A})^{-1}]^{\mathrm{T}}(\boldsymbol{A}^{\mathrm{T}}\boldsymbol{A})^{-1}\}}\sqrt{\lambda_{\max}\{(\boldsymbol{A}^{\mathrm{T}}\boldsymbol{A})^{\mathrm{T}}(\boldsymbol{A}^{\mathrm{T}}\boldsymbol{A})\}}\end{aligned}$$

$$
\begin{aligned}
&= \sqrt{\lambda_{\max}[(\boldsymbol{A}^{\mathrm{T}}\boldsymbol{A})^{-1}]^2 \lambda_{\max}(\boldsymbol{A}^{\mathrm{T}}\boldsymbol{A})^2} \\
&= \sqrt{[\lambda_{\max}(\boldsymbol{A}^{\mathrm{T}}\boldsymbol{A})^{-1}]^2 [\lambda_{\max}(\boldsymbol{A}^{\mathrm{T}}\boldsymbol{A})]^2} \\
&= \lambda_{\max}(\boldsymbol{A}^{\mathrm{T}}\boldsymbol{A})^{-1} \lambda_{\max}(\boldsymbol{A}^{\mathrm{T}}\boldsymbol{A}) \\
&= \|\boldsymbol{A}^{-1}\|_2^2 \, \|\boldsymbol{A}\|_2^2 = [\mathrm{cond}(\boldsymbol{A})_2]^2
\end{aligned}
$$

例 5.2　已知方程组 $\begin{bmatrix} 1 & 0 & -1 \\ 2 & 2 & 1 \\ 0 & 2 & 2 \end{bmatrix}\begin{bmatrix} x_1 \\ x_2 \\ x_3 \end{bmatrix} = \begin{bmatrix} \frac{1}{2} \\ \frac{1}{3} \\ -\frac{2}{3} \end{bmatrix}$ 的解 $\boldsymbol{x} = \left[\frac{1}{2}, -\frac{1}{3}, 0\right]^{\mathrm{T}}$，如果右端有小扰动 $\|\delta \boldsymbol{b}\|_\infty = \frac{1}{2} \times 10^{-6}$，估计由此引起的解的相对误差。

解： 由于 $\boldsymbol{A}^{-1} = \begin{bmatrix} -1 & 1 & -1 \\ 2 & -1 & 1.5 \\ -2 & 1 & -1 \end{bmatrix}$，从而

$$\mathrm{cond}(\boldsymbol{A})_\infty = \|\boldsymbol{A}^{-1}\|_\infty \|\boldsymbol{A}\|_\infty = \max\{2, 5, 4\} \cdot \max\{3, 4.5, 4\} = 22.5$$

故由此引起的解的相对误差为

$$\frac{\|\delta \boldsymbol{x}\|_\infty}{\|\boldsymbol{x}\|_\infty} \leqslant \mathrm{cond}(\boldsymbol{A})_\infty \frac{\|\delta \boldsymbol{b}\|_\infty}{\|\boldsymbol{b}\|_\infty} = 22.5 \times \frac{\frac{1}{2} \times 10^{-6}}{\frac{2}{3}} = 1.6875 \times 10^{-5}$$

例 5.3　矩阵第一行乘以一个数，成为 $\boldsymbol{A} = \begin{bmatrix} 2\lambda & \lambda \\ 1 & 1 \end{bmatrix}$，证明当 $\lambda = \pm\frac{2}{3}$ 时，$\mathrm{cond}(\boldsymbol{A})_\infty$ 有最小值。

证明： 由 $\boldsymbol{A} = \begin{bmatrix} 2\lambda & \lambda \\ 1 & 1 \end{bmatrix}$ 可知，当 $\lambda \neq 0$ 时，矩阵 $\boldsymbol{A}$ 非奇异，$\boldsymbol{A}^{-1} = \begin{bmatrix} \frac{1}{\lambda} & -1 \\ -\frac{1}{\lambda} & 2 \end{bmatrix}$，从而

$$
\begin{aligned}
\mathrm{cond}(\boldsymbol{A})_\infty = \|\boldsymbol{A}^{-1}\|_\infty \|\boldsymbol{A}\|_\infty &= \max\left\{\left|\frac{1}{\lambda}\right| + 1, \left|-\frac{1}{\lambda}\right| + 2\right\} \cdot \max\{|2\lambda| + |\lambda|, 1 + 1\} \\
&= \left(\left|\frac{1}{\lambda}\right| + 2\right) \cdot \max\{3|\lambda|, 2\}
\end{aligned}
$$

又当 $|\lambda| \leqslant \frac{2}{3}$ 时，$\left|\frac{1}{\lambda}\right| \geqslant \frac{3}{2}$，$\max\{3|\lambda|, 2\} = 2$，从而

$$\mathrm{cond}(\boldsymbol{A})_\infty = \left(\left|\frac{1}{\lambda}\right| + 2\right) \cdot \max\{3|\lambda|, 2\} \geqslant \left(\frac{3}{2} + 2\right) \cdot 2 = 7$$

当$|\lambda| \geqslant \frac{2}{3}$时，$\max\{3|\lambda|, 2\}=3|\lambda|$，从而

$$\text{cond}(\boldsymbol{A})_\infty = \left(\left|\frac{1}{\lambda}\right|+2\right)\cdot \max\{3|\lambda|, 2\} = \left(\left|\frac{1}{\lambda}\right|+2\right)\cdot 3|\lambda| = 3+6|\lambda| \geqslant 7$$

综上所述，$\text{cond}(\boldsymbol{A})_\infty=7$ 时最小，这时$|\lambda|=\frac{2}{3}$，即$\lambda=\pm\frac{2}{3}$。

例 5.4 设$\boldsymbol{A}$是对称正定矩阵，经过高斯消元法一步后，$\boldsymbol{A}$约化为$\begin{bmatrix} a_{11} & \boldsymbol{a}_1^{\mathrm{T}} \\ \boldsymbol{0} & \boldsymbol{A}_2 \end{bmatrix}$，其中$\boldsymbol{A}=(a_{ij})_n$，$\boldsymbol{A}_2=(a_{ij}^{(2)})_{n-1}$。试证明：

(1) $\boldsymbol{A}$的对角元素$a_{ii}>0$ $(i=1, 2, \cdots, n)$；

(2) $\boldsymbol{A}_2$是对称正定矩阵；

(3) $a_{ii}^{(2)} \leqslant a_{ii}$ $(i=2, 3, \cdots, n)$。

证明：(1) 依次取$\boldsymbol{x}_i=(0, 0, \cdots, 0, \underset{i}{1}, 0, \cdots, 0)^{\mathrm{T}}(i=1, 2, \cdots, n)$，则因为$\boldsymbol{A}$是对称正定矩阵，所以有$a_{ii}=\boldsymbol{x}^{\mathrm{T}}\boldsymbol{A}\boldsymbol{x}>0$。

(2) $\boldsymbol{A}_2$中的元素满足$a_{ij}^{(2)}=a_{ij}-\frac{a_{i1}a_{1j}}{a_{11}}$ $(i、j=2, 3, \cdots, n)$，又因为$\boldsymbol{A}$是对称正定矩阵，满足$a_{ij}=a_{ji}(i、j=1, 2, \cdots, n)$，所以

$$a_{ij}^{(2)} = a_{ij} - \frac{a_{i1}a_{1j}}{a_{11}} = a_{ji} - \frac{a_{1i}a_{j1}}{a_{11}} = a_{ji}^{(2)}$$

即$\boldsymbol{A}_2$是对称矩阵。

(3) 因为$a_{11}>0$，所以

$$a_{ii}^{(2)} = a_{ii} - \frac{a_{i1}a_{1i}}{a_{11}} = a_{ii} - \frac{a_{1i}^2}{a_{11}} \leqslant a_{ii}$$

例 5.5 设$\boldsymbol{A}$是n阶非奇异矩阵，且有 Doolittle 分解$\boldsymbol{A}=\boldsymbol{L}\boldsymbol{U}$，其中

$$\boldsymbol{L} = \begin{bmatrix} 1 & & & \\ l_{21} & 1 & & \\ \vdots & \vdots & 1 & \\ l_{n1} & l_{n2} & \cdots & 1 \end{bmatrix}, \boldsymbol{U} = \begin{bmatrix} u_{11} & u_{12} & & u_{1n} \\ & u_{22} & & u_{2n} \\ \vdots & \vdots & & \\ & & \cdots & u_{nn} \end{bmatrix}$$

证明矩阵$\boldsymbol{A}$的所有顺序主子式不为零。

证明：因为$\boldsymbol{A}$是n阶非奇异矩阵，故$|\boldsymbol{A}|\neq 0$，即$\boldsymbol{A}$的n阶主子式不为零。又$\boldsymbol{A}$有 Doolittle 分解$\boldsymbol{A}=\boldsymbol{L}\boldsymbol{U}$，则有

$$|\boldsymbol{A}| = |\boldsymbol{L}\boldsymbol{U}| = |\boldsymbol{L}|\,|\boldsymbol{U}| = |\boldsymbol{U}| = u_{11}u_{22}\cdots u_{nn} \neq 0$$

故$u_{kk}\neq 0(k=1, 2, \cdots, n)$。记

$$\boldsymbol{A} = \begin{bmatrix} \boldsymbol{A}_k & \boldsymbol{A}_{k1} \\ \boldsymbol{A}_{k2} & \boldsymbol{A}_{kk} \end{bmatrix}, \boldsymbol{L} = \begin{bmatrix} \boldsymbol{L}_k & \boldsymbol{0} \\ \boldsymbol{L}_{k1} & \boldsymbol{L}_{kk} \end{bmatrix}, \boldsymbol{U} = \begin{bmatrix} \boldsymbol{U}_k & \boldsymbol{U}_{k1} \\ \boldsymbol{0} & \boldsymbol{U}_{kk} \end{bmatrix}$$

这里 $\boldsymbol{A}_k$ 是 $\boldsymbol{A}$ 的 k 阶顺序主子式($k=1, 2, \cdots, n-1$)，则 $\boldsymbol{A}_k=\boldsymbol{L}_k\boldsymbol{U}_k$，从而

$$|\boldsymbol{A}_k| = |\boldsymbol{L}_k||\boldsymbol{U}_k| = u_{11}u_{22}\cdots u_{kk} \neq 0 \qquad (k=1, 2, \cdots, n-1)$$

即矩阵 $\boldsymbol{A}$ 的所有顺序主子式不为零。

注记：结合本例和定理 5.4.2，可得以下结论，并常常用于判断一个非奇异矩阵是否可以作 Doolittle 分解 $\boldsymbol{A}=\boldsymbol{LU}$。

若 $\boldsymbol{A}$ 是 n 阶非奇异矩阵，则 $\boldsymbol{A}$ 有 Doolittle 分解 $\boldsymbol{A}=\boldsymbol{LU}$ 的充分必要条件是 $\boldsymbol{A}$ 的所有顺序主子式不为零。

例 5.6　给定线性方程组 $\boldsymbol{Ax}=\boldsymbol{b}$ 如下：

$$\begin{bmatrix} 1 & 0 & 2 & 1 \\ 0 & -1 & 1 & 0 \\ 2 & 1 & 5 & -1 \\ 1 & 0 & 8 & -7 \end{bmatrix}\begin{bmatrix} x_1 \\ x_2 \\ x_3 \\ x_4 \end{bmatrix} = \begin{bmatrix} 6 \\ -1 \\ 6 \\ -12 \end{bmatrix}$$

(1) 给出系数矩阵 $\boldsymbol{A}$ 的 $\boldsymbol{LU}$ 分解 $\boldsymbol{A}=\boldsymbol{LU}$(其中 $\boldsymbol{L}$ 是单位下三角矩阵，而 $\boldsymbol{U}$ 是单位上三角矩阵)；

(2) 用以上 $\boldsymbol{LU}$ 分解求解方程组 $\boldsymbol{Ax}=\boldsymbol{b}$；

(3) 设系数矩阵无扰动，而右端项有扰动 $\|\delta \boldsymbol{b}\|_\infty=0.5\times10^{-5}$，计算 $\mathrm{cond}(\boldsymbol{A})_\infty$，并估计由此引起的解的相对误差的上界。

解：(1) 矩阵的紧凑格式为

$$\boldsymbol{A} = \begin{bmatrix} 1 & 0 & 2 & 1 \\ 0 & -1 & 1 & 0 \\ 2 & 1 & 5 & -1 \\ 1 & 0 & 8 & -7 \end{bmatrix} \to \begin{bmatrix} 1 & 0 & 2 & 1 \\ 0 & -1 & 1 & 0 \\ 2 & -1 & 2 & -3 \\ 1 & 0 & 3 & 1 \end{bmatrix}$$

故

$$\boldsymbol{L} = \begin{bmatrix} 1 & & & \\ 0 & 1 & & \\ 2 & -1 & 1 & \\ 1 & 0 & 3 & 1 \end{bmatrix}, \boldsymbol{U} = \begin{bmatrix} 1 & 0 & 2 & 1 \\ & -1 & 1 & 0 \\ & & 2 & -3 \\ & & & 1 \end{bmatrix}$$

(2) 解 $\boldsymbol{Ly}=\boldsymbol{b}$ 得 $\boldsymbol{y}=[6, -1, -7, 3]^{\mathrm{T}}$；再解 $\boldsymbol{Ux}=\boldsymbol{y}$ 得 $\boldsymbol{x}=[1, 2, 1, 3]^{\mathrm{T}}$。

(3)

$$\boldsymbol{A} = \begin{bmatrix} 1 & 0 & 2 & 1 \\ 0 & -1 & 1 & 0 \\ 2 & 1 & 5 & -1 \\ 1 & 0 & 8 & -7 \end{bmatrix}, \boldsymbol{A}^{-1} = \begin{bmatrix} -17 & 11 & 11 & -4 \\ \frac{13}{2} & -5 & -4 & \frac{3}{2} \\ \frac{13}{2} & -4 & -4 & \frac{3}{2} \\ 5 & -3 & -3 & 1 \end{bmatrix}$$

$$\|\boldsymbol{A}\|_\infty = \max\{4, 2, 9, 16\} = 16, \quad \|\boldsymbol{A}^{-1}\|_\infty = \max\{43, 17, 16, 12\} = 43$$

$$\text{cond}(\boldsymbol{A})_\infty = \|\boldsymbol{A}\|_\infty \|\boldsymbol{A}^{-1}\|_\infty = 688$$

因

$$\|\delta \boldsymbol{b}\|_\infty = 0.5\times 10^{-5},\ \|\boldsymbol{b}\|_\infty = 12$$

$$\frac{\|\delta \boldsymbol{x}\|_\infty}{\|\boldsymbol{x}\|_\infty} \leqslant \text{cond}(\boldsymbol{A})_\infty \frac{\|\delta \boldsymbol{b}\|_\infty}{\|\boldsymbol{b}\|_\infty} = 0.2867\times 10^{-7}$$

例 5.7 已知方程组 $\boldsymbol{Ax}=\boldsymbol{d}$，其中

$$\boldsymbol{A} = \begin{bmatrix} 2 & -1 & b \\ -1 & 2 & a \\ b & -1 & 2 \end{bmatrix},\ \boldsymbol{d} = \begin{bmatrix} 0 \\ 1 \\ 0 \end{bmatrix}$$

(1) 试问参数 a、b 满足什么条件时，可选用平方根法求解该方程组？

(2) 取 $a=1$、$b=0$，试用追赶法求解方程组。

解：(1) 方程组系数矩阵 $\boldsymbol{A}$ 对称正定时，可用平方根法求解。

由 $\boldsymbol{A}=\boldsymbol{A}^{\mathrm{T}}$ 可得 $a=-1$，又由 $\boldsymbol{A}$ 的各阶主子式

$$D_1 = 2 > 0,\ D_2 = 3 > 0,\ D_3 = \begin{vmatrix} 2 & -1 & b \\ -1 & 2 & -1 \\ b & -1 & 2 \end{vmatrix} = 4 + 2b - 2b^2 > 0$$

解得 $-1<b<2$，故当 $a=-1$ 和 $-1<b<2$ 时，方程组系数矩阵 $\boldsymbol{A}$ 对称正定且可用平方根法求解。

(2) 取 $a=1$，$b=0$，方程组为 $\begin{bmatrix} 2 & -1 & 0 \\ -1 & 2 & 1 \\ 0 & -1 & 2 \end{bmatrix}\begin{bmatrix} x_1 \\ x_2 \\ x_3 \end{bmatrix} = \begin{bmatrix} 0 \\ 1 \\ 0 \end{bmatrix}$，则系数矩阵 $\boldsymbol{A}$ 可分解为

$$\begin{bmatrix} 2 & -1 & 0 \\ -1 & 2 & 1 \\ 0 & -1 & 2 \end{bmatrix} = \begin{bmatrix} 2 & & \\ -1 & \frac{3}{2} & \\ & -1 & \frac{4}{3} \end{bmatrix}\begin{bmatrix} 1 & -\frac{1}{2} & 0 \\ & 1 & \frac{2}{3} \\ & & 1 \end{bmatrix}$$

先解

$$\begin{bmatrix} 2 & & \\ -1 & \frac{3}{2} & \\ & -1 & \frac{4}{3} \end{bmatrix}\begin{bmatrix} y_1 \\ y_2 \\ y_3 \end{bmatrix} = \begin{bmatrix} 0 \\ 1 \\ 0 \end{bmatrix}，可得 \begin{bmatrix} y_1 \\ y_2 \\ y_3 \end{bmatrix} = \begin{bmatrix} 0 \\ \frac{2}{3} \\ \frac{1}{2} \end{bmatrix}$$

再解

$$\begin{bmatrix} 1 & -\frac{1}{2} & \\ & 1 & \frac{2}{3} \\ & & 1 \end{bmatrix}\begin{bmatrix} x_1 \\ x_2 \\ x_3 \end{bmatrix} = \begin{bmatrix} 0 \\ \frac{2}{3} \\ \frac{1}{2} \end{bmatrix}，可得 \begin{bmatrix} x_1 \\ x_2 \\ x_3 \end{bmatrix} = \begin{bmatrix} \frac{1}{2} \\ 1 \\ \frac{1}{2} \end{bmatrix}$$

例 5.8　设 $\boldsymbol{J}=\begin{bmatrix}0.9 & 0\\0.3 & 0.8\end{bmatrix}$，$\boldsymbol{f}=\begin{bmatrix}1\\2\end{bmatrix}$，证明虽然 $\|\boldsymbol{J}\|_v>1$，$(v=1, 2, \infty)$，但迭代法 $\boldsymbol{x}^{(k+1)}=\boldsymbol{J}\boldsymbol{x}^{(k)}+\boldsymbol{f}$ 收敛。

证明： $\|\boldsymbol{J}\|_1=1.2$，$\|\boldsymbol{J}\|_\infty=1.1$，$\|\boldsymbol{J}\|_2=1.02$，它们均大于 1；由

$$|\lambda\boldsymbol{I}-\boldsymbol{J}|=\begin{vmatrix}\lambda-0.9 & 0\\-0.3 & \lambda-0.8\end{vmatrix}=(\lambda-0.9)(\lambda-0.8)=0$$

可得 $\lambda_1=0.9$，$\lambda_2=0.8$，故 $\rho(\boldsymbol{J})=0.9<1$，即迭代法 $\boldsymbol{x}^{(k+1)}=\boldsymbol{J}\boldsymbol{x}^{(k)}+\boldsymbol{f}$ 收敛。

例 5.9　设 $\boldsymbol{B}$ 是 n 阶实对称矩阵，$\boldsymbol{A}$ 是 n 阶实对称正定矩阵，考虑迭代格式 $\boldsymbol{x}^{(k+1)}=\boldsymbol{B}\boldsymbol{x}^{(k)}+\boldsymbol{f}$，如果 $\boldsymbol{A}-\boldsymbol{BAB}$ 正定，求证此格式从任意初始点 $\boldsymbol{x}^{(0)}$ 出发都收敛。

证明： 设 λ 是 $\boldsymbol{B}$ 的任一特征值，$\boldsymbol{u}$ 是对应的特征向量，则 $\boldsymbol{Bu}=\lambda\boldsymbol{u}$，从而

$$\begin{aligned}\boldsymbol{u}^{\mathrm{T}}(\boldsymbol{A}-\boldsymbol{BAB})\boldsymbol{u}&=\boldsymbol{u}^{\mathrm{T}}\boldsymbol{Au}-\boldsymbol{u}^{\mathrm{T}}(\boldsymbol{BAB})\boldsymbol{u}=\boldsymbol{u}^{\mathrm{T}}\boldsymbol{Au}-(\boldsymbol{Bu})^{\mathrm{T}}\boldsymbol{A}(\boldsymbol{Bu})\\&=\boldsymbol{u}^{\mathrm{T}}\boldsymbol{Au}-(\lambda\boldsymbol{u})^{\mathrm{T}}\boldsymbol{A}(\lambda\boldsymbol{u})=(1-\lambda^2)\boldsymbol{u}^{\mathrm{T}}\boldsymbol{Au}\end{aligned}$$

因为 $\boldsymbol{A}$ 和 $\boldsymbol{A}-\boldsymbol{BAB}$ 都正定，故 $\boldsymbol{u}^{\mathrm{T}}\boldsymbol{Au}>0$，$\boldsymbol{u}^{\mathrm{T}}(\boldsymbol{A}-\boldsymbol{BAB})\boldsymbol{u}>0$，于是有 $1-\lambda^2>0$，即 $|\lambda|<1$，从而 $\boldsymbol{B}$ 的谱半径 $\rho(\boldsymbol{B})<1$，故迭代格式 $\boldsymbol{x}^{(k+1)}=\boldsymbol{B}\boldsymbol{x}^{(k)}+\boldsymbol{f}$ 从任意初始点 $\boldsymbol{x}^{(0)}$ 出发都收敛。

例 5.10　设方程组 $\begin{cases}5x_1+2x_2+x_3=-12\\-x_1+4x_2+2x_3=20,\\2x_1-3x_2+10x_3=3\end{cases}$

(1) 考察用雅可比迭代法，高斯-赛德尔迭代法解此方程组的收敛性；

(2) 写出用雅可比迭代法及高斯-赛德尔迭代法解此方程组的迭代公式；

(3) 用 SOR 方法解该方程组(取 $\omega=0.9$)，要求当 $\|\boldsymbol{x}^{(k+1)}-\boldsymbol{x}^{(k)}\|_\infty<10^{-4}$ 时迭代终止。

解：(1) 由系数矩阵 $\begin{pmatrix}5 & 2 & 1\\-1 & 4 & 2\\2 & -3 & 10\end{pmatrix}$ 为严格按行对角占优矩阵可知，使用雅可比迭代法和高斯-赛德尔迭代法求解此方程组均收敛。

(2) 使用雅可比迭代法的计算公式为

$$\boldsymbol{x}^{(k+1)}=-\boldsymbol{D}^{-1}(\boldsymbol{L}+\boldsymbol{U})\boldsymbol{x}^{(k)}+\boldsymbol{D}^{-1}\boldsymbol{b}$$

$$=-\begin{pmatrix}\frac{1}{5} & & \\ & \frac{1}{4} & \\ & & \frac{1}{10}\end{pmatrix}\begin{pmatrix}0 & 2 & 1\\-1 & 0 & 2\\2 & -3 & 0\end{pmatrix}\boldsymbol{x}^{(k)}+\begin{pmatrix}\frac{1}{5} & & \\ & \frac{1}{4} & \\ & & \frac{1}{10}\end{pmatrix}\begin{pmatrix}-12\\20\\3\end{pmatrix}$$

$$=-\begin{pmatrix} 0 & \frac{2}{5} & \frac{1}{5} \\ -\frac{1}{4} & 0 & \frac{1}{2} \\ \frac{1}{5} & -\frac{3}{10} & 0 \end{pmatrix}\boldsymbol{x}^{(k)}+\begin{pmatrix} -\frac{12}{5} \\ 5 \\ \frac{3}{10} \end{pmatrix}$$

使用高斯-赛德尔迭代法的计算公式为

$$\boldsymbol{x}^{(k+1)}=-(\boldsymbol{D}+\boldsymbol{L})^{-1}\boldsymbol{U}\boldsymbol{x}^{(k)}+(\boldsymbol{D}+\boldsymbol{L})^{-1}\boldsymbol{b}$$

$$=-\begin{pmatrix} 5 & 0 & 0 \\ -1 & 4 & 0 \\ 2 & -3 & 10 \end{pmatrix}^{-1}\begin{pmatrix} 0 & 2 & 1 \\ 0 & 0 & 2 \\ 0 & 0 & 0 \end{pmatrix}\boldsymbol{x}^{(k)}+\begin{pmatrix} 5 & 0 & 0 \\ -1 & 4 & 0 \\ 2 & -3 & 10 \end{pmatrix}^{-1}\begin{pmatrix} -12 \\ 20 \\ 3 \end{pmatrix}$$

$$=-\begin{pmatrix} \frac{1}{5} & 0 & 0 \\ \frac{1}{20} & \frac{1}{4} & 0 \\ -\frac{1}{40} & \frac{3}{40} & \frac{1}{10} \end{pmatrix}\begin{pmatrix} 0 & 2 & 1 \\ 0 & 0 & 2 \\ 0 & 0 & 0 \end{pmatrix}\boldsymbol{x}^{(k)}+\begin{pmatrix} \frac{1}{5} & 0 & 0 \\ \frac{1}{20} & \frac{1}{4} & 0 \\ -\frac{1}{40} & \frac{3}{40} & \frac{1}{10} \end{pmatrix}\begin{pmatrix} -12 \\ 20 \\ 3 \end{pmatrix}$$

$$=-\begin{pmatrix} 0 & \frac{2}{5} & \frac{1}{5} \\ 0 & \frac{1}{10} & \frac{11}{20} \\ 0 & -\frac{1}{20} & \frac{1}{8} \end{pmatrix}\boldsymbol{x}^{(k)}+\begin{pmatrix} -\frac{12}{5} \\ \frac{22}{5} \\ \frac{21}{10} \end{pmatrix}$$

(3) 由系数矩阵 $\boldsymbol{A}=\begin{pmatrix} 5 & 2 & 1 \\ -1 & 4 & 2 \\ 2 & -3 & 10 \end{pmatrix}$ 及 $\omega=0.9$，$\boldsymbol{L}_\omega=(\boldsymbol{D}-\omega\boldsymbol{L})^{-1}[(1-\omega)\boldsymbol{D}+\omega\boldsymbol{U}]$，$\boldsymbol{f}=\omega(\boldsymbol{D}-\omega\boldsymbol{L})^{-1}\boldsymbol{b}$ 可知，

$$\boldsymbol{L}_\omega=\begin{pmatrix} 5 & 0 & 0 \\ -0.9 & 4 & 0 \\ 1.8 & -2.7 & 10 \end{pmatrix}^{-1}\begin{pmatrix} 0.5 & -1.8 & -0.9 \\ 0 & 0.4 & -1.8 \\ 0 & 0 & 1 \end{pmatrix}$$

$$=\begin{pmatrix} \frac{1}{5} & 0 & 0 \\ \frac{9}{200} & \frac{1}{4} & 0 \\ \frac{-531}{20\,000} & \frac{27}{400} & \frac{1}{10} \end{pmatrix}\begin{pmatrix} 0.5 & -1.8 & -0.9 \\ 0 & 0.4 & -1.8 \\ 0 & 0 & 1 \end{pmatrix}=\begin{pmatrix} \frac{1}{10} & -\frac{9}{25} & -\frac{9}{50} \\ \frac{9}{400} & \frac{19}{1000} & -\frac{981}{2000} \\ \frac{-531}{40\,000} & \frac{7479}{100\,000} & \frac{5879}{200\,000} \end{pmatrix}$$

$$f=0.9\begin{pmatrix}5 & 0 & 0\\ -0.9 & 4 & 0\\ 1.8 & -2.7 & 10\end{pmatrix}^{-1}\begin{pmatrix}-12\\ 20\\ 3\end{pmatrix}$$

$$=0.9\begin{pmatrix}\frac{1}{5} & 0 & 0\\ \frac{9}{200} & \frac{1}{4} & 0\\ \frac{-531}{20000} & \frac{27}{400} & \frac{1}{10}\end{pmatrix}\begin{pmatrix}-12\\ 20\\ 3\end{pmatrix}=\begin{pmatrix}-\frac{108}{25}\\ \frac{4014}{1000}\\ \frac{177174}{100000}\end{pmatrix}$$

从而由 $x^{(k+1)}=L_\omega x^{(k)}+f$ 可得方程的解(过程略)。(精确解为 $x_1=-4$，$x_2=3$，$x_3=2$)

例 5.11　设 $A=\begin{bmatrix}10 & a\\ c & 10\end{bmatrix}$，$\det A\neq 0$，写出解线性方程组 $Ax=b$ 的雅可比迭代公式与高斯-赛德尔迭代公式，并分析两种迭代法收敛的充分必要条件。

解：(1) 雅可比迭代公式

$$\begin{cases}x_1{}^{(k+1)}=\dfrac{b_1}{10}-\dfrac{a}{10}x_2{}^{(k)}\\ x_2{}^{(k+1)}=\dfrac{b_2}{10}-\dfrac{c}{10}x_1{}^{(k)}\end{cases}$$

迭代矩阵 $J=\begin{bmatrix}0 & -\frac{a}{10}\\ -\frac{c}{10} & 0\end{bmatrix}$，故

$$|\lambda I-J|=\begin{vmatrix}\lambda & \frac{a}{10}\\ \frac{c}{10} & \lambda\end{vmatrix}=\lambda^2-\frac{ac}{100}=0$$

即 $\lambda^2=\frac{ac}{100}$。若 $ac>0$，则 $\lambda=\pm\sqrt{\frac{ac}{100}}$；若 $ac<0$，则 $\lambda=\pm\sqrt{\left|\frac{ac}{100}\right|}\,i$，即谱半径 $\rho(J)=\sqrt{\left|\frac{ac}{100}\right|}$。

故雅可比迭代法收敛的充分必要条件是 $\rho(J)=\sqrt{\left|\frac{ac}{100}\right|}<1$，即 $|ac|<100$。

(2) 高斯-赛德尔迭代公式

$$\begin{cases}x_1{}^{(k+1)}=\dfrac{b_1}{10}-\dfrac{a}{10}x_2{}^{(k)}\\ x_2{}^{(k+1)}=\dfrac{b_2}{10}-\dfrac{c}{10}x_1{}^{(k+1)}\end{cases}$$

迭代矩阵 $\boldsymbol{G}=\begin{bmatrix}0 & -\frac{a}{10}\\ 0 & \frac{ac}{100}\end{bmatrix}$，故

$$|\lambda\boldsymbol{I}-\boldsymbol{G}|=\begin{vmatrix}\lambda & \frac{a}{10}\\ 0 & \lambda-\frac{ac}{100}\end{vmatrix}=\lambda(\lambda-\frac{ac}{100})=0$$

则特征值为 $\lambda=0$，$\frac{ac}{100}$，即谱半径 $\rho(\boldsymbol{G})=\left|\frac{ac}{100}\right|$。

故高斯-赛德尔迭代法收敛的充分必要条件是 $\rho(\boldsymbol{G})=\left|\frac{ac}{100}\right|$，即 $|ac|<100$。

例 5.12　设方程组 $\begin{cases}a_{11}x_1+a_{12}x_2=b_1\\ a_{21}x_1+a_{22}x_2=b_2\end{cases}$ $(a_{11},\ a_{22}\neq 0)$，迭代公式为

$$\begin{cases}x_1^{(k)}=\frac{1}{a_{11}}[b_1-a_{12}x_2^{(k-1)}]\\ x_2^{(k)}=\frac{1}{a_{22}}[b_2-a_{21}x_1^{(k-1)}]\end{cases}\qquad(k=1,\ 2,\ \cdots)$$

求证由上述迭代公式产生的迭代序列 $\{\boldsymbol{x}^{(k)}\}$ 收敛的充要条件为 $r=\left|\frac{a_{12}a_{21}}{a_{11}a_{22}}\right|<1$。

证明： 令 $\boldsymbol{D}=\begin{bmatrix}a_{11} & 0\\ 0 & a_{22}\end{bmatrix}$，$\boldsymbol{L}=\begin{bmatrix}0 & a_{12}\\ 0 & 0\end{bmatrix}$，$\boldsymbol{U}=\begin{bmatrix}0 & 0\\ a_{21} & 0\end{bmatrix}$，$\boldsymbol{x}^{(k)}=\begin{bmatrix}x_1^{(k)}\\ x_2^{(k)}\end{bmatrix}$，$\boldsymbol{b}=\begin{bmatrix}b_1\\ b_2\end{bmatrix}$
则由迭代公式可得，

$$\boldsymbol{x}^{(k)}=\boldsymbol{D}^{-1}[\boldsymbol{b}-(\boldsymbol{L}+\boldsymbol{U})\boldsymbol{x}^{(k-1)}]=-\boldsymbol{D}^{-1}(\boldsymbol{L}+\boldsymbol{U})\boldsymbol{x}^{(k-1)}+\boldsymbol{D}^{-1}\boldsymbol{b}$$

即此式为雅可比迭代公式，从而收敛的充要条件为 $\rho[\boldsymbol{D}^{-1}(\boldsymbol{L}+\boldsymbol{U})]<1$。而

$$[-\boldsymbol{D}^{-1}(\boldsymbol{L}+\boldsymbol{U})]=-\begin{bmatrix}a_{11}^{-1} & 0\\ 0 & a_{22}^{-1}\end{bmatrix}\begin{bmatrix}0 & a_{12}\\ a_{21} & 0\end{bmatrix}=\begin{bmatrix}0 & -\frac{a_{12}}{a_{11}}\\ -\frac{a_{21}}{a_{22}} & 0\end{bmatrix}$$

由

$$|\lambda\boldsymbol{I}+\boldsymbol{D}^{-1}(\boldsymbol{L}+\boldsymbol{U})|=\begin{vmatrix}\lambda & \frac{a_{12}}{a_{11}}\\ \frac{a_{21}}{a_{22}} & \lambda\end{vmatrix}=\lambda^2-\frac{a_{12}a_{21}}{a_{11}a_{22}}=0$$

可得 $\rho[\boldsymbol{D}^{-1}(\boldsymbol{L}+\boldsymbol{U})]=\sqrt{\left|\frac{a_{12}a_{21}}{a_{11}a_{22}}\right|}$，即

$$\rho[\boldsymbol{D}^{-1}(\boldsymbol{L}+\boldsymbol{U})]<1\Leftrightarrow r=\left|\frac{a_{12}a_{21}}{a_{11}a_{22}}\right|<1$$

得证。

例 5.13　设方程组$\begin{cases}11x_1-3x_2-2x_3=3\\-23x_1+11x_2+x_3=1\\x_1-2x_2+2x_3=-1\end{cases}$，建立收敛的迭代格式。

解： 将原方程组的第二个方程加上第一个方程的 2 倍，第三个方程的 10 倍加上第一和第二个方程，即得到与原方程组同解的方程组，为

$$\begin{cases}11x_1-3x_2-2x_3=3\\-x_1+5x_2-3x_3=7\\-2x_1-12x_2+19x_3=-6\end{cases}$$

新方程组的稀疏矩阵按行严格对角占优，故可以建立收敛的雅可比迭代格式和高斯-赛德尔迭代格式。

雅可比迭代公式如下：

$$\begin{cases}x_1^{(k+1)}=\dfrac{1}{11}(3x_2^{(k)}+2x_3^{(k)}+3)\\x_2^{(k+1)}=\dfrac{1}{5}(x_1^{(k)}+3x_3^{(k)}+7)\\x_3^{(k+1)}=\dfrac{1}{19}(2x_1^{(k)}+12x_2^{(k)}-6)\end{cases}$$

高斯-赛德尔迭代公式如下：

$$\begin{cases}x_1^{(k+1)}=\dfrac{1}{11}(3x_2^{(k)}+2x_3^{(k)}+3)\\x_2^{(k+1)}=\dfrac{1}{5}(x_1^{(k+1)}+3x_3^{(k)}+7)\\x_3^{(k+1)}=\dfrac{1}{19}(2x_1^{(k+1)}+12x_2^{(k+1)}-6)\end{cases}$$

例 5.14　设方程组$\begin{cases}x_1-\dfrac{1}{4}x_3-\dfrac{1}{4}x_4=\dfrac{1}{2}\\x_2-\dfrac{1}{4}x_3-\dfrac{1}{4}x_4=\dfrac{1}{2}\\-\dfrac{1}{4}x_1-\dfrac{1}{4}x_2+x_3=\dfrac{1}{2}\\-\dfrac{1}{4}x_1-\dfrac{1}{4}x_2+x_4=\dfrac{1}{2}\end{cases}$，求出解此方程组的雅克比迭代法和高斯-赛德尔迭代法的迭代矩阵的谱半径，判断是否收敛并比较二者的收敛快慢。

解：系数矩阵 $\boldsymbol{A}=\begin{pmatrix} 1 & 0 & -\frac{1}{4} & -\frac{1}{4} \\ 0 & 1 & -\frac{1}{4} & -\frac{1}{4} \\ -\frac{1}{4} & -\frac{1}{4} & 1 & 0 \\ -\frac{1}{4} & -\frac{1}{4} & 0 & 1 \end{pmatrix}$

(1) 用雅克比迭代矩阵求解。

$$\boldsymbol{J}=\begin{bmatrix} 1 & & & \\ & 1 & & \\ & & 1 & \\ & & & 1 \end{bmatrix}^{-1}\begin{bmatrix} 0 & 0 & \frac{1}{4} & \frac{1}{4} \\ 0 & 0 & \frac{1}{4} & \frac{1}{4} \\ \frac{1}{4} & \frac{1}{4} & 0 & 0 \\ \frac{1}{4} & \frac{1}{4} & 0 & 0 \end{bmatrix}=\begin{bmatrix} 0 & 0 & \frac{1}{4} & \frac{1}{4} \\ 0 & 0 & \frac{1}{4} & \frac{1}{4} \\ \frac{1}{4} & \frac{1}{4} & 0 & 0 \\ \frac{1}{4} & \frac{1}{4} & 0 & 0 \end{bmatrix}$$

由

$$\begin{aligned} |\lambda\boldsymbol{I}-\boldsymbol{J}| &= \begin{vmatrix} \lambda & 0 & -\frac{1}{4} & -\frac{1}{4} \\ 0 & \lambda & -\frac{1}{4} & -\frac{1}{4} \\ -\frac{1}{4} & -\frac{1}{4} & \lambda & 0 \\ -\frac{1}{4} & -\frac{1}{4} & 0 & \lambda \end{vmatrix} \\ &= \lambda^2\left(\lambda-\frac{1}{2}\right)\left(\lambda+\frac{1}{2}\right) \\ &= 0 \end{aligned}$$

可知，$\rho(\boldsymbol{J})=\frac{1}{2}<1$，故解此方程组的雅克比迭代法收敛。

(2) 用高斯-赛德尔迭代矩阵求解。

$$\boldsymbol{G}=\begin{pmatrix} 1 & 0 & 0 & 0 \\ 0 & 1 & 0 & 0 \\ -\frac{1}{4} & -\frac{1}{4} & 1 & 0 \\ -\frac{1}{4} & -\frac{1}{4} & 0 & 1 \end{pmatrix}^{-1}\begin{pmatrix} 0 & 0 & \frac{1}{4} & \frac{1}{4} \\ 0 & 0 & \frac{1}{4} & \frac{1}{4} \\ 0 & 0 & 0 & 0 \\ 0 & 0 & 0 & 0 \end{pmatrix}$$

$$=\begin{pmatrix}1&0&0&0\\0&1&0&0\\\frac{1}{4}&\frac{1}{4}&1&0\\\frac{1}{4}&\frac{1}{4}&0&1\end{pmatrix}\begin{pmatrix}0&0&\frac{1}{4}&\frac{1}{4}\\0&0&\frac{1}{4}&\frac{1}{4}\\0&0&0&0\\0&0&0&0\end{pmatrix}=\begin{pmatrix}0&0&\frac{1}{4}&\frac{1}{4}\\0&0&\frac{1}{4}&\frac{1}{4}\\0&0&\frac{1}{8}&\frac{1}{8}\\0&0&\frac{1}{8}&\frac{1}{8}\end{pmatrix}$$

由

$$|\lambda \boldsymbol{I}-\boldsymbol{G}|=\begin{vmatrix}\lambda&0&-\frac{1}{4}&-\frac{1}{4}\\0&\lambda&-\frac{1}{4}&-\frac{1}{4}\\0&0&\lambda-\frac{1}{8}&-\frac{1}{8}\\0&0&-\frac{1}{8}&\lambda-\frac{1}{8}\end{vmatrix}=\lambda^3(\lambda-\frac{1}{4})=0$$

可知 $\rho(\boldsymbol{G})=\frac{1}{4}<1$，故解此方程组的高斯-赛德尔迭代法收敛。

因为 $\rho(\boldsymbol{G})<\rho(\boldsymbol{J})$，故解此方程组的高斯-赛德尔迭代法比雅克比迭代法收敛更快。

例 5.15　给定方程组如下：

$$\begin{bmatrix}1&a&1\\a&2&0\\0&0&1\end{bmatrix}\begin{bmatrix}x_1\\x_2\\x_3\end{bmatrix}=\begin{bmatrix}1\\0\\1\end{bmatrix}$$

(1) 确定 a 的取值范围，使方程组对应的雅可比迭代收敛；

(2) 确定 a 的取值范围，使方程组对应的高斯-赛德尔迭代收敛。

解：(1) 雅克比迭代矩阵

$$\boldsymbol{J}=\boldsymbol{I}-\boldsymbol{D}^{-1}\boldsymbol{A}=\begin{bmatrix}0&-a&-1\\-\frac{a}{2}&0&0\\0&0&0\end{bmatrix}$$

由

$$|\lambda \boldsymbol{I}-\boldsymbol{J}|=\begin{vmatrix}\lambda&a&1\\\frac{a}{2}&\lambda&0\\0&0&\lambda\end{vmatrix}=\lambda(\lambda^2-\frac{a^2}{2})=0$$

求得特征值为 $\lambda_1=0$，$\lambda_{1,2}=\pm\frac{a}{\sqrt{2}}$，故 $\rho(\boldsymbol{B})=\frac{|a|}{\sqrt{2}}$，当 $\rho(\boldsymbol{B})<1$ 即 $|a|<\sqrt{2}$ 时，雅可比迭代法收敛。

(2) 高斯-赛德尔迭代矩阵

$$G = -(D+L)^{-1}U = \begin{bmatrix} 0 & -a & -1 \\ 0 & \dfrac{a^2}{2} & \dfrac{a}{2} \\ 0 & 0 & 0 \end{bmatrix}$$

由

$$|\lambda I - G| = \begin{vmatrix} \lambda & a & 1 \\ 0 & \lambda - \dfrac{a^2}{2} & 0 \\ 0 & 0 & \lambda \end{vmatrix} = \lambda^2\left(\lambda - \frac{a^2}{2}\right) = 0$$

求得特征值为 $\lambda_{1,2}=0$，$\lambda_3=\dfrac{a^2}{2}$，故 $\rho(G)=\dfrac{a^2}{2}$，当 $\rho(G)<1$ 即 $|a|<\sqrt{2}$ 时，高斯-赛德尔迭代法收敛。

例 5.16　判断线性方程组 $Ax=b$ 的雅克比和高斯-赛德尔迭代格式的收敛性，其中

$$A = \begin{bmatrix} 10 & a & 0 \\ b & 10 & b \\ 0 & a & 5 \end{bmatrix}$$

解法一：

(1) 雅克比迭代格式的迭代矩阵

$$J = \begin{bmatrix} 0 & -\dfrac{a}{10} & 0 \\ -\dfrac{b}{10} & 0 & -\dfrac{b}{10} \\ 0 & -\dfrac{a}{5} & 0 \end{bmatrix}$$

解特征方程

$$|\lambda I - J| = \begin{bmatrix} \lambda & \dfrac{a}{10} & 0 \\ \dfrac{b}{10} & \lambda & \dfrac{b}{10} \\ 0 & \dfrac{a}{5} & \lambda \end{bmatrix} = \lambda\left(\lambda^2 - \frac{3ab}{100}\right) = 0$$

得 $\lambda_1=0$，$\lambda_{2,3}=\pm\dfrac{\sqrt{|3ab|}}{10}$，即谱半径 $\rho(J)=\dfrac{\sqrt{|3ab|}}{10}$，故雅克比迭代格式收敛的充分必要条件是 $\rho(J)=\dfrac{\sqrt{|3ab|}}{10}<1$。

(2) 高斯-赛德尔迭代格式的迭代矩阵

$$G=-\begin{bmatrix}10 & 0 & 0\\ b & 10 & 0\\ 0 & a & 5\end{bmatrix}^{-1}\begin{bmatrix}0 & a & 0\\ 0 & 0 & b\\ 0 & 0 & 0\end{bmatrix}=\begin{bmatrix}0 & -\dfrac{a}{10} & 0\\ 0 & \dfrac{ab}{100} & -\dfrac{b}{10}\\ 0 & -\dfrac{a^2b}{500} & \dfrac{ab}{50}\end{bmatrix}$$

解特征方程

$$|\lambda I-G|=\begin{bmatrix}\lambda & \dfrac{a}{10} & 0\\ 0 & \lambda-\dfrac{ab}{100} & \dfrac{b}{10}\\ 0 & \dfrac{a^2b}{500} & \lambda-\dfrac{ab}{50}\end{bmatrix}=\lambda^2(\lambda-\frac{3ab}{100})=0$$

得 $\lambda_{1,2}=0$，$\lambda_3=\dfrac{3ab}{100}$，即谱半径 $\rho(G)=\dfrac{|3ab|}{100}$，故高斯-赛德尔迭代格式收敛的充分必要条件是 $\rho(G)=\dfrac{|3ab|}{100}<1$。

解法二：

(1) 雅克比迭代格式的迭代矩阵 J 的特征值满足方程

$$\begin{vmatrix}10\lambda & a & 0\\ b & 10\lambda & b\\ 0 & a & 5\lambda\end{vmatrix}=500\lambda^3-10ab\lambda-5ab\lambda=0$$

即 $500\lambda\left(\lambda^2-\dfrac{3ab}{100}\right)=0$，可解得 $\lambda_1=0$，$\lambda_{2,3}=\pm\dfrac{\sqrt{|3ab|}}{10}$，从而谱半径 $\rho(J)=\dfrac{\sqrt{|3ab|}}{10}$，故雅克比迭代格式收敛的充分必要条件是 $\rho(J)=\dfrac{\sqrt{|3ab|}}{10}<1$。

(2) 高斯-赛德尔迭代格式的迭代矩阵 G 的特征值满足方程

$$\begin{vmatrix}10\lambda & a & 0\\ b\lambda & 10\lambda & b\\ 0 & a\lambda & 5\lambda\end{vmatrix}=500\lambda^3-10ab\lambda^2-5ab\lambda^2=0$$

即 $500\lambda^2\left(\lambda-\dfrac{3ab}{100}\right)=0$，可解得 $\lambda_{1,2}=0$，$\lambda_3=\dfrac{3ab}{100}$，从而谱半径 $\rho(G)=\dfrac{|3ab|}{100}$，故高斯-赛德尔迭代格式收敛的充分必要条件是 $\rho(G)=\dfrac{|3ab|}{100}<1$。

注记：解法一是先求出迭代矩阵，再去求出迭代矩阵的特征值；而解法二不用求出迭代矩阵，直接去求解特征值满足的方程即可，计算量较小。所以，在仅仅需要判断迭代法求解方程组是否收敛，而不需要求出方程组的解时，常常采用解法二比较简单。

例 5.17　设矩阵 $\boldsymbol{A}$ 对称正定，有迭代公式

$$\boldsymbol{x}^{(k+1)} = \boldsymbol{x}^{(k)} - \omega(\boldsymbol{A}\boldsymbol{x}^{(k)} - \boldsymbol{b}) \qquad (k = 0, 1, 2, \cdots)$$

为使其收敛到方程组 $\boldsymbol{Ax}=\boldsymbol{b}$ 的解 $\boldsymbol{x}^*$，讨论参数 ω 的取值范围。

解： 迭代公式可改写成

$$\boldsymbol{x}^{(k+1)} = (\boldsymbol{I} - \omega\boldsymbol{A})\boldsymbol{x}^{(k)} + \omega\boldsymbol{b} \qquad (k = 0, 1, 2, \cdots)$$

因为 $\boldsymbol{A}$ 对称正定，故其特征值 $\lambda_i(i=1, 2, \cdots, n)$ 全为正，不妨设 $\lambda_1\geqslant\lambda_2\geqslant\cdots\geqslant\lambda_n>0$，则迭代矩阵 $\boldsymbol{B}=\boldsymbol{I}-\omega\boldsymbol{A}$ 的特征值为 $1-\omega\lambda_i(i=1, 2, \cdots, n)$。

若使迭代公式对任意初始向量都收敛，则应有 $|1-\omega\lambda_i|<1$，解得

$$0 < \omega < \frac{2}{\lambda_i} \qquad (i = 1, 2, \cdots, n)$$

即 $0<\omega<\dfrac{2}{\lambda_1}$，其中 λ_1 是系数矩阵的最大特征值。

由于 $\lambda_1 \leqslant \sum\limits_{i=1}^{n}\lambda_i = \sum\limits_{i=1}^{n}a_{ii}$，故可取 $0 < \omega < \dfrac{2}{\sum\limits_{i=1}^{n}a_{ii}}$。

5.4 习题解答

1. 设 $\boldsymbol{A}$、$\boldsymbol{B}\in\mathbf{R}^{n\times n}$ 为非奇异矩阵，证明：

(1) $\text{cond}(\boldsymbol{A})=\text{cond}(\boldsymbol{A}^{-1})$；

(2) $\text{cond}(\boldsymbol{AB})\leqslant\text{cond}(\boldsymbol{A})\text{cond}(\boldsymbol{B})$。

证明：(1) 由条件数的定义可得

$$\text{cond}(\boldsymbol{A}) = \|\boldsymbol{A}\|\,\|\boldsymbol{A}^{-1}\|, \text{cond}(\boldsymbol{A}^{-1}) = \text{cond}(\boldsymbol{A}) = \|\boldsymbol{A}^{-1}\|\,\|\boldsymbol{A}\|$$

故 $\text{cond}(\boldsymbol{A})=\text{cond}(\boldsymbol{A}^{-1})$。

(2) 由条件数的定义及矩阵范数的乘积不等式可得

$$\begin{aligned}\text{cond}(\boldsymbol{AB}) &= \|(\boldsymbol{AB})^{-1}\|\,\|\boldsymbol{AB}\| \\ &= \|\boldsymbol{B}^{-1}\boldsymbol{A}^{-1}\|\,\|\boldsymbol{AB}\| \leqslant \|\boldsymbol{B}^{-1}\|\,\|\boldsymbol{A}^{-1}\|\,\|\boldsymbol{A}\|\,\|\boldsymbol{B}\| \\ &= (\|\boldsymbol{A}^{-1}\|\,\|\boldsymbol{A}\|)(\|\boldsymbol{B}^{-1}\|\,\|\boldsymbol{B}\|) = \text{cond}(\boldsymbol{A})\text{cond}(\boldsymbol{B})\end{aligned}$$

2. 设

$$\boldsymbol{A} = \begin{bmatrix} 2 & -1 & 0 \\ -1 & 2 & -1 \\ 0 & -1 & 2 \end{bmatrix}$$

计算 $\text{cond}(\boldsymbol{A})_v(v=2, \infty)$。

解： 根据高斯若当消去法，可得

$$A^{-1}=\begin{bmatrix}\frac{3}{4} & \frac{1}{2} & \frac{1}{4}\\ \frac{1}{2} & 1 & \frac{1}{2}\\ \frac{1}{4} & \frac{1}{2} & \frac{3}{4}\end{bmatrix}$$

从而有 $\|A\|_\infty=4$，$\|A^{-1}\|_\infty=2$，所以

$$\mathrm{cond}\,(A)_\infty=\|A\|_\infty\|A^{-1}\|_\infty=8$$

又因为 A 是对称矩阵，故由

$$|\lambda I-A|=\begin{vmatrix}\lambda-2 & 1 & 0\\ 1 & \lambda-2 & 1\\ 0 & 1 & \lambda-2\end{vmatrix}=(\lambda-2)(\lambda^2-4\lambda+2)=0$$

解得 A 的特征值为 2，$2+\sqrt{2}$，$2-\sqrt{2}$。从而

$$\mathrm{cond}\,(A)_2=\frac{\lambda_{\max}(A)}{\lambda_{\min}(A)}=\frac{2+\sqrt{2}}{2-\sqrt{2}}=3+2\sqrt{2}$$

还可以如下求解：

$$AA^{\mathrm{T}}=\begin{bmatrix}2 & -1 & 0\\ -1 & 2 & -1\\ 0 & -1 & 2\end{bmatrix}\begin{bmatrix}2 & -1 & 0\\ -1 & 2 & -1\\ 0 & -1 & 2\end{bmatrix}^T=\begin{bmatrix}5 & -4 & 1\\ -4 & 6 & -4\\ 1 & -4 & 5\end{bmatrix}$$

由

$$|\lambda I-AA^{\mathrm{T}}|=\begin{vmatrix}\lambda-5 & 4 & -1\\ 4 & \lambda-6 & 4\\ -1 & 4 & \lambda-5\end{vmatrix}=(\lambda-4)(\lambda^2-12\lambda+4)=0$$

解得其特征值为 4，$6+4\sqrt{2}$，$6-4\sqrt{2}$，从而

$$\mathrm{cond}\,(A)_2=\sqrt{\frac{\lambda_{\max}(AA^{\mathrm{T}})}{\lambda_{\min}(AA^{\mathrm{T}})}}=\sqrt{\frac{6+4\sqrt{2}}{6-4\sqrt{2}}}=\frac{2+\sqrt{2}}{2-\sqrt{2}}=3+2\sqrt{2}$$

3. 用列主元消去法解下列线性方程组：

$$\begin{bmatrix}0 & 2 & 0 & 1\\ 2 & 2 & 3 & 2\\ 4 & -3 & 0 & 1\\ 6 & 1 & -6 & -5\end{bmatrix}\begin{bmatrix}x_1\\ x_2\\ x_3\\ x_4\end{bmatrix}=\begin{bmatrix}0\\ -2\\ -7\\ 6\end{bmatrix}$$

解：使用列主元消去法，对增广矩阵行进行初等变换，得

$$\left[\begin{array}{cccc:c}0&2&0&1&0\\2&2&3&2&-2\\4&-3&0&1&-7\\6&1&-6&-5&6\end{array}\right]\to\left[\begin{array}{cccc:c}6&1&-6&-5&6\\2&2&3&2&-2\\4&-3&0&1&-7\\0&2&0&1&0\end{array}\right]$$

$$\to\left[\begin{array}{cccc:c}6&1&-6&-5&6\\0&\frac{5}{3}&5&\frac{11}{3}&-4\\0&-\frac{11}{3}&4&\frac{13}{3}&-11\\0&2&0&1&0\end{array}\right]\to\left[\begin{array}{cccc:c}6&1&-6&-5&6\\0&-\frac{11}{3}&4&\frac{13}{3}&-11\\0&\frac{5}{3}&5&\frac{11}{3}&-4\\0&2&0&1&0\end{array}\right]$$

$$\to\left[\begin{array}{cccc:c}6&1&-6&-5&6\\0&-\frac{11}{3}&4&\frac{13}{3}&-11\\0&0&\frac{75}{11}&\frac{186}{33}&-9\\0&0&\frac{24}{11}&\frac{111}{33}&-6\end{array}\right]\to\left[\begin{array}{cccc:c}6&1&-6&-5&6\\0&-\frac{11}{3}&4&\frac{13}{3}&-11\\0&0&\frac{75}{11}&\frac{186}{33}&-9\\0&0&0&\frac{1287}{825}&-\frac{78}{25}\end{array}\right]$$

故得上三角方程组

$$\begin{bmatrix}6&1&-6&-5\\0&-\frac{11}{3}&4&\frac{13}{3}\\0&0&\frac{75}{11}&\frac{186}{33}\\0&0&0&\frac{1287}{825}\end{bmatrix}\begin{bmatrix}x_1\\x_2\\x_3\\x_4\end{bmatrix}=\begin{bmatrix}6\\-11\\-9\\-\frac{78}{25}\end{bmatrix}$$

进一步解得 $x_4=-2$，$x_3=\frac{1}{3}$，$x_2=1$，$x_1=-\frac{1}{2}$。

4. 设 $\boldsymbol{A}=(a_{ij})_n$ 是对称正定矩阵，经过高斯消去法一步后，$\boldsymbol{A}$ 约化为

$$\begin{bmatrix}a_{11}&\boldsymbol{a}_1^{\mathrm{T}}\\0&\boldsymbol{A}_2\end{bmatrix}$$

其中 $\boldsymbol{A}_2=(a_{ij}^{(2)})_{n-1}$。证明：

(1) $\boldsymbol{A}$ 的对角元素 $a_{ii}>0(i=1,2,\cdots,n)$；

(2) $\boldsymbol{A}_2$ 是对称正定矩阵。

证明：参见例 5.4 的(1)(2)的解答。

5. 证明 $\boldsymbol{A}=\begin{bmatrix}0&1\\1&1\end{bmatrix}$没有 $\boldsymbol{LU}$ 分解。

证明：假设

$$A=\begin{bmatrix}0&1\\1&1\end{bmatrix}=\begin{bmatrix}1&0\\l_{21}&1\end{bmatrix}\begin{bmatrix}u_{11}&u_{12}\\0&u_{22}\end{bmatrix}$$

则有

$$\begin{cases}u_{11}=0\\u_{12}=1\\l_{21}u_{11}=1\\l_{21}u_{12}+u_{22}=1\end{cases}$$

可得 $l_{21}u_{11}=1$ 无解，故 $A=\begin{bmatrix}0&1\\1&1\end{bmatrix}$没有 LU 分解。

6. 用矩阵的直接三角分解法(Doolittle 分解)解下列方程组：

$$\begin{bmatrix}1&0&2&0\\0&1&0&1\\1&2&4&3\\0&1&0&3\end{bmatrix}\begin{bmatrix}x_1\\x_2\\x_3\\x_4\end{bmatrix}=\begin{bmatrix}5\\3\\17\\7\end{bmatrix}$$

解：系数矩阵分解为

$$\begin{pmatrix}1&0&2&0\\0&1&0&1\\1&2&4&3\\0&1&0&3\end{pmatrix}=\begin{pmatrix}1&&&\\0&1&&\\1&2&1&\\0&1&0&1\end{pmatrix}\begin{pmatrix}1&0&2&0\\&1&0&1\\&&2&1\\&&&2\end{pmatrix}$$

$$求解\begin{pmatrix}1&&&\\0&1&&\\1&2&1&\\0&1&0&1\end{pmatrix}\begin{pmatrix}y_1\\y_2\\y_3\\y_4\end{pmatrix}=\begin{pmatrix}5\\3\\17\\7\end{pmatrix}，可得\begin{cases}y_1=5\\y_2=3\\y_3=6\\y_4=4\end{cases}$$

$$再求解\begin{pmatrix}1&0&2&0\\&1&0&1\\&&2&1\\&&&2\end{pmatrix}\begin{pmatrix}x_1\\x_2\\x_3\\x_4\end{pmatrix}=\begin{pmatrix}5\\3\\6\\4\end{pmatrix}，可得\begin{cases}x_1=1\\x_2=1\\x_3=2\\x_4=2\end{cases}$$

7. 设四阶方阵 $A=\begin{bmatrix}4&2&1&5\\8&7&2&10\\4&8&3&6\\12&6&11&20\end{bmatrix}$。

(1) 用紧凑格式求单位下三角阵 L 和上三角阵 U，$A=LU$；

(2) 用以上 LU 分解求解方程组 $Ax=b$，其中 $b=[1, 5, 5, 3]^T$；

(3) 若 b 有扰动 $\|\delta b\|_\infty=\frac{1}{2}\times10^{-7}$，试估计由此引起的解的相对误差限。

解： (1) $A=\begin{bmatrix}1&0&0&0\\2&1&0&0\\1&2&1&0\\3&0&4&1\end{bmatrix}\begin{bmatrix}4&2&1&5\\0&3&0&0\\0&0&2&1\\0&0&0&1\end{bmatrix}=LU$

(2) 由
$$\begin{bmatrix}1&0&0&0\\2&1&0&0\\1&2&1&0\\3&0&4&1\end{bmatrix}\begin{bmatrix}y_1\\y_2\\y_3\\y_4\end{bmatrix}=\begin{bmatrix}1\\5\\5\\3\end{bmatrix}$$
解得 $y=[1, 3, -2, 8]^T$。

再由
$$\begin{bmatrix}4&2&1&5\\0&3&0&0\\0&0&2&1\\0&0&0&1\end{bmatrix}\begin{bmatrix}x_1\\x_2\\x_3\\x_4\end{bmatrix}=\begin{bmatrix}1\\3\\-2\\8\end{bmatrix}$$
解得 $x=[-9, 1, -5, 8]^T$。

(3) 因为 $\|b\|_\infty=5$，$\|\delta b\|_\infty=\frac{1}{2}\times10^{-7}$，$\|A\|_\infty=49$，由高斯-若当消去法得

$$[A \vdots I]=\left[\begin{array}{cccc:cccc}4&2&1&5&1&0&0&0\\8&7&2&10&0&1&0&0\\4&8&3&6&0&0&1&0\\12&6&11&20&0&0&0&1\end{array}\right]\to\left[\begin{array}{cccc:cccc}4&2&1&5&1&0&0&0\\0&3&0&0&-2&1&0&0\\0&6&2&1&-1&0&1&0\\0&0&8&5&-3&0&0&1\end{array}\right]$$

$$\to\left[\begin{array}{cccc:cccc}4&2&1&5&1&0&0&0\\0&3&0&0&-2&1&0&0\\0&0&2&1&3&-2&1&0\\0&0&8&5&-3&0&0&1\end{array}\right]\to\left[\begin{array}{cccc:cccc}4&2&1&5&1&0&0&0\\0&3&0&0&-2&1&0&0\\0&0&2&1&3&-2&1&0\\0&0&0&1&-15&8&-4&1\end{array}\right]$$

$$\to\left[\begin{array}{cccc:cccc}4&0&1&5&\frac{7}{3}&-\frac{2}{3}&0&0\\0&3&0&0&-2&1&0&0\\0&0&2&1&3&-2&1&0\\0&0&0&1&-15&8&-4&1\end{array}\right]\to\left[\begin{array}{cccc:cccc}4&0&0&\frac{9}{2}&\frac{5}{6}&\frac{1}{3}&-\frac{1}{2}&0\\0&3&0&0&-2&1&0&0\\0&0&2&1&3&-2&1&0\\0&0&0&1&-15&8&-4&1\end{array}\right]$$

$$\rightarrow\left[\begin{array}{cccc:cccc}4&0&0&\frac{9}{2}&\frac{5}{6}&\frac{1}{3}&-\frac{1}{2}&0\\0&3&0&0&-2&1&0&0\\0&0&2&0&18&-10&5&-1\\0&0&0&1&-15&8&-4&1\end{array}\right]\rightarrow\left[\begin{array}{cccc:cccc}4&0&0&0&\frac{205}{3}&-\frac{107}{3}&\frac{35}{2}&-\frac{9}{2}\\0&3&0&0&-2&1&0&0\\0&0&2&0&18&-10&5&-1\\0&0&0&1&-15&8&-4&1\end{array}\right]$$

$$\rightarrow\left[\begin{array}{cccc:cccc}1&0&0&0&\frac{205}{12}&-\frac{107}{12}&\frac{35}{8}&-\frac{9}{8}\\0&1&0&0&-\frac{2}{3}&\frac{1}{3}&0&0\\0&0&1&0&9&-5&\frac{5}{2}&-\frac{1}{2}\\0&0&0&1&-15&8&-4&1\end{array}\right]$$

$$=[\boldsymbol{I}\,\vdots\,\boldsymbol{A}^{-1}]$$

即

$$\boldsymbol{A}^{-1}=\begin{bmatrix}\frac{205}{12}&-\frac{107}{12}&\frac{35}{8}&-\frac{9}{8}\\-\frac{2}{3}&\frac{1}{3}&0&0\\9&-5&\frac{5}{2}&-\frac{1}{2}\\-15&8&-4&1\end{bmatrix}$$

故 $\|\boldsymbol{A}^{-1}\|_\infty=\max\{31.5，1，17，28\}=31.5$，从而由此引起的解的相对误差限为

$$\frac{\|\delta\boldsymbol{x}\|_\infty}{\|\boldsymbol{x}\|_\infty}\leqslant\|\boldsymbol{A}\|_\infty\|\boldsymbol{A}^{-1}\|_\infty\frac{\|\delta\boldsymbol{b}\|_\infty}{\|\boldsymbol{b}\|_\infty}=49\times31.5\times\frac{\frac{1}{2}\times10^{-7}}{5}=1.5435\times10^{-5}$$

8. 用平方根法(Cholesky 分解)解下列方程组：

$$\begin{bmatrix}3&2&3\\2&2&0\\3&0&12\end{bmatrix}\begin{bmatrix}x_1\\x_2\\x_3\end{bmatrix}=\begin{bmatrix}5\\3\\7\end{bmatrix}$$

解：由系数矩阵的对称正定性，可令 $\boldsymbol{A}=\boldsymbol{L}\boldsymbol{L}^{\mathrm{T}}$，其中 $\boldsymbol{L}$ 为下三角阵。

$$\begin{bmatrix}3&2&3\\2&2&0\\3&0&12\end{bmatrix}=\begin{bmatrix}\sqrt{3}&&\\\frac{2\sqrt{3}}{3}&\frac{\sqrt{6}}{3}&\\\sqrt{3}&-\sqrt{6}&\sqrt{3}\end{bmatrix}\begin{bmatrix}\sqrt{3}&\frac{2\sqrt{3}}{3}&\sqrt{3}\\&\frac{\sqrt{6}}{3}&-\sqrt{6}\\&&\sqrt{3}\end{bmatrix}$$

$$\text{求解}\begin{bmatrix}\sqrt{3} & & \\ \frac{2\sqrt{3}}{3} & \frac{\sqrt{6}}{3} & \\ \sqrt{3} & -\sqrt{6} & \sqrt{3}\end{bmatrix}\begin{bmatrix}y_1\\y_2\\y_3\end{bmatrix}=\begin{bmatrix}5\\3\\7\end{bmatrix}\quad\text{可得}\begin{cases}y_1=\frac{5}{\sqrt{3}}\\ y_2=-\frac{1}{\sqrt{6}}\\ y_3=\frac{1}{\sqrt{3}}\end{cases}$$

$$\text{求解}\begin{bmatrix}\sqrt{3} & \frac{2\sqrt{3}}{3} & \sqrt{3}\\ & \frac{\sqrt{6}}{3} & -\sqrt{6}\\ & & \sqrt{3}\end{bmatrix}\begin{bmatrix}x_1\\x_2\\x_3\end{bmatrix}=\begin{bmatrix}y_1\\y_2\\y_3\end{bmatrix}\quad\text{可得}\begin{cases}x_1=1\\ x_2=\frac{1}{2}\\ x_3=\frac{1}{3}\end{cases}$$

9. 用追赶法求解如下的方程组：

$$\begin{bmatrix}8 & -1 & & & \\ 2 & 8 & 1 & & \\ & 1 & 8 & -1 & \\ & & 2 & 8 & 1\\ & & & 1 & 8\end{bmatrix}\begin{bmatrix}x_1\\x_2\\x_3\\x_4\\x_5\end{bmatrix}=\begin{bmatrix}2.2\\-2.54\\8.26\\8.32\\-4.3\end{bmatrix}$$

解：

$$\begin{bmatrix}8 & -1 & & & \\ 2 & 8 & 1 & & \\ & 1 & 8 & -1 & \\ & & 2 & 8 & 1\\ & & & 1 & 8\end{bmatrix}\to\begin{bmatrix}8 & -1 & & & \\ \frac{1}{4} & \frac{33}{4} & 1 & & \\ & \frac{4}{33} & \frac{260}{33} & -1 & \\ & & \frac{33}{130} & \frac{1073}{130} & 1\\ & & & \frac{130}{1073} & \frac{8454}{1073}\end{bmatrix}$$

解下三角方程组

$$\begin{bmatrix}1 & & & & \\ \frac{1}{4} & 1 & & & \\ & \frac{4}{33} & 1 & & \\ & & \frac{33}{130} & 1 & \\ & & & \frac{130}{1073} & 1\end{bmatrix}\begin{bmatrix}y_1\\y_2\\y_3\\y_4\\y_5\end{bmatrix}=\begin{bmatrix}2.2\\-2.54\\8.26\\8.32\\-4.3\end{bmatrix}$$

可得

$$\begin{bmatrix} y_1 \\ y_2 \\ y_3 \\ y_4 \\ y_5 \end{bmatrix} = \begin{bmatrix} 2.2 \\ -3.09 \\ 8.63 \\ 6.13 \\ -5.04 \end{bmatrix}$$

再解上三角方程组

$$\begin{bmatrix} 8 & -1 & & & \\ & \frac{33}{4} & 1 & & \\ & & \frac{260}{33} & -1 & \\ & & & \frac{1073}{130} & 1 \\ & & & & \frac{8454}{1073} \end{bmatrix} \begin{bmatrix} x_1 \\ x_2 \\ x_3 \\ x_4 \\ x_5 \end{bmatrix} = \begin{bmatrix} 2.2 \\ -3.09 \\ 8.63 \\ 6.13 \\ -5.04 \end{bmatrix}$$

可得

$$\begin{bmatrix} x_1 \\ x_2 \\ x_3 \\ x_4 \\ x_5 \end{bmatrix} = \begin{bmatrix} 0.21 \\ -0.52 \\ 1.20 \\ 0.82 \\ -0.64 \end{bmatrix}$$

10. 给定方程组：

$$\begin{bmatrix} 8 & -3 & 2 \\ 4 & 11 & -1 \\ 6 & 3 & 12 \end{bmatrix} \begin{bmatrix} x_1 \\ x_2 \\ x_3 \end{bmatrix} = \begin{bmatrix} 20 \\ 33 \\ 36 \end{bmatrix}$$

(1) 证明用雅可比法及高斯-塞德尔法求解时迭代收敛；

(2) 用雅可比法与高斯-塞德尔法求解，要求 $\| \boldsymbol{x}^{(k+1)} - \boldsymbol{x}^{(k)} \|_\infty \leqslant 10^{-3}$。

证明：(1) 因为系数矩阵严格按行对角占优，所以用雅可比法及高斯-塞德尔法求解时迭代收敛。

解：(2) 建立雅可比法迭代格式为

$$\begin{cases} x_1^{(k+1)} = \dfrac{1}{8}(20 + 3x_2^{(k)} - 2x_3^{(k)}) \\ x_2^{(k+1)} = \dfrac{1}{11}(33 - 4x_1^{(k)} + x_3^{(k)}) \qquad (k = 0, 1, 2, 3, \cdots) \\ x_3^{(k)} = \dfrac{1}{4}(12 - 2x_1^{(k)} - x_2^{(k)}) \end{cases}$$

取迭代初值 $\boldsymbol{x}^{(0)}=(0, 0, 0)^{\mathrm{T}}$，要求 $\|\boldsymbol{x}^{(k+1)}-\boldsymbol{x}^{(k)}\|_{\infty}\leqslant 10^{-3}$，计算结果如下：

$$\boldsymbol{x}^{(1)}=[2.5000, 3.0000, 3.0000]^{\mathrm{T}}$$
$$\boldsymbol{x}^{(2)}=[2.8750, 2.3636, 1.0000]^{\mathrm{T}}$$
$$\boldsymbol{x}^{(3)}=[3.1364, 2.0455, 0.9716]^{\mathrm{T}}$$

建立高斯-塞德尔法迭代格式为

$$\begin{cases} x_1^{(k+1)}=\dfrac{1}{8}(20+3x_2^{(k)}-2x_3^{(k)}) \\ x_2^{(k+1)}=\dfrac{1}{11}(33-4x_1^{(k+1)}+x_3^{(k)}) \qquad (k=0, 1, 2, 3, \cdots) \\ x_3^{(k)}=\dfrac{1}{4}(12-2x_1^{(k+1)}-x_2^{(k+1)}) \end{cases}$$

取迭代初值 $\boldsymbol{x}^{(0)}=(0, 0, 0)^{\mathrm{T}}$，要求 $\|\boldsymbol{x}^{(k+1)}-\boldsymbol{x}^{(k)}\|_{\infty}\leqslant 10^{-3}$，计算结果如下：

$$\boldsymbol{x}^{(1)}=[2.5000, 2.0909, 1.2273]^{\mathrm{T}}$$
$$\boldsymbol{x}^{(2)}=[2.9772, 2.0289, 1.0043]^{\mathrm{T}}$$
$$\boldsymbol{x}^{(3)}=[3.0098, 21.9968, 0.9959]^{\mathrm{T}}$$

与精确解 $\boldsymbol{x}^{(*)}=(3, 2, 1)^{\mathrm{T}}$ 比较，本题用高斯-赛德尔法求解比用雅可比法精度高，或者说收敛快。

11. 设 a 为实数，且

$$\boldsymbol{A}=\begin{bmatrix} 1 & a & a \\ a & 1 & a \\ a & a & 1 \end{bmatrix}$$

(1) a 取何值时，用雅可比迭代法求解 $\boldsymbol{Ax}=\boldsymbol{b}$ 收敛?

(2) a 取何值时，用高斯-赛德尔迭代法求解 $\boldsymbol{Ax}=\boldsymbol{b}$ 收敛?

解： 矩阵 $\boldsymbol{A}$ 显然对称。当 $-\dfrac{1}{2}<a<\dfrac{1}{2}<1$ 时，有

$$\det\begin{bmatrix} 1 & a \\ a & 1 \end{bmatrix}=1-a^2>0$$

$$\det(\boldsymbol{A})=(1-a)^2(1+2a)>0$$

故 $\boldsymbol{A}$ 是对称正定的。

(1) **解法 1：** 当 $-\dfrac{1}{2}<a<\dfrac{1}{2}$ 时，$\boldsymbol{A}$ 是按行严格对角占优阵，因此雅克比迭代法收敛。

解法 2： 雅克比法迭代矩阵为

$$\boldsymbol{B}=\begin{vmatrix} 0 & -a & -a \\ -a & 0 & -a \\ -a & -a & 0 \end{vmatrix}$$

$$\det(\lambda \boldsymbol{I}-\boldsymbol{B})=\begin{vmatrix}\lambda & a & a\\ a & \lambda & a\\ a & a & \lambda\end{vmatrix}=\lambda^3-3\lambda a^2+2a^3=(\lambda-a)^2(\lambda+2a)$$

故 $\rho(\boldsymbol{B})=|2a|$，当 $-\dfrac{1}{2}<a<\dfrac{1}{2}$ 时，雅可比迭代法收敛。

(2) 当 $-\dfrac{1}{2}<a<1$ 时，$\boldsymbol{A}$ 是对称正定的，故用高斯-赛德尔迭代法求解 $\boldsymbol{Ax}=\boldsymbol{b}$ 收敛。

12. 给定方程组：

$$\begin{bmatrix}1 & a & 0\\ a & 2 & 0\\ 1 & 0 & 1\end{bmatrix}\begin{bmatrix}x_1\\ x_2\\ x_3\end{bmatrix}\begin{bmatrix}1\\ 0\\ 1\end{bmatrix}$$

(1) 确定 a 的取值范围，使方程组对应的雅可比迭代法和高斯-赛德尔迭代法分别收敛，并比较两种方法的收敛快慢；

(2) 当 $a=2$ 时，用直接三角分解法求该方程组的解。

解：(1) 方程组对应的雅可比迭代矩阵为

$$\boldsymbol{B}_{\mathrm{J}}=\begin{bmatrix}0 & -a & 0\\ -a/2 & 0 & 0\\ -1 & 0 & 0\end{bmatrix}$$

则

$$|\lambda \boldsymbol{I}-\boldsymbol{B}_{\mathrm{J}}|=\begin{vmatrix}\lambda & a & 0\\ a/2 & \lambda & 0\\ 1 & 0 & \lambda\end{vmatrix}=\lambda(\lambda^2-a^2/2)$$

解之得 $\lambda_1=0$，$\lambda_{2,3}=\pm\sqrt{a^2/2}=\pm|a|/\sqrt{2}$。其谱半径 $\rho(\boldsymbol{B}_{\mathrm{J}})=\max|\lambda|=\dfrac{|a|}{\sqrt{2}}$。由 $\rho(\boldsymbol{B}_{\mathrm{J}})<1$，得 $a\in(-\sqrt{2},\sqrt{2})$。

方程组对应的高斯-赛德尔迭代矩阵为

$$\boldsymbol{B}_{\mathrm{G}}=\begin{bmatrix}0 & -a & 0\\ 0 & a^2/2 & 0\\ 0 & a & 0\end{bmatrix}$$

则

$$|\lambda \boldsymbol{I}-\boldsymbol{B}_{\mathrm{G}}|=\begin{vmatrix}\lambda & a & 0\\ 0 & \lambda-a^2/2 & 0\\ 0 & -a & \lambda\end{vmatrix}=\lambda^2(\lambda-a^2/2)$$

解之得 $\lambda_{1,2}=0$，$\lambda_3=\dfrac{a^2}{2}$。其谱半径 $\rho(\boldsymbol{B}_{\mathrm{G}})=\max|\lambda|=\dfrac{a^2}{2}$。由 $\rho(\boldsymbol{B}_{\mathrm{G}})<1$，得 $a\in(-\sqrt{2},\sqrt{2})$。

由此可见，对于固定的 $a\in(-\sqrt{2},\sqrt{2})$，$\rho(\boldsymbol{B}_{\mathrm{J}})>\rho(\boldsymbol{B}_{\mathrm{G}})$，所以雅可比迭代比高斯-赛德

尔迭代慢。

(2) 当 $a=2$ 时，所给方程组的系数矩阵为 $\boldsymbol{A}=\begin{bmatrix}1&2&0\\2&2&0\\1&0&1\end{bmatrix}$，设

$$\boldsymbol{A}=\begin{bmatrix}1&&\\l_{21}&1&\\l_{31}&l_{32}&1\end{bmatrix}\begin{bmatrix}u_{11}&u_{12}&u_{13}\\&u_{22}&u_{23}\\&&u_{33}\end{bmatrix}$$

由算式

$$\begin{cases}u_{1j}=a_{1j}\quad(j=1,2,3)\\u_{kj}=a_{kj}-\sum\limits_{m=1}^{k-1}l_{km}u_{mj}\quad(k=2,3;\ j=2,3)\\l_{i1}=a_{i1}/u_{11}\quad(i=2,3)\\l_{ik}=(a_{ik}-\sum\limits_{m=1}^{k-1}l_{im}u_{mk})/u_{kk}\quad(k=2,3;\ i=3)\end{cases}$$

得 $u_{11}=1$，$u_{12}=2$，$u_{13}=0$，$l_{21}=2$，$l_{31}=1$，$u_{22}=-2$，$u_{23}=0$，$l_{32}=1$，$l_{33}=1$，$u_{33}=1$。

所以有

$$\boldsymbol{A}=\begin{bmatrix}1&2&0\\2&2&0\\1&0&1\end{bmatrix}=\begin{bmatrix}1&0&0\\2&1&0\\1&1&1\end{bmatrix}\begin{bmatrix}1&2&0\\0&-2&0\\0&0&1\end{bmatrix}$$

即原方程变形为

$$\begin{bmatrix}1&0&0\\2&1&0\\1&1&1\end{bmatrix}\begin{bmatrix}1&2&0\\0&-2&0\\0&0&1\end{bmatrix}\begin{bmatrix}x_1\\x_2\\x_3\end{bmatrix}=\begin{bmatrix}1\\0\\1\end{bmatrix}$$

解

$$\begin{bmatrix}1&0&0\\2&1&0\\1&1&1\end{bmatrix}\begin{bmatrix}y_1\\y_2\\y_3\end{bmatrix}=\begin{bmatrix}1\\0\\1\end{bmatrix}$$

得

$$\begin{bmatrix}y_1\\y_2\\y_3\end{bmatrix}=\begin{bmatrix}1\\-2\\2\end{bmatrix}$$

再解

$$\begin{bmatrix}1&2&0\\0&-2&0\\0&0&1\end{bmatrix}\begin{bmatrix}x_1\\x_2\\x_3\end{bmatrix}=\begin{bmatrix}1\\-2\\2\end{bmatrix}$$

得
$$x_1=-1,\ x_2=1,\ x_3=2$$
故 $\boldsymbol{x}^*=[-1,1,2]^{\mathrm{T}}$ 即为所求。

13. 用 SOR 方法解下列方程组(取 $\omega=0.9$)：
$$\begin{cases}5x_1+2x_2+x_3=-12\\-x_1+4x_2+2x_3=20\\2x_1-3x_2+10x_3=3\end{cases}$$
要求当 $\|\boldsymbol{x}^{(k+1)}-\boldsymbol{x}^{(k)}\|_\infty<10^{-4}$ 时迭代终止。

解： 参见例 5.10 的(3)的解答。

14. 给定方程组 $\begin{cases}x_1+ax_2=2\\ax_1+2x_2=1\end{cases}$，分别写出该方程组的雅可比迭代矩阵和高斯-赛德尔迭代矩阵，并给出这两种迭代法收敛的充分必要条件。

解： 系数矩阵
$$\boldsymbol{A}=\begin{bmatrix}1&a\\a&2\end{bmatrix}$$
雅可比迭代矩阵
$$\boldsymbol{J}=\begin{bmatrix}0&-a\\-\dfrac{a}{2}&0\end{bmatrix}$$
(或者因为迭代矩阵的特征值满足 $\begin{vmatrix}\lambda&a\\a&2\lambda\end{vmatrix}=0$)解得特征值为 $\pm\dfrac{a}{\sqrt{2}}$，谱半径 $\rho(\boldsymbol{J})=\dfrac{|a|}{\sqrt{2}}$。

从而，雅可比迭代法收敛的充分必要条件是 $\rho(\boldsymbol{J})=\dfrac{|a|}{\sqrt{2}}<1$，即 $|a|<\sqrt{2}$。

高斯-赛德尔迭代矩阵
$$\boldsymbol{G}=-(\boldsymbol{D}+\boldsymbol{L})^{-1}\boldsymbol{U}=\begin{bmatrix}1&\\a&2\end{bmatrix}^{-1}\begin{bmatrix}0&a\\0&0\end{bmatrix}=\frac{1}{2}\begin{bmatrix}2&\\-a&1\end{bmatrix}\begin{bmatrix}0&a\\0&0\end{bmatrix}=\begin{bmatrix}0&a\\0&-\dfrac{a^2}{2}\end{bmatrix}$$
(或者因为迭代矩阵的特征值满足 $\begin{vmatrix}\lambda&a\\a\lambda&2\lambda\end{vmatrix}=0$)解得特征值为 0 和 $\dfrac{a^2}{2}$，谱半径 $\rho(\boldsymbol{G})=\dfrac{a^2}{2}$。

从而，高斯-赛德尔迭代法收敛的充分必要条件是 $\rho(\boldsymbol{G})=\dfrac{a^2}{2}<1$，即 $|a|<\sqrt{2}$。

15. 已知方程组
$$\begin{bmatrix}64&-3&-1\\1&1&40\\2&-90&1\end{bmatrix}\begin{bmatrix}x_1\\x_2\\x_3\end{bmatrix}=\begin{bmatrix}14\\20\\-5\end{bmatrix}$$
对方程组作简单调整，使得雅可比迭代和高斯-赛德尔迭代方法均收敛(说明理由)；并写出调整后方程组的两种算法的迭代公式和迭代矩阵。

解：将所给方程组中的第 3 个方程和第 2 个方程交换位置，得到新的同解方程组

$$\begin{bmatrix} 64 & -3 & -1 \\ 2 & -90 & 1 \\ 1 & 1 & 40 \end{bmatrix}\begin{bmatrix} x_1 \\ x_2 \\ x_3 \end{bmatrix} = \begin{bmatrix} 14 \\ -5 \\ 20 \end{bmatrix}$$

其系数矩阵按行严格对角占优，所以用雅可比迭代法和高斯-赛德尔迭代法求解一定收敛。

（1）雅可比迭代法求解：迭代公式分量表示形式为

$$\begin{cases} x_1^{(k+1)} = \dfrac{1}{64}(3x_2^{(k)} + x_3^{(k)} + 14) \\ x_2^{(k+1)} = -\dfrac{1}{90}(-2x_1^{(k)} - x_3^{(k)} - 5) \\ x_3^{(k+1)} = \dfrac{1}{40}(-x_1^{(k)} - x_2^{(k)} + 20) \end{cases}$$

迭代矩阵为

$$\boldsymbol{B}_{\mathrm{J}} = \begin{bmatrix} 0 & \dfrac{3}{64} & \dfrac{1}{64} \\ -\dfrac{2}{90} & 0 & -\dfrac{1}{90} \\ -\dfrac{1}{40} & -\dfrac{1}{40} & 0 \end{bmatrix}$$

（2）高斯-赛德尔迭代法求解：迭代公式分量表示形式为

$$\begin{cases} x_1^{(k+1)} = \dfrac{1}{64}(3x_2^{(k)} + x_3^{(k)} + 14) \\ x_2^{(k+1)} = -\dfrac{1}{90}(-2x_1^{(k+1)} - x_3^{(k)} - 5) \\ x_3^{(k+1)} = \dfrac{1}{40}(-x_1^{(k+1)} - x_2^{(k+1)} + 20) \end{cases}$$

迭代矩阵为

$$\boldsymbol{B}_{\mathrm{G}} = -(\boldsymbol{D}+\boldsymbol{L})^{-1}\boldsymbol{U} = -\begin{bmatrix} 64 & & \\ 2 & -90 & \\ 1 & 1 & 40 \end{bmatrix}^{-1}\begin{bmatrix} 0 & -3 & -1 \\ & 0 & 1 \\ & & 0 \end{bmatrix}$$

$$= -\begin{bmatrix} \dfrac{1}{64} & & \\ \dfrac{1}{2880} & -\dfrac{1}{90} & \\ -\dfrac{23}{57\,600} & \dfrac{1}{3600} & \dfrac{1}{40} \end{bmatrix}\begin{bmatrix} 0 & -3 & -1 \\ & 0 & 1 \\ & & 0 \end{bmatrix} = \begin{bmatrix} 0 & \dfrac{3}{64} & \dfrac{1}{64} \\ 0 & \dfrac{1}{960} & \dfrac{11}{960} \\ 0 & -\dfrac{23}{19\,200} & -\dfrac{13}{19\,200} \end{bmatrix}$$

16．已知线性方程组$\begin{bmatrix}3 & 2\\1 & 2\end{bmatrix}\begin{bmatrix}x_1\\x_2\end{bmatrix}=\begin{bmatrix}3\\-1\end{bmatrix}$，若用迭代法 $\boldsymbol{x}^{(k+1)}=\boldsymbol{x}^{(k)}+\alpha(\boldsymbol{A}\boldsymbol{x}^{(k)}-\boldsymbol{b})$求解，问 α 在什么范围内取值可使迭代收敛，又 α 取何值可使迭代收敛最快？

解：(1) 迭代公式等价于 $\boldsymbol{x}^{(k+1)}=(\boldsymbol{I}+\alpha\boldsymbol{A})\boldsymbol{x}^{(k)}-\alpha\boldsymbol{b}$，则迭代矩阵

$$\boldsymbol{H}=\boldsymbol{I}+\alpha\boldsymbol{A}=\begin{bmatrix}1+3\alpha & 2\alpha\\ \alpha & 1+2\alpha\end{bmatrix}$$

由

$$|\lambda\boldsymbol{I}-\boldsymbol{H}|=\begin{vmatrix}\lambda-1-3\alpha & -2\alpha\\ -\alpha & \lambda-1-\alpha\end{vmatrix}$$
$$=(\lambda-1)^2-5\alpha(\lambda-1)+4\alpha^2=0$$

求得 $\boldsymbol{H}$ 的特征值为 $\lambda=1+4\alpha$，$\lambda=1+\alpha$。当

$$\rho(\boldsymbol{H})=\max\{|1+\alpha|,\ |1+4\alpha|\}<1\Leftrightarrow\begin{cases}|1+4\alpha|<1\\ |1+\alpha|<1\end{cases}$$

即 $-\frac{1}{2}<\alpha<0$ 时，该迭代法一定收敛。

(2) 由于 $\rho(\boldsymbol{H})=\max\{|1+\alpha|,\ |1+4\alpha|\}$越小时收敛速度越快，因为

$$\rho(\boldsymbol{H})=\begin{cases}-1-4\alpha & \left(-\frac{1}{2}<\alpha<-\frac{2}{5}\right)\\ 1+\alpha & \left(-\frac{2}{5}\leqslant\alpha<0\right)\end{cases}$$

则当 $\alpha=-\frac{2}{5}$时，$\rho_{\min}(\boldsymbol{H})=\frac{3}{5}$，即此时收敛最快。

17．给定线性方程组$\begin{bmatrix}3 & a\\b & -3\end{bmatrix}\begin{bmatrix}x\\y\end{bmatrix}=\begin{bmatrix}c\\d\end{bmatrix}$，其中 a、b、c、d 为实数，且 $ab+9\neq0$，证明用雅可比迭代法和高斯-赛德尔迭代法求解该方程组时，两种迭代法具有相同的敛散性。

证明：雅可比迭代法的迭代矩阵 $\boldsymbol{J}$ 的特征值满足$\begin{vmatrix}3\lambda & a\\ b & -3\lambda\end{vmatrix}=0$，即 $9\lambda^2+ab=0$，特征值为

$$ab<0,\ \lambda=\frac{\sqrt{|ab|}}{3},\ -\frac{\sqrt{|ab|}}{3}$$
$$ab>0,\ \lambda=\frac{\sqrt{|ab|}}{3}i,\ -\frac{\sqrt{|ab|}}{3}i$$

从而谱半径 $\rho(\boldsymbol{J})=\frac{\sqrt{|ab|}}{3}$，当且仅当 $\rho(\boldsymbol{J})=\frac{\sqrt{|ab|}}{3}<1$，即 $|ab|<9$ 时，Jacobi 迭代法收敛。

高斯-赛德尔迭代法的迭代矩阵 $\boldsymbol{G}$ 的特征值满足 $\begin{vmatrix} 3\lambda & a \\ b\lambda & -3\lambda \end{vmatrix}=0$，即 $9\lambda^2+ab\lambda=0$，特征值为 0 和 $-\dfrac{ab}{9}$，从而谱半径 $\rho(\boldsymbol{G})=\dfrac{|ab|}{9}$，当且仅当 $\rho(\boldsymbol{G})=\dfrac{|ab|}{9}<1$，即 $|ab|<9$ 时，高斯-赛德尔迭代法收敛。

因此，用雅可比迭代法和高斯-赛德尔迭代法求解该方程组时，两种迭代法具有相同的敛散性。

第 6 章　非线性方程(组)求根

6.1　主 要 结 论

1. 问题简介

线性方程也称一次方程式，指未知数都是一次的方程，其一般形式是

$$a_1x_1 + a_2x_2 + \cdots + a_nx_n + b = 0$$

如果方程不是线性方程，那么就称其为非线性方程。

多个方程构成的方程组中，如果有一个或多个方程是非线性方程，那么就称其为非线性方程组。

给定方程 $f(x)=0$，如果有 x^* 使得 $f(x^*)=0$，则称 x^* 为方程 $f(x)=0$ 的根，或 $f(x)$的零点。

若函数 $f(x)$可因式分解为 $f(x)=(x-x^*)^m g(x)$，且 $g(x^*)\neq 0$，则称 x^* 为 $f(x)$的 m 重零点，也称它为方程 $f(x)=0$ 的 m 重根。特别地，当 $m=1$ 时，x^* 称为单零点或单实根。

若函数 $f(x)$是 n 次代数多项式，则称方程 $f(x)=0$ 为 n 次代数多项式方程或代数方程。理论上已经证明，对次数小于或等于 4 的代数多项式方程，有求根公式，而次数大于等于 5 的代数方程，其根一般不可能用根式表示，也没有解析表达式。

2. 根的搜索

求根的步骤如下：

(1) 确定所求方程存在几个根，找出每个根所在的区间，且保证所找区间尽可能小；

(2) 求出每个含根区间中的根。

1) 二分法的理论依据

闭区间上连续函数的零点定理：假设 $f(x)$在$[a, b]$上连续，且 $f(a)$、$f(b)<0$，从而方程 $f(x)=0$ 在区间(a, b)内一定有实根。

2) 二分法的求解步骤

(1) 将有根区间$[a, b]$用其中点 $x_0=(a+b)/2$ 分为两半，若 $f(x_0)=0$，则 x_0 为所求的根；

(2) 若 $f(x_0)\neq 0$，看 $f(x_0)$的符号与 $f(a)$和 $f(b)$中哪个不同，选不同的那个端点与 x_0构成新的区间并记为$[a_1, b_1]$；

(3) 对压缩了的有根区间$[a_1, b_1]$进行同样的运算，并反复二分下去，得到一系列有根区间

$$[a, b]\supset[a_1, b_1]\supset[a_2, b_2]\supset\cdots[a_k, b_k]\supset\cdots$$

(4) 当达到精度要求就可以停止，取 $x_k=\dfrac{a_k+b_k}{2}$作为 $f(x)=0$ 的根的近似解。

3) 停止规则

若精度要求为$|x^*-x_k|\leqslant\varepsilon$，则可采取如下两种停止规则：

(1) 先验停止规则：

$$|x^*-x_k|\leqslant\frac{b_k-a_k}{2}=\frac{b-a}{2^{k+1}}\Rightarrow k\geqslant\frac{\ln\dfrac{b-a}{\varepsilon}}{\ln 2}-1$$

(2) 后验停止规则：

$$|x_k-x_{k-1}|\leqslant\varepsilon$$

3. 一般迭代法

将方程 $f(x)=0$ 等价变形为不动点方程 $x=\varphi(x)$，选取初值 x_0，并做不动点迭代 $x_{k+1}=\varphi(x_k)$，得到序列$\{x_k\}$。若$\{x_k\}$收敛，且极限点是 $\varphi(x)$的不动点，则取 x_k 作为 $f(x)=0$ 根的近似解。

定理 6.3.1(迭代法的全局收敛性定理) 若函数 $\varphi(x)$满足：

(1) $\forall x\in[a, b]$有 $a\leqslant\varphi(x)\leqslant b$；

(2) 存在正数 $L<1$，$\forall x\in[a, b]$，有$|\varphi'(x)|\leqslant L<1$；

则迭代过程 $x_{k+1}=\varphi(x_k)$对于任意初值 $x_0\in[a, b]$均收敛于方程 $x=\varphi(x)$的根 x^*，且有误差估计式

$$|x_k-x^*|\leqslant\frac{L^k}{1-L}|x_1-x_0|$$

定理 6.3.2(迭代法的局部收敛性定理) 设 x^*为方程 $x=\varphi(x)$的根，$\varphi'(x)$在 x^*的邻近连续且$|\varphi'(x^*)|<1$，则迭代过程 $x_{k+1}=\varphi(x_k)$在 x^*邻近具有局部收敛性。

定义 6.3.2(收敛阶) 设迭代过程 $x_{k+1}=\varphi(x_k)$收敛于方程 $x=\varphi(x)$的根 x^*，如果迭代误差 $e_k=x_k-x^*$ 当 $k\to\infty$时满足下列渐近关系式

$$\frac{e_{k+1}}{e_k^p}\to C\ (C\neq 0\text{ 且为常数})$$

则称该迭代过程是 p 阶收敛的。特别地，$p=1$ 时称为线性收敛，$p>1$ 时称为超线性收敛，$p=2$ 时称为平方收敛。显然，p 越大，收敛越快。

定理 6.3.3　对于迭代过程 $x_{k+1}=\varphi(x_k)$，如果 $\varphi^{(p)}(x)$在所求根 x^* 的邻近连续，并且 $\varphi'(x^*)=\varphi''(x^*)=\cdots=\varphi^{(p-1)}(x^*)=0$，$\varphi^{(p)}(x^*)\neq0$，则该迭代过程在点 x^* 邻近是 p 阶收敛的。

Aitken(艾特金)加速法是一般迭代法的一种加速方法，该加速法通常分为如下三步：

$$\begin{cases}\text{迭代} & \tilde{x}_{k+1}=\varphi(x_k)\\ \text{校正} & \bar{x}_{k+1}=\varphi(\tilde{x}_{k+1})\\ \text{改进} & x_{k+1}=\bar{x}_{k+1}-\dfrac{(\bar{x}_{k+1}-\tilde{x}_{k+1})^2}{\bar{x}_{k+1}-2\tilde{x}_{k+1}+x_k}\end{cases}$$

这是一个二阶收敛的方法，该方法除了能够加快收敛速度，有时还能将不收敛的迭代公式改进为收敛的公式。

4. 牛顿迭代法

1) 牛顿迭代法的核心思想——线性近似

设已知非线性函数 $f(x)$的一个近似零点 x_0，用 $f(x)$在该点的 Taylor 展开式的线性部分来近似 $f(x)$，即 $f(x)\approx f(x_0)+f'(x_0)(x-x_0)$，由此可构造迭代公式如下：

$$x_{k+1}=x_k-\frac{f(x_k)}{f'(x_k)}\tag{6.1}$$

此公式称为牛顿迭代公式(切线法)。

2) 牛顿迭代公式的收敛性

定理 6.4.1　假设 x^* 是 $f(x)$的单根，$f(x)$在根的邻域 Δ：$|x-x^*|\leqslant\delta$ 内具有二阶连续导数，且对任意 $x\in\Delta$ 有 $f'(x)\neq0$，又因初值 $x_0\in\Delta$，则当邻域 Δ 充分小时，牛顿迭代公式(6.1)具有 2 阶收敛速度。

3) 牛顿迭代法的计算步骤

(1) 选定初始近似值 x_0，计算 $f_0=f(x_0)$，$f'_0=f'(x_0)$。

(2) 按公式

$$x_1=x_0-\frac{f_0}{f'_0}$$

迭代一次，得新的近似值 x_1，计算 $f_1=f(x_1)$，$f'_1=f'(x_1)$。

(3) 如果$|\delta|<\varepsilon_1$ 或$|f_1|<\varepsilon_2$，则终止迭代，以 x_1 作为所求的根；否则转到步骤(4)，此处 ε_1、ε_2 是允许误差，而

$$\delta=\begin{cases}|x_1-x_0| & (\text{当}|x_1|<C\text{时})\\ \dfrac{|x_1-x_0|}{|x_1|} & (\text{当}|x_1|\geqslant C\text{时})\end{cases}$$

其中 C 是取绝对误差或相对误差的控制常数，一般可取 $C=1$。

(4) 如果迭代次数达到预先指定的次数 N，或者 $f_1'=0$，则此方法失败；否则以 (x_1, f_1, f_1') 代替 (x_0, f_0, f_0') 转步骤(2)继续迭代。

4) 牛顿迭代法的变形

(1) 牛顿下山法。计算公式为

$$x_{k+1}=\lambda\left(x_k-\frac{f(x_k)}{f'(x_k)}\right)+(1-\lambda)x_k$$

其中 $\lambda(0<\lambda\leqslant 1)$ 称为下山因子，下山因子应保证单调性 $|f(x_{k+1})|<|f(x_k)|$ 成立。

(2) 简化牛顿法。利用一个固定常数 $M\neq 0$ 代替迭代过程中每点的导数值，公式为

$$x_{k+1}=x_k-\frac{f(x_k)}{M}$$

通常取 $M=f'(x_0)$。

(3) 弦截法。用差商 $\dfrac{f(x_k)-f(x_{k-1})}{x_k-x_{k-1}}$ 取代导数 $f'(x_k)$，即

$$x_{k+1}=x_k-\frac{x_k-x_{k-1}}{f(x_k)-f(x_{k-1})}f(x_k)$$

(4) 抛物线法。计算公式为

$$x_{k+1}=x_k-\frac{2f(x_k)}{\omega\pm\sqrt{\omega^2-4f(x_k)f[x_k, x_{k-1}, x_{k-2}]}}$$

其中 $\omega=f[x_k, x_{k-1}]+f[x_k, x_{k-1}, x_{k-2}](x_k-x_{k-1})$，且上式取根式前的符号与 ω 的符号相同。

5. 代数方程求根

非线性方程的求根方法原则上也适用于解代数方程，但由于多项式的特殊性，我们可以针对其特点提供更有效的算法，比如秦九韶法、牛顿法、劈因子法等。

1) 一般迭代法

将方程组 $\begin{cases} f_1(x_1, x_2, \cdots, x_n)=0 \\ f_2(x_1, x_2, \cdots, x_n)=0 \\ \quad\vdots \\ f_n(x_1, x_2, \cdots, x_n)=0 \end{cases}$ 变形为等价形式 $\begin{cases} x_1=\varphi_1(x_1, x_2, \cdots, x_n) \\ x_2=\varphi_2(x_1, x_2, \cdots, x_n) \\ \quad\vdots \\ x_n=\varphi_n(x_1, x_2, \cdots, x_n) \end{cases}$

建立迭代公式

$$\begin{cases} x_1^{(k+1)}=\varphi_1(x_1^{(k)}, x_2^{(k)}, \cdots, x_n^{(k)}) \\ x_2^{(k+1)}=\varphi_2(x_1^{(k)}, x_2^{(k)}, \cdots, x_n^{(k)}) \\ \quad\vdots \\ x_n^{(k+1)}=\varphi_n(x_1^{(k)}, x_2^{(k)}, \cdots, x_n^{(k)}) \end{cases} \qquad (k=0, 1, 2, \cdots)$$

该迭代法收敛的充分条件为

$$\alpha = \max_{1\leqslant i\leqslant n}\sum_{j=1}^{n} a_{ij} < 1 \quad 或 \quad \beta = \max_{1\leqslant j\leqslant n}\sum_{i=1}^{n} a_{ij} < 1 \quad 或 \quad \gamma = \sum_{i=1}^{n}\sum_{j=1}^{n} a_{ij}^{2} < 1$$

其中

$$a_{ij} = \max_{x\in D}\left|\frac{\partial\varphi_i(x_1, x_2, \cdots, x_n)}{\partial x_j}\right| \qquad (i、j = 1, 2, \cdots, n)$$

2）牛顿迭代法

牛顿迭代法求解公式为

$$\boldsymbol{x}^{(k+1)} = \boldsymbol{x}^{(k)} - \boldsymbol{F}'(\boldsymbol{x}^{(k)})^{-1}\boldsymbol{F}(\boldsymbol{x}^{(k)})$$

其中 $\boldsymbol{F}'(\boldsymbol{x})$为向量函数 $\boldsymbol{F}(\boldsymbol{x})$的 Jacobi 矩阵。

如果 $\boldsymbol{F}'(\boldsymbol{x})$在点 $\boldsymbol{x}^*$ 处满足 Lipschitz 条件，即存在一正常数 k，使

$$\|\boldsymbol{F}'(\boldsymbol{x}) - \boldsymbol{F}'(\boldsymbol{x}^*)\| \leqslant k\|\boldsymbol{x} - \boldsymbol{x}^*\| \qquad (\forall\, \boldsymbol{x} \in D)$$

成立，那么迭代序列$\{\boldsymbol{x}^{(k)}\}$至少是平方收敛的。

6.2　释 疑 解 难

1. 什么时候可以使用二分法？

答： 二分法的理论依据是零点定理，所以如果函数满足零点定理的条件就可以使用二分法。具体地说就是连续函数在两端点处的函数值异号。

2. 什么是函数 $\varphi(x)$的不动点？如何确定函数 $\varphi(x)$使它的不动点等价于函数 $f(x)$的零点？

答： 若 $x^*=\varphi(x^*)$，则称 x^* 为函数 $\varphi(x)$的不动点。若 $x=\varphi(x)$等价于 $f(x)=0$，则满足 $x^*=\varphi(x^*)$的 x^* 必定满足 $f(x^*)=0$，此时求 $\varphi(x)$的不动点与求 $f(x)$的零点等价。

3. 什么是不动点迭代法？$\varphi(x)$满足什么条件才能保证不动点存在和不动点迭代序列收敛到不动点？

答： 选择一个初始近似值 x_0，将它代入 $x=\varphi(x)$的右端，求得 $x_1=\varphi(x_0)$，如此反复计算，有 $x_{k+1}=\varphi(x_k)$ $(k=0, 1, \cdots)$，如果对任何 $x_0\in[a, b]$，由上述迭代所得到的序列$\{x_k\}$有极限$\lim\limits_{k\to\infty}x_k=x^*$，则称迭代方程 $x_{k+1}=\varphi(x_k)$收敛，且 x^* 为 $\varphi(x)$的不动点，该迭代称为不动点迭代。

如果 $\varphi(x)$满足压缩映射原理，则能保证不动点存在和不动点迭代序列收敛到不动点。具体地，如果 $\varphi(x)$满足

(1) $\forall\, x\in[a, b]$有 $a\leqslant\varphi(x)\leqslant b$；

(2) 存在正数 $L<1$，$\forall\, x\in[a, b]$，有$|\varphi'(x)|\leqslant L<1$，

则迭代过程 $x_{k+1}=\varphi(x_k)$对于任意初值 $x_0\in[a, b]$均收敛于方程 $x=\varphi(x)$的根 x^*，且有误差估计式

$$|x_k - x^*| \leqslant \frac{L^k}{1-L}|x_1 - x_0|$$

4. 什么是迭代法的收敛阶？如何衡量迭代法收敛的快慢？如何确定 $x_{k+1}=\varphi(x_k)(k=0,1,\cdots)$的收敛阶？

答:设迭代法 $x_{k+1}=\varphi(x_k)$收敛于方程 $x=\varphi(x)$的根 x^*，如果当 $k\to\infty$时，迭代误差 $e_k=x_k-x^*$ 满足渐近关系式

$$\frac{e_{k+1}}{e_k^p}\to C \qquad (C\text{ 为常数且 }C\neq 0)$$

则称该迭代法的收敛阶为 p，利用收敛阶可以衡量迭代法收敛的快慢。

对于迭代过程 $x_{k+1}\leqslant\varphi(x_k)$及正整数 p，如果 $\varphi^{(p)}(x)$在所求根 x^* 附近连续，并且

$$\varphi'(x^*)=\varphi''(x^*)=\cdots=\varphi^{(p-1)}(x^*)=0,\ \varphi^{(p)}(x^*)\neq 0$$

则该迭代过程在点 x^* 邻近是 p 阶收敛的。

5. 什么是求解 $f(x)=0$ 的牛顿法？它是否总是收敛的？如果收敛，牛顿法是几阶收敛的？

答: 设已知方程 $f(x)=0$ 有近似根 x_k(假定 $f'(x_k)\neq0$)，将函数 $f(x)$在点 x_k 展开，有

$$f(x)\approx f(x_k)+f'(x_k)(x-x_k)$$

将 $f(x)=0$ 近似地表示为

$$f(x_k)+f'(x_k)(x-x_k)=0$$

记其根为 x_{k+1}，则 x_{k+1}的计算公式为

$$x_{k+1}=x_k-\frac{f(x_k)}{f'(x_k)} \qquad (k=0,1,\cdots)$$

这就是牛顿法，亦称切线法。当 x^* 是 $f(x)$的一个单根时，牛顿法总是收敛的，且为平方收敛。

6. 什么是弦截法？试从收敛阶及每步迭代计算量上与牛顿法比较其差别。

答: 设 x_k、x_{k+1} 是 $f(x)=0$ 的近似根，利用 $f(x_k)$、$f(x_{k-1})$构造一次插值多项式 $p_1(x)$，用 $p_1(x)=0$ 的根作为 $f(x)=0$ 的新的近似根 x_{k+1}，计算公式为

$$x_{k+1}=x_k-\frac{f(x_k)}{f(x_k)-f(x_{k-1})}(x_k-x_{k-1})$$

这就是弦截法。

从收敛阶上看，牛顿法的收敛阶为 2，而弦截法的收敛阶约为 1.618，牛顿法优于弦截法。但在牛顿法中，每步除计算 $f(x_k)$外，还要计算 $f'(x_k)$，当函数 $f(x)$比较复杂时，计算 $f'(x_k)$往往较困难，计算量也比较大，而弦截法则利用已求得的函数值 $f(x_k)$、$f(x_{k-1})$回避了导数 $f'(x_k)$的计算，所以从计算量上看，弦截法优于牛顿法。

牛顿法与弦截法有着本质的区别，牛顿法属于一步法，弦截法属于两步法。

7. 什么是解方程的抛物线法？在求多项式全部零点中抛物线法是否优于牛顿法？

答： 设已知方程 $f(x)=0$ 的三个近似根 x_k、x_{k-1}、x_{k-2}，以这三点为节点构造二次插值多项式 $p_2(x)$ 并适当选取 $p_2(x)$ 的一个零点 x_{k+1} 作为新的近似根，这样确定的迭代过程称为抛物线法。

抛物线法是超线性收敛的，收敛速度不如牛顿法快。

8. 什么是方程的重根？重根对牛顿法收敛阶有何影响？试给出具有二阶收敛性的计算重根的方法。

答： 若 $f(x)=(x-x^*)^m g(x)$，整数 $m\geqslant 2$，$g(x^*)\neq 0$，则称 x^* 为方程 $f(x)=0$ 的 m 重根，用牛顿法求重根只能达到线性收敛。

重根情形的牛顿迭代法指：当 $x^*\in(a, b)$ 是 $f(x)=0$ 的 m 重根($m\geqslant 2$)时，迭代函数 $\varphi(x)=x-\dfrac{f(x)}{f'(x)}$ 在 x^* 处的导数 $\varphi'(x^*)=1-\dfrac{1}{m}\neq 0$，且 $|\varphi'(x^*)|<1$。所以牛顿迭代法求重根只是线性收敛。若 x^* 的重数 m 已知，则迭代式

$$x_{k+1}=x_k-m\frac{f(x_k)}{f'(x_k)}\qquad (k=0, 1, 2, \cdots)\tag{6.2}$$

即所求重根二阶收敛。

当 m 未知时，x^* 一定是函数 $\mu(x)=\dfrac{f(x)}{f'(x)}$ 的单重零点，此时迭代式

$$x_{k+1}=x_k-\frac{\mu(x_k)}{\mu'(x_k)}=x_k-\frac{f(x_k)f'(x_k)}{[f'(x_k)]^2-f(x_k)f''(x_k)}\qquad (k=0, 1, \cdots)\tag{6.3}$$

也是二阶收敛的。

9. 什么是求解 n 维非线性方程组的牛顿法？它每步迭代要调用多少次标量函数(计算偏导数与计算函数值相当)？

答： 将单个方程的牛顿法直接用于方程组 $\boldsymbol{F}(\boldsymbol{x})=\boldsymbol{0}$，可得到解非线性方程组的牛顿迭代法为

$$\boldsymbol{x}^{(k+1)}=\boldsymbol{x}^{(k)}-\boldsymbol{F}'(\boldsymbol{x}^{(k)})^{-1}\boldsymbol{F}(\boldsymbol{x}^{(k)})\qquad (k=0, 1, \cdots)$$

这里 $\boldsymbol{F}(\boldsymbol{x})^{-1}$ 是雅可比矩阵 $\boldsymbol{F}'(\boldsymbol{x})$ 的逆矩阵。

具体计算时，记 $\boldsymbol{x}^{(k+1)}-\boldsymbol{x}^{(k)}=\Delta\boldsymbol{x}^{(k)}$，可将其转化为求关于 $\Delta\boldsymbol{x}^{(k)}$ 的线性方程组

$$\boldsymbol{F}'(\boldsymbol{x}^{(k)})\Delta\boldsymbol{x}^{(k)}=-F(\boldsymbol{x}^{(k)})$$

在此过程中，雅可比矩阵 $\boldsymbol{F}'(\boldsymbol{x}^{(k)})$ 中要调用 n^2 次标量函数，$F(\boldsymbol{x}^{(k)})$ 中要调用 n 次标量函数，故每步迭代要调用 n^2+n 次标量函数。

6.3　典型例题

例 6.1　对方程 $3x^2-e^x=0$，确定迭代函数 $\varphi(x)$ 及区间 $[a, b]$，使对 $\forall x_0\in[a, b]$，迭代过程 $x_{k+1}=\varphi(x_k)$ $(k=0, 1, 2, \cdots)$ 均收敛，并求该解。要求 $|x_{k+1}-x_k|<10^{-5}$。

解：根据 $3x^2$ 和 e^x 的图形知，$f(x)=3x^2-e^x=0$ 在$(-\infty, +\infty)$内有三个根，分别位于区间$(-1, 0)(0, 1)$及$(3, 4)$内。

将原方程改成 $x=\pm\frac{1}{\sqrt{3}}e^{\frac{x}{2}}$，若取 $\varphi(x)=-\frac{1}{\sqrt{3}}e^{\frac{x}{2}}$，则在$[-1, 0]$中有

$$\varphi(-1)=-\frac{1}{\sqrt{3}}e^{-\frac{1}{2}}\approx -0.350\ 180\ 639,\ \varphi(0)=-\frac{1}{\sqrt{3}}\approx -0.577\ 350\ 269$$

$$\varphi'(x)=-\frac{1}{2\sqrt{3}}e^{\frac{x}{2}}<0,\ \varphi'(-1)\approx -0.175\ 090\ 319,\ \varphi'(0)\approx 0.288\ 675\ 134$$

故 $\varphi(x)\in(-1, 0)$，$|\varphi'(x)|\leqslant|\varphi'(0)|\leqslant 0.29<1$，满足收敛性条件，因此迭代法

$$x_{k+1}=-\frac{1}{\sqrt{3}}e^{\frac{1}{2}x_k}\qquad (k=0, 1, 2, \cdots)$$

在$(-1, 0)$中有唯一解。取 $x_0=-0.5$，计算结果如下表所示。

k	x_k	k	x_k
0	−0.5	4	−0.459 075 131
1	−0.449 640 841	5	−0.458 936 368
2	−0.461 106 351	6	−0.458 968 211
3	−0.458 470 504	7	−0.458 960 903

x_7 已满足误差要求，故取 $x^*\approx x_7=-0.458\ 960\ 903$。

同理，取 $\varphi(x)=\frac{1}{\sqrt{3}}e^{\frac{x}{2}}$，在$[0, 1]$上满足收敛性条件，迭代序列

$$x_{k+1}=\frac{1}{\sqrt{3}}e^{\frac{1}{2}x_k}(k=0, 1, 2, \cdots)$$

在$[0, 1]$上有唯一解。取 $x_0=-0.5$，计算结果如下表所示。

k	x_k	k	x_k
1	0.741 332 420	8	0.909 375 718
2	0.836 407 006	9	0.909 720 121
3	0.877 127 740	10	0.909 876 790
4	0.895 169 427	11	0.909 948 068
5	0.903 281 143	12	0.909 980 498
6	0.906 952 162	13	0.909 995 253
7	0.908 618 410	14	0.910 001 967

在$[3, 4]$上，将原方程改写为 $e^x=3x^2$，取对数得 $x=\ln(3x^2)=\varphi(x)$。此时

$$\varphi(3)=\ln 27\approx 3.295\ 836\ 866,\ \varphi(4)=\ln 48\approx 3.871\ 201\ 011$$

$$\varphi'(x)=\frac{2}{x}>0,\ \max_{3\leqslant x\leqslant 4}|\varphi'(x)|\leqslant\frac{2}{3}<1$$

满足收敛性条件，则迭代序列

$$x_{k+1}=\ln(3x_k^2)\qquad(k=0,1,2,\cdots)$$

在[3，4]上有唯一解。取 $x_0=3.5$，则计算结果如下表所示：

k	x_k	k	x_k
1	3.604 138 226	9	3.732 170 148
2	3.662 777 674	10	3.732 592 036
3	3.695 055 862	11	3.732 818 105
4	3.712 603 634	12	3.732 939 234
5	3.722 079 126	13	3.733 004 132
6	3.727 177 123	14	3.733 038 902
7	3.729 914 576	15	3.733 057 531
8	3.731 382 952	16	3.733 067 511

此时已满足误差要求，故 $x^*\approx x_{16}=3.733\ 067\ 511$。

例 6.2　对于迭代函数 $\varphi(x)=x+c(x^2-3)$，试讨论：

(1) 当 c 为何值时，$x_{k+1}=\varphi(x_k)$产生的序列$\{x_k\}$收敛于$\sqrt{3}$；

(2) c 取何值时收敛最快？

(3) 取 $c=-\frac{1}{2}$和$-\frac{1}{2\sqrt{3}}$，分别计算 $\varphi(x)$的不动点$\sqrt{3}$，要求$|x_{k+1}-x_k|<10^{-5}$。

解：(1) $\varphi(x)=x+c(x^2-3)$，$x>0$，$\varphi'(x)=1+2cx$，要求 $x_{k+1}=\varphi(x_k)$收敛，应有

$$|\varphi'(x^*)|<1$$

即

$$|1+2cx^*|<1$$

解得$-1<cx^*<0$。

现在 $x^*=\sqrt{3}$，故当$-\frac{1}{\sqrt{3}}<c<0$，亦即 $c\in\left(-\frac{1}{\sqrt{3}},0\right)$时迭代收敛。

(2) 根据迭代收敛阶的定理，当 $\varphi'(x^*)=0$ 时，迭代至少为二阶收敛，此时应有

$$1+2cx^*=0,\ c=-\frac{1}{2\sqrt{3}}$$

(3) 分别取 $c=-\frac{1}{2}$和$-\frac{1}{2\sqrt{3}}$，并取 $x_0=1.5$，计算结果如下表所示：

k	$x_k\left(c=-\frac{1}{2}\right)$	k	$x_k\left(c=-\frac{1}{2\sqrt{3}}\right)$
1	1.875 000 000	1	1.716 506 351
5	1.773 991 120	2	1.731 981 055
10	1.723 068 882	3	1.732 050 806
34	1.732 045 786	4	1.732 050 807
35	1.732 054 483		

可以看出，计算结果与理论分析完全一致。

例 6.3　分别用下列方法求解方程 $x^2+2xe^x+e^{2x}=0$，取 $x_0=0$，$|x_{k+1}-x_k|<10^{-5}$时结束迭代。

(1) 标准牛顿迭代公式(6.1)；

(2) 有重根时的牛顿迭代法(6.2)，$m=2$；

(3) $x_{k+1}=x_k-\dfrac{\mu(x_k)}{\mu'(x_k)}$，$\mu(x)=\dfrac{f(x)}{f'(x)}$。

解：令

$$f(x)=x^2+2xe^x+e^{2x}，f'(x)=2x+2e^x+2xe^x+2e^{2x}$$

$$f''(x)=2+4e^x+2xe^x+4e^{2x}$$

将它们分别代入式(6.1)、式(6.2)及式(6.3)，计算结果如下表所示：

k	$x_k(6.1)$	k	$x_k(6.2)$	k	$x_k(6.3)$
0	0.0	0	0.0	0	0.0
1	−0.250 000 000	1	−0.50	1	−1.666 666 666
5	−0.555 964 543	2	−0.566 311 003	2	−0.568 769 037
14	−0.567 121 368	3	−0.567 143 165	3	−0.567 143 946
15	−0.567 132 329	4	−0.567 143 290	4	−0.567 143 946

例 6.4　设 $\varphi(x)=x-p(x)f(x)-q(x)f^2(x)$，试确定函数 $p(x)$和 $q(x)$，使求解 $f(x)=0$ 且以 $\varphi(x)$为迭代函数的迭代法至少三阶收敛。

解：要求迭代方法至少三阶收敛，$f(x)=0$ 的根 x^* 应该满足

$$x^*=\varphi(x^*)，\varphi'(x^*)=\varphi''(x^*)=0$$

于是由

$$x^*=x^*-p(x^*)f(x^*)-q(x^*)f^2(x^*)$$

$$\varphi'(x^*)=1-p(x^*)f'(x^*)=0$$

$$\varphi''(x^*) = -2p'(x^*)f'(x^*) - p(x^*)f''(x^*) - 2q(x^*)[f'(x^*)]^2 = 0$$

得
$$p(x^*) = \frac{1}{f'(x^*)},\ p(x) = \frac{1}{f'(x)}$$

$$f'(x^*)q(x^*) = -p'(x^*) - p(x^*)\frac{f''(x^*)}{2f'(x^*)} = \frac{f''(x^*)}{[f'(x^*)]^2} - \frac{f''(x^*)}{2[f'(x^*)]^2}$$

故
$$q(x^*) = \frac{1}{2}\frac{f''(x^*)}{[f'(x^*)]^3},\ q(x) = \frac{1}{2}\frac{f''(x)}{[f'(x)]^3}$$

即当

$$p(x) = \frac{1}{f'(x)},\ q(x) = \frac{1}{2}\frac{f''(x)}{[f'(x)]^3}$$

时，迭代法至少三阶收敛。

例 6.5　设 x^* 是 $f(x)=0$ 的 m 重根($m\geqslant 2$)，证明牛顿迭代法仅为线性收敛。

证法 1：设 x^* 是 $f(x)=0$ 的 m 重根($m\geqslant 2$)，则 $f(x)$可以表示为

$$f(x) = (x-x^*)^m h(x),\ h(x^*) \neq 0$$

所以

$$\begin{aligned} f'(x) &= m(x-x^*)^{m-1}h(x) + (x-x^*)^m h'(x) \\ &= (x-x^*)^{m-1}[mh(x) + (x-x^*)h'(x)] \end{aligned}$$

又由牛顿迭代法 $x_{k+1}=x_k-\dfrac{f(x_k)}{f'(x_k)}$，得

$$\begin{aligned} x_{k+1} - x^* &= x_k - x^* - \frac{(x_k-x^*)^m h(x_k)}{(x_k-x^*)^{m-1}[mh(x_k) + (x_k-x^*)h'(x_k)]} \\ &= x_k - x^* - \frac{(x_k-x^*)h(x_k)}{mh(x_k) + (x_k-x^*)h'(x_k)} \\ &= (x_k-x^*)\left[1 - \frac{h(x_k)}{mh(x_k) + (x_k-x^*)h'(x_k)}\right] \end{aligned}$$

所以
$$\lim_{k\to\infty}\frac{x^* - x_{k+1}}{x^* - x_k} = 1 - \frac{1}{m}$$

当 $m\geqslant 2$ 时，$1-\dfrac{1}{m}=c\neq 0$，即牛顿迭代法对重根是线性收敛的。

证法 2：x^* 是 $f(x)=0$ 的 m 重根($m\geqslant 2$)，则有

$$f(x) = \frac{1}{m!}f^{(m)}(x^*)(x-x^*)^m + O[(x-x^*)^{m+1}] = \frac{1}{m!}f^{(m)}(\xi_0)(x-x^*)^m$$

$$f'(x) = \frac{1}{(m-1)!}f^{(m)}(\xi_1)(x-x^*)^{m-1}$$

$$f''(x) = \frac{1}{(m-2)!}f^{(m)}(\xi_2)(x-x^*)^{m-2}$$

其中 ξ_0、ξ_1、ξ_2 都介于 x 与 x^* 之间。

所以牛顿迭代法的迭代函数 $\varphi(x)$ 及其导数 $\varphi'(x)$ 可分别表示为

$$\varphi(x)=x-\frac{f(x)}{f'(x)}=x-\frac{(m-1)!}{m!}\frac{f^{(m)}(\xi_0)(x-x^*)^m}{f^{(m)}(\xi_1)(x-x^*)^{m-1}}=x-\frac{1}{m}\frac{f^{(m)}(\xi_0)(x-x^*)}{f^{(m)}(\xi_1)}$$

$$\varphi'(x)=\left[x-\frac{f(x)}{f'(x)}\right]'=\frac{f(x)f''(x)}{[f'(x)]^2}=\frac{[(m-1)!]^2}{m!(m-2)!}\frac{f^{(m)}(\xi_0)f^{(m)}(\xi_2)}{[f^{(m)}(\xi_1)]^2}$$

故 $$\varphi(x^*)=\lim_{x\to x^*}\varphi(x)=x^*,\ \varphi'(x^*)=\lim_{x\to x^*}\varphi'(x)=\frac{m-1}{m}=1-\frac{1}{m}$$

当 $m\geqslant 2$ 时，$\varphi'(x^*)=1-\frac{1}{m}\neq 0$，根据收敛阶定理，此时的牛顿迭代法仅为线性收敛。

例 6.6　设 $f(x)$ 在 $[a,b]$ 上具有连续的 m 阶导数，$x^*\in(a,b)$ 是 $f(x)=0$ 的 $m(m\geqslant 2)$ 重根，且牛顿法收敛，证明牛顿迭代序列 $\{x_k\}$ 有下列极限关系：

$$\lim_{k\to\infty}\frac{x_{k-1}-x_k}{x_{k-1}-2x_k+x_{k+1}}=m$$

证明： 把牛顿迭代法写成不动点迭代式

$$x_{k+1}=\varphi(x_k)\qquad (k=0,1,2,\cdots)$$

其中 $\varphi(x)=x-\frac{f(x)}{f'(x)}$。由例 6.5 知

$$\varphi(x^*)=x^*,\qquad \varphi'(x^*)=1-\frac{1}{m}$$

再由

$$x_{k+1}-x_k=\varphi(x_k)-\varphi(x_{k-1})=\varphi'(\xi_k)(x_k-x_{k-1})\qquad (x_k<\xi_k<x_{k-1})$$

得到

$$\begin{aligned}\frac{x_{k-1}-x_k}{x_{k-1}-2x_k+x_{k+1}}&=\frac{x_{k-1}-x_k}{(x_{k-1}-x_k)+(x_{k+1}-x_k)}\\&=\frac{x_{k-1}-x_k}{x_{k-1}-x_k+\varphi'(\xi_k)(x_k-x_{k-1})}=\frac{1}{1-\varphi'(\xi_k)}\end{aligned}$$

所以

$$\lim_{k\to\infty}\frac{x_{k-1}-x_k}{x_{k-1}-2x_k+x_{k+1}}=\lim_{k\to\infty}\frac{1}{1-\varphi'(\xi_k)}=\frac{1}{1-(1-\frac{1}{m})}=m$$

6.4　习题解答

1. 求方程 $f(x)=x^3-x-1=0$ 在 $x_0=1.5$ 附近的根 x^*，设将方程改写成下列等价形式，并建立相应的迭代公式：

(1) $x=\sqrt[3]{x+1}$，迭代公式 $x_{k+1}=\sqrt[3]{x_k+1}$；

(2) $x=x^3-1$，迭代公式 $x_{k+1}=x_k^3-1$。

试分析每种迭代公式的收敛性，并选取一种公式求出具有四位有效数字的近似根。

解：(1) 由题意，知

$$\varphi(x)=\sqrt[3]{x+1}$$

则
$$\varphi'(x)=\frac{1}{3}(x+1)^{-\frac{2}{3}}$$

有
$$|\varphi'(x_0)|=\frac{1}{3}(1.5+1)^{-\frac{2}{3}}<1$$

所以该迭代公式在 $x_0=1.5$ 附近是收敛的。

取 $x_0=1.5$，由迭代公式 $x_{k+1}=\sqrt[3]{x_k+1}$ 可求得下表数据：

k	0	1	2	3	4	5	6	7
x_k	1.5	1.3572	1.3309	1.3259	1.3249	1.3248	1.3247	1.3247

由此求得具有 4 位有效数字的近似根为 1.3247。

(2) 由于 $\varphi(x)=x^3-1$，则 $\varphi'(x)=3x^2$，所以

$$|\varphi'(x_0)|=3\times1.5^2>1$$

因此该迭代公式在 $x_0=1.5$ 附近是发散的，不能使用。

2. 比较以下两种求 $e^x+10x-2=0$ 的根到三位有效数字所需的计算量：

(1) 在区间(0，1)内用二分法；

(2) 用迭代法 $x_{k+1}=(2-e^{x_k})/10$，取初值 $x_0=0$。

解：(1) 因为 $f(x)=e^x+10x-2$，则

$$f(0)=-1<0,\qquad f(1)=e+8>0$$

所以 $f(x)=0$ 在区间(0，1)内可用二分法求解，所求结果见下表：

k	x_k	$f(x_k)$	区间
1	0.5	4.6487	[0, 0.5]
2	0.25	1.7840	[0, 0.25]
3	0.125	0.3831	[0, 0.125]
4	0.0625	−0.3105	[0.0625, 0.125]
5	0.0938	0.0358	[0.0625, 0.0938]
6	0.0781	−0.1372	[0.0781, 0.0938]
7	0.0859	−0.0507	[0.0859, 0.0938]
8	0.0898	−0.0075	[0.0898, 0.0938]
9	0.0918	0.0141	[0.0898, 0.0918]
10	0.0908	0.0030	[0.0898, 0.0908]
11	0.0903	−0.0025	[0.0903, 0.0908]

需要计算 11 步且需要比较 20 次正负号，才能得到具有 3 位有效数字的近似值 0.0908。

(2) 取初值 $x_0=0$，由迭代公式 $x_{k+1}=(2-e^{x_k})/10$，可求得下表结果：

k	0	1	2	3	4	5
x_k	0	0.1000	0.0895	0.0906	0.0905	0.0905

显然只需迭代 4 步就可以得到具有 3 位有效数字的近似值 0.0905。

3. 给定函数 $f(x)$，设对一切 x，$f'(x)$存在且 $0<m\leqslant f'(x)\leqslant M$，证明对于范围 $0<\lambda<2/M$ 内的任意定数 λ，迭代过程 $x_{k+1}=x_k-\lambda f(x_k)$ 均收敛于 $f(x)$的根 x^*。

证明： 由题意可知 $\varphi(x)=x-\lambda f(x)$，且 $0<\lambda<2/M$，$0<m\leqslant f'(x)\leqslant M$，则

$$\varphi'(x)=1-\lambda f'(x)\leqslant 1$$

又有

$$0<m\leqslant f'(x)\leqslant M \qquad \left(0<\lambda<\frac{2}{M}\right)$$

故

$$\lambda m\leqslant \lambda f'(x)\leqslant \lambda M$$

即

$$-1<1-\lambda M\leqslant 1-\lambda f'(x)\leqslant 1-\lambda m<1$$

所以

$$|1-\lambda f'(x)|\leqslant \max\{|1-\lambda m|, |1-\lambda M|\}<1$$

则由定理 6.3.1 可知该迭代法收敛。

4. 已知 $x=\varphi(x)$在区间$[a, b]$内只有一根，且当 $a<x<b$ 时，$|\varphi'(x)|\geqslant k>1$，试问如何将 $x=\varphi(x)$化为适于迭代的形式？

解： 由反函数求导法则可知

$$[\varphi^{-1}(x)]'=\frac{1}{\varphi'(x)}$$

故当 $x\in(a, b)$时，

$$|[\varphi^{-1}(x)]'|\leqslant\frac{1}{k}<1$$

所以可将 $x=\varphi(x)$写成等价形式 $x=\varphi^{-1}(x)$构造出如下迭代格式且收敛：

$$x_{k+1}=\varphi^{-1}(x_k) \qquad (k=0, 1, 2, \cdots)$$

5. 将 $x=\tan x$ 化为适于迭代的形式，并求 $x=4.5$(弧度)附近的根。

解： 注意到$\frac{d}{dx}\tan x=\sec^2 x$ 在 $x=4.5$(弧度)附近大于 1，与题 4 情形一致，所以在 4.5(弧度)附近 x 可写成等价形式：

$$x=\pi+\arctan x$$

并构造迭代格式 $x_{k+1}=\pi+\arctan x_k$，$k=0, 1, 2, \cdots$。此时

$$\varphi(x)=\pi+\arctan x$$

有
$$\varphi'(x)=\frac{1}{1+x^2}\text{且}|\varphi'(4.5)|=\frac{1}{1+4.5^2}<1$$
所以该迭代格式在 4.5 附近局部收敛，计算结果为

k	0	1	2	3	4
x_k	4.500 00	4.493 72	4.493 42	4.493 41	4.493 41

故 $x=\tan x$ 在 $x=4.5$(弧度)附近的根约为 4.493 41，误差不超过10^{-5}。

6. 利用适当的迭代法，证明$\lim\limits_{n\to\infty}\underbrace{\sqrt{2+\sqrt{2+\cdots+\sqrt{2}}}}_{n个}=2$。

证明： 构造迭代格式 $x_{k+1}=\sqrt{2+x_k}$，取 $x_0=0$，则有
$$x_k=\underbrace{\sqrt{2+\sqrt{2+\cdots+\sqrt{2}}}}_{k个}$$

记 $\varphi(x)=\sqrt{2+x}$，则$|\varphi'(x)|\leqslant\varphi'(0)=\dfrac{1}{2\sqrt{2}}<1$，所以该迭代格式产生的序列$\{x_n\}_{n=0}^{\infty}$收敛到方程 $x=\sqrt{2+x}$ 在[0, 2]内的根 $x^*=2$，即
$$\lim_{n\to\infty}\underbrace{\sqrt{2+\sqrt{2+\cdots+\sqrt{2}}}}_{n个}=2$$

7. 用下列方法求 $f(x)=x^3-3x-1=0$ 在 $x_0=2$ 附近的根。根的准确值 $x^*=1.879\ 385\ 24\cdots$，要求计算结果准确到四位有效数字。

(1) 用牛顿法；

(2) 用弦截法，取 $x_0=2$，$x_1=1.9$；

(3) 用抛物线法，取 $x_0=1$，$x_1=3$，$x_2=2$。

解： 由题意知，对 $\forall\, x\in[1, 2]$，
$$f(1)=-3<0,\ f(2)=1>0,\ f'(x)=3(x^2-1)\geqslant 0,\ f''(x)=6x>0$$

(1) 已知 $f(x)=x^3-3x-1$，$f'(x)=3x^2-3$，于是得牛顿迭代公式
$$x_{k+1}=x_k-\frac{f(x_k)}{f'(x_k)}=\frac{2x_k^3+1}{3(x_k^2-1)}\qquad(k=0,1,2,\cdots)$$
取初值 $x_0=2$，计算得 $x_1=1.888\ 888\ 889$，$x_2=1.879\ 451\ 567$。

因为$|x_2-x^*|<\dfrac{1}{2}\times10^{-3}$，所以可取 $x_2=1.879\ 451\ 567$ 作为近似解，且具有四位有效数字。

(2) 取 $x_0=2$，$x_1=1.9$，用弦截法
$$x_{k+1}=x_k-\frac{(x_k-x_{k-1})f(x_k)}{f(x_k)-f(x_{k-1})}\qquad(k=1,2,\cdots)$$

计算得，$x_2=1.981\ 093\ 936$，$x_3=1.880\ 840\ 630$，$x_4=1.879\ 489\ 903$。

因为 $|x_4-x^*|<\frac{1}{2}\times10^{-3}$，所以 $x^*\approx x_4=1.879\ 489\ 903$。

(3) $x_0=1$，$x_1=3$，$x_2=2$，抛物线法的迭代公式为

$$\begin{cases} x_{k+1}=x_k-\dfrac{2f(x_k)}{w+\operatorname{sign}(w)\sqrt{w^2-4f(x_k)f[x_k,x_{k-1},x_{k-2}]}} \\ w=f[x_k,x_{k-1}]+f[x_k,x_{k-1},x_{k-2}](x_k-x_{k-1}) \end{cases}$$

迭代结果为 $x_3=1.953\ 967\ 549$，$x_4=1.878\ 015\ 39$，$x_5=1.879\ 386\ 866$。x_5 具有四位有效数字。

8. 分别用二分法和牛顿法求 $x-\tan x=0$ 的最小正根。

解： 显然 $x^*=0$ 满足方程。另外，当 $|x|$ 较小时，

$$\tan x=x+\frac{1}{3}x^3+\cdots+\frac{x^{2k+1}}{2k+1}+\cdots$$

故当 $x\in\left(0,\frac{\pi}{2}\right)$ 时，$\tan x>x$，因此方程 $x-\tan x=0$ 的最小正根应在 $\left(\frac{1}{2}\pi,\frac{3}{2}\pi\right)$ 内。

记
$$f(x)=x-\tan x,\ x\in\left(\frac{\pi}{2},\frac{3\pi}{2}\right)$$
由
$$f(4)=2.842\cdots>0,\ f(4.6)=-4.26\cdots<0$$
知 $[4,4.6]$ 是 $f(x)=0$ 的有根区间。

利用二分法，计算结果见下表：

k	x_k	$f(x_k)$的符号	区　间
1	4.3	+	[4.0, 4.6]
2	4.45	+	[4.3, 4.6]
3	4.525	−	[4.45, 4.6]
4	4.4875	+	[4.45, 4.525]
5	4.506 25	−	[4.4875, 4.525]
6	4.496 875	−	[4.4875, 4.506 25]
7	4.492 187 5	+	[4.4875, 4.496 875]
8	4.494 531 25	−	[4.492 187 5, 4.496 875]
9	4.493 359 375	+	[4.492 187 5, 4.494 531 25]
10	4.493 445 313	−	[4.493 359 375, 4.494 531 25]

此时
$$|x_9-x^*|<\frac{1}{2^{10}}=\frac{1}{1024}<10^{-3}$$

若用牛顿法，由于

$$f'(x)=-(\tan x)^2<0,\ f''(x)=-2\tan x\frac{1}{\cos^2 x}<0$$

故取 $x_0=4.6$，迭代结果见下表：

k	x_k	k	x_k	k	x_k
1	4.545 732 122	3	4.494 171 63	5	4.493 409 458
2	4.506 145 588	4	4.493 412 197	6	4.493 409 458

所以 $x-\tan x=0$ 的最小正根为 $x^*\approx 4.493\ 409\ 458$。

9. 研究求$\sqrt{a}$的牛顿公式：

$$x_{k+1}=\frac{1}{2}\left(x_k+\frac{a}{x_k}\right)\qquad (x_0>0)$$

证明对于一切 $k(=1,2,\cdots)$，$x_k\geqslant\sqrt{a}$ 且序列 $x_1, x_2, \cdots$是单调递减的。

证明：牛顿迭代公式为

$$x_{k+1}=\frac{1}{2}\left(x_k+\frac{a}{x_k}\right)$$

因为 $x_0>0$，所以 $x_k>0(k=1,2,\cdots)$，且

$$x_{k+1}=\frac{1}{2}\left(x_k+\frac{a}{x_k}\right)\geqslant\frac{1}{2}\times 2\sqrt{x_k\cdot\frac{a}{x_k}}=\sqrt{a}$$

又因为

$$\frac{x_{k+1}}{x_k}=\frac{1}{2}+\frac{a}{2x_k^2}\leqslant\frac{1}{2}+\frac{a}{2a}=1$$

因而 $x_{k+1}\leqslant x_k$，即对一切 $k(=1,2,\cdots)$，$x_k\geqslant\sqrt{a}$，且序列 $x_1, x_2, \cdots$是递减的。

10. 试就下列函数讨论牛顿法的收敛性和收敛速度：

(1) $f(x)=\begin{cases}\sqrt{x} & (x\geqslant 0)\\ -\sqrt{-x} & (x<0)\end{cases}$；　(2) $f(x)=\begin{cases}\sqrt[3]{x^2} & (x\geqslant 0)\\ -\sqrt[3]{x^2} & (x<0)\end{cases}$

解：(1) 显然 0 为要求的根，且

$$f'(x)=\begin{cases}\dfrac{1}{2\sqrt{x}} & (x>0)\\ \infty & (x=0)\\ \dfrac{1}{2\sqrt{-x}} & (x<0)\end{cases}$$

相应的牛顿法为 $x_{k+1}=-x_k$，则 $\varphi(x)=-x$，$|\varphi'(x)|=1$，所以该牛顿法不收敛。

(2) 显然 0 为要求的根，且

$$f'(x)=\begin{cases}\dfrac{2}{3\sqrt[3]{x}} & (x>0)\\ \infty & (x=0)\\ -\dfrac{2}{3\sqrt[3]{x}} & (x<0)\end{cases}$$

相应的牛顿法为 $x_{k+1}=-\dfrac{x_k}{2}$，则 $\varphi(x)=-\dfrac{x}{2}$，$|\varphi'(x)|=\dfrac{1}{2}<1$，所以该牛顿法是一阶收敛的。

11. 应用牛顿法解方程 $x^3-a=0$，导出求立方根$\sqrt[3]{a}$的迭代公式，并讨论其收敛性。

解：$f(x)=x^3-a$，故 $f'(x)=3x^2$，$f''(x)=6x$，牛顿法迭代公式为

$$x_{k+1}=x_k-\frac{f(x_k)}{f'(x_k)}=x_k-\frac{x_k^3-a}{3x_k^2}=\frac{2x_k^3+a}{3x_k^2}\qquad(k=0,1,2,\cdots)$$

当 $a\neq0$ 时，$\sqrt[3]{a}$为 $f(x)=0$ 的单根，此时牛顿法在 x^* 附近是平方收敛的；

当 $a=0$ 时，迭代公式退化为

$$x_{k+1}=\frac{2}{3}x_k$$

因而 $x_k\to0$，即迭代公式收敛。

12. 应用牛顿法解方程 $f(x)=1-\dfrac{a}{x^2}=0$，导出求$\sqrt{a}$的迭代公式，并求 $\sqrt{115}$的值。

解：因为 $f(x)=1-\dfrac{a}{x^2}$，所以 $x^*=\sqrt{a}$为方程 $f(x)=0$ 的单根。由 $f'(x)=\dfrac{2a}{x^3}$知牛顿法迭代公式为

$$x_{k+1}=x_k-\frac{f(x_k)}{f'(x_k)}=x_k-\frac{1-\dfrac{a}{x_k^2}}{\dfrac{2a}{x_k^3}}=x_k-\frac{x_k^3-ax_k}{2a}=\frac{1}{2a}(3ax_k-x_k^3)$$

令 $a=115$，则有

$$x_{k+1}=\frac{x_k}{230}(345-x_k^2)$$

取 $x_0=10$，则

$x_1=10.652\ 173\ 91$，$x_2=10.732\ 089\ 18$，$x_3=10.722\ 805\ 22$，$x_4=10.723\ 805\ 29$

故$\sqrt{115}\approx10.723\ 805\ 29$。

13. 应用牛顿法解方程 $f(x)=x^n-a=0$ 和 $f(x)=1-\dfrac{a}{x^n}=0$，分别导出求$\sqrt[n]{a}$的迭代公式，并求

$$\lim_{k\to\infty}\frac{\sqrt[n]{a}-x_{k+1}}{(\sqrt[n]{a}-x_k)^2}$$

解： 若 $f(x)=x^n-a$，则

$$f'(x)=nx^{n-1},\ f''(x)=n(n-1)x^{n-2}$$

因为 $x^*=\sqrt[n]{a}$ 为方程 $f(x)=0$ 的根，所以牛顿迭代公式为

$$x_{k+1}=x_k-\frac{f(x_k)}{f'(x_k)}=x_k-\frac{x_k^n-a}{nx_k^{n-1}}=\frac{(n-1)x_k^n+a}{nx_k^{n-1}}$$

故
$$\lim_{k\to\infty}\frac{\sqrt[n]{a}-x_{k+1}}{(\sqrt[n]{a}-x_k)^2}=-\frac{f''(\sqrt[n]{a})}{2f'(\sqrt[n]{a})}=-\frac{n(n-1)(\sqrt[n]{a})^{n-2}}{2n(\sqrt[n]{a})^{n-1}}=-\frac{n-1}{2\sqrt[n]{a}}$$

若 $f(x)=1-\dfrac{a}{x^n}$，则

$$f'(x)=\frac{an}{x^{n+1}},\ f''(x)=-\frac{an(n+1)}{x^{n+2}}$$

因为 $x^*=\sqrt[n]{a}$ 为方程 $f(x)=0$ 的根，所以牛顿迭代公式为

$$x_{k+1}=x_k-\frac{f(x_k)}{f'(x_k)}=x_k-\frac{1-\dfrac{a}{x_k^n}}{\dfrac{an}{x_k^{n+1}}}=x_k-\frac{x_k^{n+1}-ax_k}{an}=\frac{(an+a)x_k-x_k^{n+1}}{an}$$

故
$$\lim_{k\to\infty}\frac{\sqrt[n]{a}-x_{k+1}}{(\sqrt[n]{a}-x_k)^2}=-\frac{f''(\sqrt[n]{a})}{2f'(\sqrt[n]{a})}=-\frac{-\dfrac{an(n+1)}{(\sqrt[n]{a})^{n+2}}}{2\cdot\dfrac{an}{(\sqrt[n]{a})^{n+1}}}=\frac{n+1}{2\sqrt[n]{a}}$$

14. 证明迭代公式

$$x_{k+1}=\frac{x_k(x_k^2+3a)}{3x_k^2+a}$$

是计算$\sqrt{a}$的三阶方法。假定初值 x_0 充分靠近根 x^*，求

$$\lim_{k\to\infty}\frac{\sqrt{a}-x_{k+1}}{(\sqrt{a}-x_k)^3}$$

证明： 若设 $\varphi(x)=\dfrac{x(x^2+3a)}{3x^2+a}$，则有 $\varphi(\sqrt{a})=\dfrac{\sqrt{a}(a+3a)}{3a+a}=\sqrt{a}$，迭代公式为

$$x_{k+1}=\varphi(x_k)$$

以$\sqrt{a}$为不动点，由

$$\varphi'(x)=\frac{(3x^2+3a)(3x^2+a)-(x^3+3ax)\cdot 6x}{(3x^2+a)^2}=\frac{3(x^2-a)^2}{(3x^2+a)^2}$$

$$\varphi''(x)=\frac{6(x^2-a)\cdot 2x(3x^2+a)^2-3(x^2-a)^2 2(3x^2+a)\cdot 6x}{(3x^2+a)^4}=\frac{48ax(x^2-a)}{(3x^2+a)^3}$$

$$\varphi'''(x)=\frac{1296ax^4-864a^2x^2-48a^3}{(3x^2+a)^4}$$

得
$$\varphi'(\sqrt{a})=0,\quad \varphi''(\sqrt{a})=0,\quad \varphi'''(\sqrt{a})=\frac{3}{2a}\neq 0$$

因而迭代法是计算$\sqrt{a}$的三阶方法，即

$$\frac{e_{k+1}}{e_k^3}\to\frac{\varphi^{(3)}(x^*)}{3!}\qquad(k\to\infty)$$

亦即

$$\lim_{k\to\infty}\frac{\sqrt{a}-x_{k+1}}{(\sqrt{a}-x_k)^3}=\frac{1}{3!}\cdot\frac{3}{2a}=\frac{1}{4a}$$

15. 对于 $f(x)=0$ 的牛顿公式 $x_{k+1}=x_k-\dfrac{f(x_k)}{f'(x_k)}$，证明：

$$R_k=\frac{x_k-x_{k-1}}{(x_{k-1}-x_{k-2})^2}$$

收敛到$-\dfrac{f''(x^*)}{2f'(x^*)}$，这里 x^* 为 $f(x)=0$ 的根。

证明：牛顿迭代公式为

$$x_{k+1}=x_k-\frac{f(x_k)}{f'(x_k)}$$

由
$$R_k=\frac{(x_k-x_{k-1})}{(x_{k-1}-x_{k-2})^2}$$

有
$$R_k=\frac{-\dfrac{f(x_{k-1})}{f'(x_{k-1})}}{\left[-\dfrac{f(x_{k-2})}{f'(x_{k-2})}\right]^2}=-\frac{f(x_{k-1})[f'(x_{k-2})]^2}{f'(x_{k-1})[f(x_{k-2})]^2}$$

$$=-\frac{[f(x_{k-1})-f(x^*)][f'(x_{k-2})]^2}{[f(x_{k-2})-f(x^*)]^2f'(x_{k-1})}=-\frac{f'(\xi_{k-1})(x_{k-1}-x^*)[f'(x_{k-2})]^2}{[f'(\xi_{k-2})]^2(x_{k-2}-x^*)^2f'(x_{k-1})}$$

其中 ξ_i 位于 x_i 与 x^* 之间($i=k-1,k-2$)。

又因为由牛顿法产生的序列收敛于方程 $f(x)=0$ 的根 x^*，所以

$$\lim_{k\to\infty}\frac{x_{k-1}-x^*}{(x_{k-2}-x^*)^2}=\frac{f''(x^*)}{2f'(x^*)}$$

故
$$\lim_{k\to\infty}R_k=\lim_{k\to\infty}-\frac{f'(\xi_{k-1})(x_{k-1}-x^*)[f'(x_{k-2})]^2}{[f'(\xi_{k-2})]^2(x_{k-2}-x^*)^2f'(x_{k-1})}$$

$$=\lim_{k\to\infty}-\frac{f'(\xi_{k-1})f''(x^*)[f'(x_{k-2})]^2}{[f'(\xi_{k-2})]^2 2f'(x^*)f'(x_{k-1})}=-\frac{f''(x^*)}{2f'(x^*)}$$

所以命题得证。

16. 试用牛顿法解非线性方程组：

$$\begin{cases} x_1 + 2x_2 - 3 = 0 \\ 2x_1^2 + x_2^2 - 5 = 0 \end{cases}$$

取初始向量$(1.5, 1.0)^{\mathrm{T}}$，迭代 2 次，结果取 3 位小数。

解： 令　　$f_1(x_1, x_2) = x_1 + 2x_2 - 3$，　　$f_2(x_1, x_2) = 2x_1^2 + x_2^2 - 5$

因为$\dfrac{\partial f_1}{\partial x_1} = 1$，$\dfrac{\partial f_1}{\partial x_2} = 2$，$\dfrac{\partial f_2}{\partial x_1} = 4x_1$，$\dfrac{\partial f_2}{\partial x_2} = 2x_2$，所以

$$F(x) = \begin{bmatrix} x_1 + 2x_2 - 3 \\ 2x_1^2 + x_2^2 - 5 \end{bmatrix}, \quad F'(x) = \begin{bmatrix} 1 & 2 \\ 4x_1 & 2x_2 \end{bmatrix}$$

取 $x^{(0)} = (1.5, 1.0)^{\mathrm{T}}$，则迭代 2 次，有

$$F(x^{(0)}) = \begin{bmatrix} 0.5 \\ 0.5 \end{bmatrix}, F'(x^{(0)}) = \begin{bmatrix} 1 & 2 \\ 6 & 2 \end{bmatrix}$$

$$x^{(1)} = x^{(0)} - F'(x^{(0)})^{-1} F(x^{(0)}) = (1.5, 0.75)^{\mathrm{T}}$$

$$F(x^{(1)}) = \begin{bmatrix} 0 \\ 0.0625 \end{bmatrix}, F'(x^{(1)}) = \begin{bmatrix} 1 & 2 \\ 6 & 1.5 \end{bmatrix}$$

$$x^{(2)} = x^{(1)} - F'(x^{(1)})^{-1} F(x^{(1)}) \approx (1.4881, 0.7560)^{\mathrm{T}}$$

第7章　矩阵的特征值与特征向量

7.1　主要结论

1. 有关矩阵特征问题的基本结论

1）矩阵的特征值与矩阵的迹及行列式之间的关系

设 $\lambda_i(i=1, 2, \cdots, n)$ 是矩阵 $\boldsymbol{A}=(a_{ij})_{n\times n}$ 的特征值，则有

(1) $\sum\limits_{i=1}^{n}\lambda_i = \sum\limits_{i=1}^{n}a_{ii} = \mathrm{tr}(\boldsymbol{A})$；

(2) $\det(\boldsymbol{A})=\lambda_1\lambda_2\cdots\lambda_n$。

2）相似矩阵的特征值

设 $\boldsymbol{A}$ 与 $\boldsymbol{B}$ 为相似矩阵，即存在非奇异阵 $\boldsymbol{T}$ 使 $\boldsymbol{B}=\boldsymbol{T}^{-1}\boldsymbol{AT}$，则

(1) $\boldsymbol{A}$ 与 $\boldsymbol{B}$ 有相同的特征值；

(2) 若 $\boldsymbol{x}$ 是 $\boldsymbol{B}$ 的一个特征向量，则 $\boldsymbol{Tx}$ 是 $\boldsymbol{A}$ 的特征向量。

3）Gerschgorin 圆盘定理

设 $\boldsymbol{A}=(a_{ij})_{n\times n}$，则 $\boldsymbol{A}$ 的每一个特征值必属于下述某个圆盘之中：

$$G_i = \left\{\lambda \in \mathbf{C}: |\lambda - a_{ii}| \leqslant \sum_{\substack{j=1\\ j\neq i}}^{n} |a_{ij}|\right\} \qquad (i = 1, 2, \cdots, n;\ \mathbf{C}\text{ 为复数集合})$$

4）Rayleigh 商的定义和性质

设 $\boldsymbol{A}$ 为 n 阶实对称矩阵，对于任一非零向量 $\boldsymbol{x}$，称

$$R(\boldsymbol{x}) = \frac{(\boldsymbol{Ax}, \boldsymbol{x})}{(\boldsymbol{x}, \boldsymbol{x})}$$

为关于向量 $\boldsymbol{x}$ 的 Rayleigh 商。

设 $\boldsymbol{A}\in\mathbf{R}^{n\times n}$ 为实对称矩阵(其特征值依次记为 $\lambda_1\geqslant\lambda_2\geqslant\cdots\geqslant\lambda_n$，对应的特征向量 $\boldsymbol{x}_1$，$\boldsymbol{x}_2$，$\cdots$，$\boldsymbol{x}_n$ 组成规范化正交组，即 $(\boldsymbol{x}_i, \boldsymbol{x}_j)=\delta_{ij}$，则

(1) $\lambda_n\leqslant\dfrac{(\boldsymbol{Ax}, \boldsymbol{x})}{(\boldsymbol{x}, \boldsymbol{x})}\leqslant\lambda_1$(对任何非零向量 $\boldsymbol{x}\in\mathbf{R}^n$)；

(2) $\lambda_1 = \max\limits_{\substack{x \in \mathbf{R}^n \\ x \neq \mathbf{0}}} \dfrac{(\boldsymbol{Ax},\ \boldsymbol{x})}{(\boldsymbol{x},\ \boldsymbol{x})}$；

(3) $\lambda_n = \max\limits_{\substack{x \in \mathbf{R}^n \\ x \neq \mathbf{0}}} \dfrac{(\boldsymbol{Ax},\ \boldsymbol{x})}{(\boldsymbol{x},\ \boldsymbol{x})}$。

2. 幂法和反幂法

幂法是计算矩阵的模最大的特征值(称为主特征值)和相应特征向量的一种迭代方法。反幂法是计算矩阵模最小的特征值和相应特征向量的一种迭代方法。

设矩阵 $\mathbf{A} \in \mathbf{R}^{n\times n}$ 有 n 个线性无关的特征向量 $\boldsymbol{x}_1$，$\boldsymbol{x}_2$，…，$\boldsymbol{x}_n$，分别对应于特征值 λ_1，λ_2，…，λ_n。

1) 幂法的基本迭代格式

任取初始向量 $\boldsymbol{v}_0 \neq \mathbf{0}$($\boldsymbol{v}_0 = a_1\boldsymbol{x}_1 + a_2\boldsymbol{x}_2 + \cdots + a_n\boldsymbol{x}_n$，$a_1 \neq 0$)，构造向量序列

$$\boldsymbol{v}_k = \boldsymbol{Av}_{k-1} \qquad (k = 1,\ 2,\ \cdots) \tag{7.1}$$

2) 幂法的收敛性

设 $\mathbf{A} \in \mathbf{R}^{n\times n}$ 有 n 个线性无关的特征向量，主特征值 λ_1 满足

$$|\lambda_1| > |\lambda_2| \geqslant |\lambda_3| \geqslant \cdots \geqslant |\lambda_n|$$

则对任何非零初始向量 $\boldsymbol{v}_0$($a_1 \neq 0$)，按迭代格式(7.1)构造的向量序列满足

$$\lim_{k\to\infty} \frac{\boldsymbol{v}_k}{\lambda_1^k} = a_1\boldsymbol{x}_1, \qquad \lim_{k\to\infty} \frac{(\boldsymbol{v}_{k+1})_i}{(\boldsymbol{v}_k)_i} = \lambda_1$$

3) 规范化幂法的迭代格式

任取初始向量 $\boldsymbol{v}_0 = \boldsymbol{u}_0 \neq \mathbf{0}$($\boldsymbol{v}_0 = a_1\boldsymbol{x}_1 + a_2\boldsymbol{x}_2 + \cdots + a_n\boldsymbol{x}_n$，$a_1 \neq 0$)，构造向量序列

$$\begin{cases} \boldsymbol{v}_0 = \boldsymbol{u}_0 \neq \mathbf{0} \\ \boldsymbol{v}_k = \boldsymbol{Au}_{k-1} \\ \boldsymbol{u}_k = \dfrac{\boldsymbol{v}_k}{\max(\boldsymbol{v}_k)} \end{cases} \qquad (k = 1,\ 2,\ \cdots) \tag{7.2}$$

其中，$\max(\boldsymbol{v}_k)$表示 $\boldsymbol{v}_k$ 的模最大分量。

4) 规范化幂法的收敛性

设 $\mathbf{A} \in \mathbf{R}^{n\times n}$ 有 n 个线性无关的特征向量，主特征值 λ_1 满足 $|\lambda_1| > |\lambda_2| \geqslant |\lambda_3| \geqslant \cdots \geqslant |\lambda_n|$，则对任意非零初始向量 $\boldsymbol{v}_0 = \boldsymbol{u}_0 \neq \mathbf{0}$($a_1 \neq 0$)，按迭代格式(7.2)产生的序列满足

$$\lim_{k\to\infty} \boldsymbol{u}_k = \frac{\boldsymbol{x}_1}{\max(\boldsymbol{x}_1)},\ \lim_{k\to\infty} \max(\boldsymbol{v}_k) = \lambda_1$$

5) 幂法的加速

为了加快幂法的收敛速度，可以采取以下方法对幂法进行加速：

(1) 原点位移法。设矩阵 $\boldsymbol{A}$ 的特征值满足 $|\lambda_1| > |\lambda_2| \geqslant \cdots \geqslant |\lambda_n|$，取参数 p，使得

$$|\lambda_1 - p| = \max_{1\leqslant i\leqslant n}|\lambda_i - p| \quad 且 \quad \max_{2\leqslant i\leqslant n}\frac{|\lambda_i - p|}{|\lambda_1 - p|} < \frac{|\lambda_2|}{|\lambda_1|}$$

对矩阵 $\boldsymbol{B}=\boldsymbol{A}-p\boldsymbol{I}$ 应用规范化幂法，计算出 $\boldsymbol{B}$ 的主特征值 $\lambda_1 - p$ 后加上 p 即可得到 $\boldsymbol{A}$ 的主特征值 λ_1，这种方法称为原点位移法。

(2) Rayleigh 商加速。对于实对称矩阵，用 Rayleigh 商可以提高计算主特征值的幂法的收敛速度。

设 $\boldsymbol{A}\in\mathbf{R}^{n\times n}$ 为对称矩阵，特征值满足 $|\lambda_1|>|\lambda_2|\geqslant|\lambda_3|\geqslant\cdots\geqslant|\lambda_n|$，对应的特征向量是规范正交的，即满足 $(\boldsymbol{x}_i, \boldsymbol{x}_j)=\delta_{ij}$，应用幂法迭代格式(7.2)计算 $\boldsymbol{A}$ 的主特征值 λ_1，则规范化向量 $\boldsymbol{u}_k$ 的 Rayleigh 商给出 λ_1 的较好的近似，即

$$R_k = \frac{(\boldsymbol{A}\boldsymbol{u}_k, \boldsymbol{u}_k)}{(\boldsymbol{u}_k, \boldsymbol{u}_k)} = \lambda_1 + O\left(\left(\frac{\lambda_2}{\lambda_1}\right)^{2k}\right)$$

6) 反幂法的迭代格式

任取初始向量 $\boldsymbol{v}_0=\boldsymbol{u}_0\neq\boldsymbol{0}$($\boldsymbol{v}_0=a_1\boldsymbol{x}_1+a_2\boldsymbol{x}_2+\cdots+a_n\boldsymbol{x}_n$, $a_n\neq 0$)，构造向量序列

$$\begin{cases}\boldsymbol{v}_k = \boldsymbol{A}^{-1}\boldsymbol{u}_{k-1} \\ \boldsymbol{u}_k = \dfrac{\boldsymbol{v}_k}{\max(\boldsymbol{v}_k)}\end{cases} \quad (k=1, 2, \cdots) \tag{7.3}$$

其中，迭代向量 $\boldsymbol{v}_k$ 的计算要通过解方程组 $\boldsymbol{A}\boldsymbol{v}_k=\boldsymbol{u}_{k-1}$ 求得。

7) 反幂法的收敛性

设 $\boldsymbol{A}$ 为非奇异矩阵，有 n 个线性无关的特征向量，且其特征值满足

$$|\lambda_1|\geqslant|\lambda_2|\geqslant\cdots\geqslant|\lambda_{n-1}|>|\lambda_n|>0$$

则对任何非零初始向量 $\boldsymbol{v}_0=\boldsymbol{u}_0$($a_n\neq 0$)，由反幂法的迭代格式(7.3)构造的向量序列 $\{\boldsymbol{v}_k\}$ 和 $\{\boldsymbol{u}_k\}$ 满足

$$\lim_{k\to\infty}\boldsymbol{u}_k = \frac{\boldsymbol{x}_n}{\max(\boldsymbol{x}_n)}, \quad \lim_{k\to\infty}\max(\boldsymbol{v}_k) = \frac{1}{\lambda_n}$$

8) 反幂法的应用

已知 p 是矩阵 $\boldsymbol{A}$ 的特征值 λ_j 的近似值，对 $\boldsymbol{A}-p\boldsymbol{I}$ 应用反幂法，可用来计算特征向量 $\boldsymbol{x}_j$。只要选择的 p 是 λ_j 的一个较好的近似值且特征值分离情况较好，常常迭代一两次就可完成特征向量的计算。

3. 雅可比方法

雅可比方法用来计算实对称矩阵的全部特征值，其基本思想是通过一系列平面旋转变换将实对称矩阵约化为对角矩阵。

1) 平面旋转变换及其性质

定义 $\mathbf{R}^n$ 中的平面旋转变换矩阵

$$
\boldsymbol{P}=\begin{array}{c}
\begin{array}{cccccccccc}
 && \text{第 } i \text{ 列} &&&& \text{第 } j \text{ 列} &&& \\
\end{array} \\
\left[\begin{array}{cccccccccc}
1 &&&&&&&&& \\
& \ddots &&&&&&&& \\
&& \cos\theta &&&& -\sin\theta &&& \\
&&& 1 &&&&&& \\
&&&& \ddots &&&&& \\
&&&&& 1 &&&& \\
&& \sin\theta &&&& \cos\theta &&& \\
&&&&&&& 1 && \\
&&&&&&&& \ddots & \\
&&&&&&&&& 1
\end{array}\right]_{n\times n}
\end{array}
\begin{array}{l}
\\ \\ \text{第 } i \text{ 行} \\ \\ \\ \\ \text{第 } j \text{ 行} \\ \\ \\ \\
\end{array}
=\boldsymbol{P}(i,\ j,\ \theta)
$$

$\boldsymbol{P}$ 有如下性质：

(1) $\boldsymbol{P}$ 为正交阵；

(2) $\boldsymbol{P}$ 和单位阵只有在 $(i,\ i)$、$(i,\ j)$、$(j,\ i)$、$(j,\ j)$ 四个位置上的元素不一样；

(3) $\boldsymbol{P}^{\mathrm{T}}\boldsymbol{A}$ 只改变 $\boldsymbol{A}$ 的第 i 行与第 j 行元素，$\boldsymbol{AP}$ 只改变 $\boldsymbol{A}$ 的第 i 列与第 j 列元素，$\boldsymbol{P}^{\mathrm{T}}\boldsymbol{AP}$ 只改变 $\boldsymbol{A}$ 的第 i 行、第 j 行、第 i 列、第 j 列元素。

平面旋转变换的作用：将一个二维向量的某一个分量令约化为 0。

已知 $\boldsymbol{x}=(x_1,\ x_2)^{\mathrm{T}}\in\mathbf{R}^2$ 且 $x\neq 0$，令

$$
\boldsymbol{G}=\begin{bmatrix} c & -s \\ s & c \end{bmatrix},\ \text{其中}\ c=\frac{x_1}{\sqrt{x_1^2+x_2^2}},\ s=\frac{-x_2}{\sqrt{x_1^2+x_2^2}} \tag{7.4}
$$

则 $\boldsymbol{Gx}=(\sqrt{x_1^2+x_2^2},\ 0)^{\mathrm{T}}$。

2) 雅可比方法的迭代步骤

第一步：$\boldsymbol{A}_0=\boldsymbol{A}$，$m=1$。

第二步：确定 $(p,\ q)$，使 $|a_{pq}^{(m-1)}|=\max\limits_{1\leqslant i<j\leqslant n}|a_{ij}^{(m-1)}|$。

第三步：求平面旋转变换 $\boldsymbol{P}_m$，使 $\boldsymbol{A}_m=\boldsymbol{P}_m^{\mathrm{T}}\boldsymbol{A}_{m-1}\boldsymbol{P}_m$ 的非对角元 $a_{pq}^{(m)}=a_{qp}^{(m)}=0$。

第四步：判断 $\boldsymbol{A}_m$ 的非对角元是否充分小。如果已经充分小，则迭代停止；否则 $m=m+1$，转第二步。

3) 雅可比方法的收敛性

设 $\boldsymbol{A}=(a_{ij})_{n\times n}$ 为实对称矩阵，按雅可比迭代法对 $\boldsymbol{A}$ 施行上述一系列平面旋转变换：

$$
\boldsymbol{A}_m=\boldsymbol{P}_m^{\mathrm{T}}\boldsymbol{A}_{m-1}\boldsymbol{P}_m \qquad (m=1,\ 2,\ \cdots)
$$

则

$$
\lim_{m\to\infty}\boldsymbol{A}_m=\boldsymbol{D} \qquad (\text{对角矩阵})
$$

4) 关于 $\sin\theta$、$\cos\theta$ 的计算

设 $\boldsymbol{A}=(a_{ij})_{n\times n}$ 为实对称矩阵，已知 $|a_{ij}|=\max\limits_{1\leqslant k<l\leqslant n}|a_{kl}|\neq 0$，由集合 $\{a_{ii},\ a_{jj},\ a_{ij}\}$ 来计算

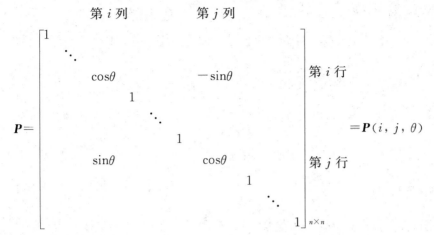

$\sin\theta$ 和 $\cos\theta$ 使得 $\boldsymbol{P}=\boldsymbol{P}(i, j, \theta)$，$\boldsymbol{P}^{\mathrm{T}}\boldsymbol{AP}$ 的(i, j)元为 0。计算公式如下：

$$\begin{cases} d = \dfrac{a_{ii} - a_{jj}}{2a_{ij}} \\ \tan\theta = \dfrac{\operatorname{sign}(d)}{|d| + \sqrt{d^2+1}} \equiv t \\ \cos\theta = \dfrac{1}{\sqrt{1+t^2}} \\ \sin\theta = t\cos\theta \end{cases} \tag{7.4}$$

其中，$\operatorname{sign}(d)=\begin{cases} 1 & (d\geqslant 0) \\ -1 & (d<0) \end{cases}$。

4. 豪斯荷尔德(Householder)变换

1）初等反射阵的定义

设向量 $\boldsymbol{v}=(v_1, v_2, \cdots, v_n)^{\mathrm{T}}$ 满足 $\|\boldsymbol{v}\|_2=1$，下面定义的矩阵称为初等反射阵或 Householder 矩阵：

$$\boldsymbol{H}(v) = \boldsymbol{I} - 2\boldsymbol{vv}^{\mathrm{T}} = \begin{bmatrix} 1-2v_1^2 & -2v_1v_2 & \cdots & -2v_1v_n \\ -2v_2v_1 & 1-2v_2^2 & \cdots & -2v_2v_n \\ \vdots & \vdots & & \vdots \\ -2v_nv_1 & -2v_nv_2 & \cdots & 1-2v_n^2 \end{bmatrix}$$

2）初等反射阵的性质

(1) 初等反射阵 $\boldsymbol{H}$ 是对称阵、正交阵（$\boldsymbol{H}^{\mathrm{T}}\boldsymbol{H}=\boldsymbol{I}$）和对合阵（$\boldsymbol{H}^2=\boldsymbol{I}$）；

(2) 对任何 $\boldsymbol{x}\in\mathbf{R}^n$，记 $\boldsymbol{y}=\boldsymbol{Hx}$，有 $\|\boldsymbol{y}\|_2=\|\boldsymbol{x}\|_2$；

(3) 记 S 为与 $\boldsymbol{v}$ 垂直的超平面，则几何上 $\boldsymbol{x}$ 与 $\boldsymbol{y}=\boldsymbol{Hx}$ 关于超平面 S 对称。

说明： 反文中变换使用 Householder 变换，矩阵使用初等反射阵。

3）Householder 变换的作用

设 $\boldsymbol{x}\neq\boldsymbol{y}$ 为两个 n 维向量，$\|\boldsymbol{x}\|_2=\|\boldsymbol{y}\|_2$，则存在一个初等反射阵

$$\boldsymbol{H} = \boldsymbol{I} - 2\boldsymbol{vv}^{\mathrm{T}}$$

使 $\boldsymbol{Hx}=\boldsymbol{y}$，其中 $\boldsymbol{v}=\dfrac{\boldsymbol{x}-\boldsymbol{y}}{\|\boldsymbol{x}-\boldsymbol{y}\|_2}$。

设向量 $\boldsymbol{x}\in\mathbf{R}^n$，$\boldsymbol{x}\neq\boldsymbol{0}$，$\sigma=\pm\|\boldsymbol{x}\|_2$，且 $\boldsymbol{x}\neq-\sigma\boldsymbol{e}_1$，则存在一个初等反射阵

$$\boldsymbol{H} = \boldsymbol{I} - 2\,\frac{\boldsymbol{uu}^{\mathrm{T}}}{\|\boldsymbol{u}\|_2^2} = \boldsymbol{I} - \rho^{-1}\boldsymbol{uu}^{\mathrm{T}}$$

使 $\boldsymbol{Hx}=-\sigma\boldsymbol{e}_1$，其中 $\boldsymbol{u}=\boldsymbol{x}+\sigma\boldsymbol{e}_1$，$\rho=\dfrac{\|\boldsymbol{u}\|_2^2}{2}$。

5. *QR* 算法

QR 算法是计算矩阵的全部特征值及特征向量的一个迭代法，它的基本思想是通过正交相似变换将一个给定的矩阵逐步约化成上三角阵或拟上三角阵。

1) 矩阵的实 Schur 分解

设 $\boldsymbol{A}\in\mathbf{R}^{n\times n}$，则存在正交矩阵 $\boldsymbol{R}$，使

$$\boldsymbol{R}^{\mathrm{T}}\boldsymbol{A}\boldsymbol{R}=\begin{bmatrix}\boldsymbol{T}_{11} & \boldsymbol{T}_{12} & \cdots & \boldsymbol{T}_{1s}\\ & \boldsymbol{T}_{22} & \cdots & \boldsymbol{T}_{2s}\\ & & \ddots & \vdots\\ & & & \boldsymbol{T}_{ss}\end{bmatrix}\tag{7.5}$$

其中对角块 $\boldsymbol{T}_{ii}(i=1, 2, \cdots, s)$为一阶或二阶方阵。若 $\boldsymbol{T}_{ii}$ 为一阶对角块，则它就是 $\boldsymbol{A}$ 的一个实特征值；若 $\boldsymbol{T}_{ii}$ 为二阶对角块，则它有一对复共轭特征值，并且这对复共轭特征值就是 $\boldsymbol{A}$ 的一对共轭复特征值。通常称分解式(7.5)为矩阵 $\boldsymbol{A}$ 的实 Schur 分解，而其右边的拟上三角矩阵称为 $\boldsymbol{A}$ 的实 Schur 标准形。

2) 矩阵的 ***QR*** 分解

若 $\boldsymbol{A}\in\mathbf{R}^{n\times n}$为非奇异矩阵，则 $\boldsymbol{A}$ 可分解为正交矩阵 $\boldsymbol{Q}$ 与上三角矩阵 $\boldsymbol{R}$ 的乘积，即 $\boldsymbol{A}=\boldsymbol{Q}\boldsymbol{R}$，且当 $\boldsymbol{R}$ 的对角元素都为正时，分解是唯一的。

3) ***QR*** 方法的基本迭代格式

对给定的 $\boldsymbol{A}=(a_{ij})\in\mathbf{R}^{n\times n}$，***QR*** 方法的基本迭代格式如下：

令 $\boldsymbol{A}_1=\boldsymbol{A}$，将 $\boldsymbol{A}_k$ 进行 ***QR*** 分解

$$\boldsymbol{A}_k=\boldsymbol{Q}_k\boldsymbol{R}_k$$

构造新矩阵

$$\boldsymbol{A}_{k+1}=\boldsymbol{R}_k\boldsymbol{Q}_k\qquad(k=1, 2, \cdots)$$

4) ***QR*** 迭代过程中产生的矩阵之间的关系

记 $\widetilde{\boldsymbol{Q}}_k=\boldsymbol{Q}_1\boldsymbol{Q}_2\cdots\boldsymbol{Q}_k$，$\widetilde{\boldsymbol{R}}_k=\boldsymbol{R}_k\cdots\boldsymbol{R}_2\boldsymbol{R}_1$，则有

(1) $\boldsymbol{A}_{k+1}=\boldsymbol{Q}_k^{\mathrm{T}}\boldsymbol{A}_k\boldsymbol{Q}_k$，故 $\boldsymbol{A}_{k+1}$ 与 $\boldsymbol{A}_k$ 相似；

(2) $\boldsymbol{A}_{k+1}=(\boldsymbol{Q}_1\boldsymbol{Q}_2\cdots\boldsymbol{Q}_k)^{\mathrm{T}}\boldsymbol{A}_1(\boldsymbol{Q}_1\boldsymbol{Q}_2\cdots\boldsymbol{Q}_k)=\widetilde{\boldsymbol{Q}}_k^{\mathrm{T}}\boldsymbol{A}_1\widetilde{\boldsymbol{Q}}_k$；

(3) $\boldsymbol{A}^k$($\boldsymbol{A}$ 的 k 次幂)的 ***QR*** 分解式为 $\boldsymbol{A}^k=\widetilde{\boldsymbol{Q}}_k\widetilde{\boldsymbol{R}}_k$。

5) ***QR*** 方法的收敛性

设 $\boldsymbol{A}\in\mathbf{R}^{n\times n}$，若 $\boldsymbol{A}$ 满足：

(1) $\boldsymbol{A}$ 的特征值为 $|\lambda_1|>|\lambda_2|>\cdots>|\lambda_n|>0$；

(2) $\boldsymbol{A}$ 的特征分解为 $\boldsymbol{A}=\boldsymbol{X}\boldsymbol{D}\boldsymbol{X}^{-1}$，其中 $\boldsymbol{D}=\mathrm{diag}(\lambda_1, \lambda_2, \cdots, \lambda_n)$，且设 $\boldsymbol{X}^{-1}$有三角分解 $\boldsymbol{X}^{-1}=\boldsymbol{L}\boldsymbol{U}$($\boldsymbol{L}$ 为单位下三角阵，$\boldsymbol{U}$ 为上三角阵)，则由 ***QR*** 算法产生的$\{\boldsymbol{A}_k\}$本质上收敛于上三角矩阵，即当 $k\to\infty$时，有

$$\boldsymbol{A}_k \xrightarrow{\text{本质上}} \begin{bmatrix} \lambda_1 & \times & \cdots & \times \\ & \lambda_2 & \cdots & \times \\ & & \ddots & \vdots \\ & & & \lambda_n \end{bmatrix} = \boldsymbol{R}$$

或

(1) $a_{ii}^{(k)} \to \lambda_i (i=1, 2, \cdots, n)$。

(2) 当 $i>j$ 时，$a_{ij}^{(k)} \to 0$；当 $i<j$ 时，$a_{ij}^{(k)}$ 极限不一定存在。

6) 带原点位移的 ***QR*** 方法

为了加速收敛，选择数列 $\{s_k\}$，按下述方法构造矩阵序列 $\{\boldsymbol{A}_k\}$，称为带原点位移的 ***QR*** 算法。

令 $\boldsymbol{A}=\boldsymbol{A}_1 \in \mathbf{R}^{n\times n}$，将 $\boldsymbol{A}_k - s_k\boldsymbol{I}$ 进行 ***QR*** 分解

$$\boldsymbol{A}_k - s_k\boldsymbol{I} = \boldsymbol{Q}_k\boldsymbol{R}_k$$

构造新矩阵

$$\boldsymbol{A}_{k+1} = \boldsymbol{R}_k\boldsymbol{Q}_k + s_k\boldsymbol{I} \qquad (k=1, 2, \cdots)$$

位移 $\{s_k\}$ 的选取请参考相关文献（如徐树方、高立、张平文编著的《数值线性代数（第二版）》，北京大学出版社出版，2000 年）。

6. 计算对称三对角矩阵部分特征值的二分法

二分法可用来计算对称三对角矩阵的部分特征值。设对称三对角矩阵为

$$\boldsymbol{C} = \begin{bmatrix} c_1 & b_1 & & & \\ b_1 & c_2 & b_2 & & \\ & b_2 & c_3 & \ddots & \\ & & \ddots & \ddots & b_{n-1} \\ & & & b_{n-1} & c_n \end{bmatrix}$$

1) 对称三对角矩阵特征多项式序列及其性质

设对称三对角矩阵 $\boldsymbol{C}$ 的特征多项式为 $f_n(\lambda)=|\boldsymbol{C}-\lambda\boldsymbol{I}|$，用 $f_i(\lambda)$ 表示 $\boldsymbol{C}$ 的第 i 阶顺序主子阵的特征多项式，即

$$f_i(\lambda) = \begin{vmatrix} c_1-\lambda & b_1 & & & \\ b_1 & c_2-\lambda & b_2 & & \\ & b_2 & c_3-\lambda & \ddots & \\ & & \ddots & \ddots & b_{i-1} \\ & & & b_{i-1} & c_i-\lambda \end{vmatrix} \qquad (i=1, 2\cdots, n-1)$$

令 $f_0(\lambda)=1$，则特征多项式序列 $\{f_0(\lambda), f_1(\lambda), \cdots, f_n(\lambda)\}$ 满足下列递推关系：

$$f_0(\lambda) = 1$$
$$f_1(\lambda) = c_1 - \lambda$$
$$f_i(\lambda) = (c_i - \lambda) f_{i-1}(\lambda) - b_{i-1}^2 f_{i-2}(\lambda) \qquad (i = 2, 3, \cdots, n)$$

且具有如下性质：

性质 1：序列 $\{f_i(\lambda)\}$ 中两个相邻特征多项式没有相同的零点。

性质 2：如果 $f_i(\lambda_0)=0$，则有 $f_{i-1}(\lambda_0)f_{i+1}(\lambda_0)<0 \quad (i=1, 2, \cdots, n-1)$。

性质 3：相邻两个多项式 $f_{i-1}(\lambda)$ 与 $f_i(\lambda)(i=2, 3, \cdots, n)$ 的零点互相交错。

2）实对称三对角矩阵特征值的性质

引进一个整值函数 $g(a)$，用它表示序列 $\{f_0(\lambda), f_1(\lambda), \cdots, f_n(\lambda)\}$ 在 $\lambda=a$ 处相邻两项符号相同的次数，如果 $f_i(a)=0$，则规定 $f_i(a)$ 的符号与 $f_{i-1}(a)$ 相同。

对称三对角矩阵 $\boldsymbol{C}$ 的特征值满足 $a\leqslant\lambda\leqslant b$，其中

$$\begin{cases} a = \min\limits_{1\leqslant i\leqslant n}\{c_i - |b_i| - |b_{i-1}|\} \\ b = \max\limits_{1\leqslant i\leqslant n}\{c_i + |b_i| + |b_{i-1}|\} \end{cases} \qquad (b_0 = b_n = 0)$$

若 $b_i\neq 0(i=1, 2, \cdots, n-1)$，则 $\boldsymbol{C}$ 的特征多项式 $f_n(\lambda)$ 的零点大于或等于某个实数 a 的个数恰好等于 $g(a)$。若 $a<b$，则 $f_n(\lambda)$ 在 $[a, b)$ 内零点的个数等于 $g(a)-g(b)$。

3）计算对称三对角矩阵的特征值的二分法

设 $\boldsymbol{C}$ 的特征值的次序为 $\lambda_n<\lambda_{n-1}<\cdots<\lambda_m<\cdots<\lambda_2<\lambda_1$，考虑计算 λ_m 的方法：

(1) 确定全体特征值所在的区间 $[a, b]$，定义 $a_0=a$，$b_0=b$。

(2) 计算 $g\left(\dfrac{a+b}{2}\right)$ 的值。

若 $g\left(\dfrac{a+b}{2}\right)\geqslant m$，则新区间为 $\left[\dfrac{a+b}{2}, b\right]$，即 $a_1=\dfrac{a_0+b_0}{2}$，$b_1=b_0$；

若 $g\left(\dfrac{a+b}{2}\right)<m$，则新区间为 $\left[a, \dfrac{a+b}{2}\right]$，即 $a_1=a_0$，$b_1=\dfrac{a_0+b_0}{2}$。

继续步骤(2)的过程，直到所得区间的长度 $b_k-a_k=\dfrac{b-a}{2^k}$ 满足精度要求，则取 $\lambda_m\approx\dfrac{a_k+b_k}{2}$，当 λ_m 求出后，可用反幂法修正，并求出对应的特征向量。

7. 矩阵的奇异值分解

1）奇异值分解定理

设 $\mathbf{A}\in\mathbf{R}^{m\times n}$，秩为 $r\leqslant\min(m, n)$，则存在列正交矩阵 $\boldsymbol{U}\in\mathbf{R}^{m\times m}$ 和 $V\in\mathbf{R}^{n\times n}$，即 $\boldsymbol{U}^{\mathrm{T}}\boldsymbol{U}=\boldsymbol{I}_m$，$\mathbf{V}^{\mathrm{T}}\mathbf{V}=\boldsymbol{I}_n$，使得

$$\mathbf{A} = \boldsymbol{U}\begin{bmatrix}\boldsymbol{\Sigma} & \mathbf{0} \\ \mathbf{0} & \mathbf{0}\end{bmatrix}\mathbf{V}^{\mathrm{T}}$$

其中 $\boldsymbol{\Sigma}=\mathrm{diag}(\sigma_1, \sigma_2, \cdots, \sigma_r)$，而且 $\sigma_1 \geqslant \sigma_2 \geqslant \cdots \sigma_r > 0$。称 $\boldsymbol{A}=\boldsymbol{U}\begin{bmatrix}\boldsymbol{\Sigma} & \boldsymbol{0}\\ \boldsymbol{0} & \boldsymbol{0}\end{bmatrix}$为 $\boldsymbol{A}$ 的奇异值分解，$\sigma_i(i=1, \cdots, r)$为 $\boldsymbol{A}$ 的奇异值，$\boldsymbol{U}$ 的各列为 $\boldsymbol{A}$ 的左奇异向量，$\boldsymbol{V}$ 的各列为 $\boldsymbol{A}$ 的右奇异向量。

2）奇异值分解的性质

设 $\boldsymbol{A}$ 的奇异值分解为 $\boldsymbol{A}=\boldsymbol{U}\begin{bmatrix}\boldsymbol{\Sigma} & \boldsymbol{0}\\ \boldsymbol{0} & \boldsymbol{0}\end{bmatrix}\boldsymbol{V}^{\mathrm{T}}$，则

(1) $\mathrm{rank}(\boldsymbol{A})=r$，$\mathrm{rank}(\boldsymbol{A})$为 $\boldsymbol{A}$ 的秩；

(2) $N(\boldsymbol{A})=\mathrm{span}(\boldsymbol{v}_{r+1}, \boldsymbol{v}_{r+2}, \cdots, \boldsymbol{v}_n)$，$N(\boldsymbol{A})$为 $\boldsymbol{A}$ 的核空间；

(3) $R(\boldsymbol{A})=\mathrm{span}(\boldsymbol{u}_1, \boldsymbol{u}_2, \cdots, \boldsymbol{u}_r)$，$R(\boldsymbol{A})$为 $\boldsymbol{A}$ 的值域空间；

(4) $\boldsymbol{A} = \sum_{i=1}^{r}\sigma_i\boldsymbol{u}_i\boldsymbol{v}_i^{\mathrm{T}}$；

(5) $\|\boldsymbol{A}\|_2 = \max_{\boldsymbol{x}\neq\boldsymbol{0}} \dfrac{\|\boldsymbol{A}\boldsymbol{x}\|_2}{\|\boldsymbol{x}\|_2} = \sigma_1$。

7.2 释疑解难

1. 幂法能用来计算复矩阵的模最大特征值及对应的特征向量吗？

答： 可以。

2. 设 $\boldsymbol{A}\in\mathbf{R}^{n\times n}$ 且为对称阵，怎样应用幂法计算 $\boldsymbol{A}$ 的模第二大特征值？

答： 设矩阵 $\boldsymbol{A}$ 的特征值满足 $|\lambda_1|>|\lambda_2|>|\lambda_3|\geqslant\cdots\geqslant|\lambda_n|$，对应的特征向量为 $\boldsymbol{x}_1$，$\boldsymbol{x}_2$，$\boldsymbol{x}_3$，…，$\boldsymbol{x}_n$。因为 $\boldsymbol{A}$ 是对称矩阵，所以它的特征值都是实的，且对应的特征向量可取为实向量。

第一步：用幂法可以求出矩阵 $\boldsymbol{A}$ 的模最大特征值 λ_1 及其对应的特征向量 $\boldsymbol{x}_1$，即

$$\boldsymbol{A}\boldsymbol{x}_1 = \lambda_1\boldsymbol{x}_1 \tag{7.6}$$

第二步：求矩阵 $\boldsymbol{P}$，使得

$$\boldsymbol{P}\boldsymbol{x}_1 = \alpha\boldsymbol{e}_1 \tag{7.7}$$

其中，$\boldsymbol{e}_1=(1, 0, \cdots, 0)^{\mathrm{T}}$。将式(7.7)代入式(7.6)并整理得

$$\boldsymbol{P}\boldsymbol{A}\boldsymbol{P}^{\mathrm{T}}\boldsymbol{e}_1 = \lambda_1\boldsymbol{e}_1$$

即 $\boldsymbol{P}\boldsymbol{A}\boldsymbol{P}^{\mathrm{T}}$ 有如下形状：

$$\boldsymbol{P}\boldsymbol{A}\boldsymbol{P}^{\mathrm{T}} = \begin{bmatrix}\lambda_1 & * \\ \boldsymbol{0} & \boldsymbol{B}_1\end{bmatrix}$$

其中，$\boldsymbol{B}_1$ 是 $n-1$ 阶方阵，并且它的特征值是 λ_2，λ_3，…，λ_n。

第三步：对 $\boldsymbol{B}_1$ 应用幂法，可求出 λ_2。

3. 已知 p 是矩阵 $\boldsymbol{A}$ 的某个特征值 λ_j 的近似值，对 $\boldsymbol{A}-p\boldsymbol{I}$ 应用反幂法计算 $\boldsymbol{A}$ 的特征向量 $\boldsymbol{x}_j$ 时，每步迭代都需要求解线性方程组 $(\boldsymbol{A}-p\boldsymbol{I})\boldsymbol{v}_k=\boldsymbol{u}_{k-1}$。当 p 与 $\boldsymbol{A}$ 的特征值 λ_j 很靠近时，$\boldsymbol{A}-p\boldsymbol{I}$ 就与一个奇异矩阵很靠近，那么需要求解的线性方程组就是病态的。这对反幂法的收敛速度有影响吗？

答： $\boldsymbol{A}-p\boldsymbol{I}$ 的病态性并不会影响反幂法的收敛速度。当线性方程组是病态时，求解线性方程组会产生很大的误差，但这个误差主要影响其解在特征子空间 $\mathrm{span}\{x_j\}$ 上投影的长度。误差越大，其计算解在特征子空间 $\mathrm{span}\{\boldsymbol{x}_j\}$ 上的投影就越大。这对于我们要计算的特征向量 $\boldsymbol{x}_j$ 而言是非常有利的，因为我们关心的主要是所得向量的方向而非它的大小。详细的理论分析可参考相关文献（如徐树方、高立、张平文编著的《数值线性代数（第二版）》，北京大学出版社 2000 年出版）。

4. 平面旋转变换和 Householder 变换有什么异同？

答： 平面旋转变换和 Householder 变换都是正交变换。本章平面旋转变换和 Householder 变换主要用来将一个向量的某些分量约化为 0。平面旋转变换可以将一个二维向量的某一个分量约化为 0，而 Householder 变换可以将任意一个 n 维向量的任意 $n-1$ 个分量约化为 0。

对于二维向量 $\boldsymbol{x}=(x_1, x_2)^{\mathrm{T}}$，通过一次平面旋转变换或一次 Householder 变换都可以将它的第二个分量化为 0。对于 n 维向量 $\boldsymbol{x}=(x_1, x_2, \cdots, x_n)^{\mathrm{T}}$，要想将其第一个分量以外的分量化为 0，需要 $n-1$ 次平面旋转变换或一次 Householder 变换。

给定矩阵 $\boldsymbol{A}\in\mathbf{R}^{n\times n}$，要求它的 $\boldsymbol{QR}$ 分解，需要一系列的正交变换将其约化为上三角矩阵。一般而言，这个过程可以通过 $\dfrac{n(n-1)}{2}$ 个平面旋转变换来实现，也可以通过 $n-1$ 个 Householder 变换来实现。相比较，Householder 变换需要的运算量小。但是，如果 $\boldsymbol{A}$ 的下三角部分已经有了很多的 0 元素，比如 $\boldsymbol{A}$ 是上 Hessenberg 矩阵，那么使用平面旋转变换比 Householder 变换需要的运算量少。

5. 给定矩阵 $\boldsymbol{A}\in\mathbf{R}^{n\times n}$，如何计算 $\boldsymbol{A}$ 的 $\boldsymbol{QR}$ 分解？

答： 可以使用 Householder 变换来计算 $\boldsymbol{A}$ 的 $\boldsymbol{QR}$ 分解。

设 $\boldsymbol{A}_0=\boldsymbol{A}$，进行 k 次 Householder 变换得到的矩阵记为 $\boldsymbol{A}_k(1\leqslant k\leqslant n-1)$。

第 k 步：取

$$\boldsymbol{A}_{k-1}(k: n, k)=\boldsymbol{x}=(x_1, x_2, \cdots, x_{n-k+1})^{\mathrm{T}}$$

求初等反射阵 $\boldsymbol{H}_k\in\mathbf{R}^{(n-k+1)\times(n-k+1)}$ 使得 $\boldsymbol{H}_k\boldsymbol{x}=\mathrm{sign}(x_1)\|\boldsymbol{x}\|_2\boldsymbol{e}_1$。记 $\boldsymbol{Q}_k=\begin{bmatrix}\boldsymbol{I}_{k-1} & \\ & \boldsymbol{H}_k\end{bmatrix}$，计算 $\boldsymbol{A}_k=\boldsymbol{Q}_k\boldsymbol{A}_{k-1}$。这里 $\boldsymbol{A}_{k-1}(k: n, k)$ 表示矩阵 $\boldsymbol{A}_{k-1}$ 的第 k 列中第 k 行到第 n 行元素构成的向量。

经过 $n-1$ 步 Householder 变换，记 $\boldsymbol{Q}^{\mathrm{T}}=\boldsymbol{Q}_{n-1}\cdots\boldsymbol{Q}_2\boldsymbol{Q}_1$，$\boldsymbol{R}=\boldsymbol{A}_{n-1}$，则 $\boldsymbol{A}=\boldsymbol{QR}$ 就是 $\boldsymbol{A}$ 的

$\boldsymbol{QR}$ 分解。

6. 给定矩阵 $\mathbf{A}\in\mathbf{R}^{n\times n}$，如何将 $\boldsymbol{A}$ 正交相似约化为上 Hessenberg 矩阵？

答：可以使用 Householder 变换将 $\boldsymbol{A}$ 正交相似约化为上 Hessenberg 矩阵。

设 $\boldsymbol{A}_0=\boldsymbol{A}$，进行 k 次 Householder 变换得到的矩阵记为 $\boldsymbol{A}_k(1\leqslant k\leqslant n-2)$。

第 k 步：取

$$\boldsymbol{A}_{k-1}(k+1:n,k)=\boldsymbol{x}=(x_1,x_2,\cdots,x_{n-k})^{\mathrm{T}}$$

求初等反射阵 $\boldsymbol{H}_k\in\mathbf{R}^{(n-k)\times(n-k)}$ 使得 $\boldsymbol{H}_k\boldsymbol{x}=\mathrm{sign}(x_1)\|\boldsymbol{x}\|_2\boldsymbol{e}_1$。记 $\boldsymbol{Q}_k=\begin{bmatrix}\boldsymbol{I}_k & \\ & \boldsymbol{H}_k\end{bmatrix}$，计算 $\boldsymbol{A}_k=\boldsymbol{Q}_k\boldsymbol{A}_{k-1}\boldsymbol{Q}_k^{\mathrm{T}}$。

经过 $n-2$ 步 Householder 变换，记 $\boldsymbol{Q}=\boldsymbol{Q}_{n-2}\cdots\boldsymbol{Q}_2\boldsymbol{Q}_1$，则 $\boldsymbol{QAQ}^{\mathrm{T}}$ 是上 Hessenberg 矩阵。

7. 给定对称矩阵 $\mathbf{A}\in\mathbf{R}^{n\times n}$，如何将 $\boldsymbol{A}$ 正交相似约化为对称三对角矩阵？

答：用 Householder 变换将 $\boldsymbol{A}$ 进行上 Hessenberg 化即可。设变换矩阵为 $\boldsymbol{Q}$，由 $\boldsymbol{A}$ 对称可得 $\boldsymbol{QAQ}^{\mathrm{T}}$ 对称。又 $\boldsymbol{QAQ}^{\mathrm{T}}$ 是上 Hessenberg 矩阵，从而它一定是对称三对角矩阵。具体过程如下：

设 $\mathbf{A}_0=\mathbf{A}$，进行 k 次 Householder 变换得到的矩阵记为 $\mathbf{A}_k(1\leqslant k\leqslant n-2)$。

第 k 步：取 $\boldsymbol{A}_{k-1}(k+1:n,k)=\boldsymbol{x}=(x_1,x_2,\cdots,x_{n-k})^{\mathrm{T}}$，求初等反射阵 $\boldsymbol{H}_k\in\mathbf{R}^{(n-k)\times(n-k)}$ 使得 $\boldsymbol{H}_k\boldsymbol{x}=\mathrm{sign}(x_1)\|\boldsymbol{x}\|_2\boldsymbol{e}_1$。记 $\boldsymbol{Q}_k=\begin{bmatrix}\boldsymbol{I}_k & \\ & \boldsymbol{H}_k\end{bmatrix}$，计算 $\boldsymbol{A}_k=\boldsymbol{Q}_k\boldsymbol{A}_{k-1}\boldsymbol{Q}_k^{\mathrm{T}}$。

经过 $n-2$ 步 Householder 变换，记 $\boldsymbol{Q}=\boldsymbol{Q}_{n-2}\cdots\boldsymbol{Q}_2\boldsymbol{Q}_1$，则 $\boldsymbol{QAQ}^{\mathrm{T}}$ 是对称三对角矩阵。

8. 给定矩阵 $\mathbf{A}\in\mathbf{R}^{m\times n}(m>n)$，如何计算它的奇异值分解？

答：第一步：计算 $\mathbf{A}^{\mathrm{T}}\mathbf{A}$ 的特征分解 $\mathbf{A}^{\mathrm{T}}\mathbf{A}=\mathbf{V}\boldsymbol{\Lambda}\mathbf{V}^{\mathrm{T}}$，其中 $\mathbf{V}=(\boldsymbol{v}_1,\boldsymbol{v}_2,\cdots,\boldsymbol{v}_n)$是 n 阶正交矩阵，

$$\boldsymbol{\Lambda}=\mathrm{diag}(\sigma_1^2,\sigma_2^2,\cdots,\sigma_r^2,0\cdots,0)\qquad(\sigma_1\geqslant\sigma_2\geqslant\cdots\geqslant\sigma_r>0)$$

第二步：对 $i=1,2,\cdots,r$，计算 $\boldsymbol{u}_i=\dfrac{1}{\sigma_i}\boldsymbol{A}\boldsymbol{v}_i$，则 $\boldsymbol{u}_1,\boldsymbol{u}_2,\cdots,\boldsymbol{u}_r\in\mathbf{R}^m$ 是相互正交的单位向量。

第三步：将 $\boldsymbol{u}_1,\boldsymbol{u}_2,\cdots,\boldsymbol{u}_r$ 扩充成 $\mathbf{R}^m$ 的一个标准正交基，记扩充的向量为 $\boldsymbol{u}_{r+1},\cdots,\boldsymbol{u}_m$，则 $\boldsymbol{U}=(\boldsymbol{u}_1,\cdots,\boldsymbol{u}_r,\boldsymbol{u}_{r+1},\cdots,\boldsymbol{u}_m)$是 m 阶正交矩阵。

这样，我们就得到了 $\mathbf{A}$ 的奇异值分解：

$$\mathbf{A}=\boldsymbol{U}\begin{bmatrix}\boldsymbol{\Sigma} & \mathbf{0}\\ \mathbf{0} & \mathbf{0}\end{bmatrix}\mathbf{V}^{\mathrm{T}}$$

其中 $\boldsymbol{U}^{\mathrm{T}}\boldsymbol{U}=\boldsymbol{I}_m$，$\mathbf{V}^{\mathrm{T}}\mathbf{V}=\boldsymbol{I}_n$，$\boldsymbol{\Sigma}=\mathrm{diag}(\sigma_1,\sigma_2,\cdots,\sigma_r)$，而且 $\sigma_1\geqslant\sigma_2\geqslant\cdots\geqslant\sigma_r>0$。

7.3　典型例题

例 7.1　试估计矩阵 $A=\begin{bmatrix}4 & 1 & -1\\ 1 & 0 & 2\\ -1 & 2 & -4\end{bmatrix}$ 的特征值范围。

解：直接应用 Gerschgorin 圆盘定理，该矩阵的 3 个圆盘如下：

$$G_1=\{\lambda:|\lambda-4|\leqslant 2\},\ G_2=\{\lambda:|\lambda|\leqslant 3\},\ G_3=\{\lambda:|\lambda+4|\leqslant 3\}$$

又由于 A 是对称矩阵，它的特征值都是实的，故 A 的特征值范围为

$$\mathbf{R}\cap(G_1\cup G_2\cup G_3)=\{\lambda\in\mathbf{R}:|\lambda-4|\leqslant 2\text{ 或 }|\lambda|\leqslant 3\text{ 或 }|\lambda+4|\leqslant 3\}=[-7,6]$$

例 7.2　用规范化幂法求矩阵 $A=\begin{bmatrix}2 & 2 & -2\\ 2 & 5 & -4\\ -2 & -4 & 5\end{bmatrix}$ 的主特征值及对应的特征向量，当特征值的小数点后 4 位的数值稳定时终止迭代。

解：取初始向量 $(1,1,1)^{\mathrm{T}}$，用规范化幂法计算矩阵 A 的主特征值及对应的特征向量，计算结果如表 7.1 所示。

表 7.1　例 7.2 的计算结果

k	$\boldsymbol{u}_k^T$	$\max(\boldsymbol{v}_k)$
0	(1, 1, 1)	
1	(0.6667, 1.0000, −0.3333)	3
2	(0.5217, 1.0000, −0.9130)	7.6667
3	(0.5022, 1.0000, −0.9910)	9.6957
4	(0.5002, 1.0000, −0.9991)	9.9686
5	(0.5000, 1.0000, −0.9999)	9.9969
6	(0.5000, 1.0000, −1.0000)	9.9997
7	(0.5000, 1.0000, −1.0000)	10.0000
8	(0.5000, 1.0000, −1.0000)	10.0000

从表 7.1 中可以看出，矩阵 A 的主特征值的近似解 $\lambda_1\approx 10.0000$，特征向量为 $(0.5000,1.0000,-1.0000)^{\mathrm{T}}$。

例 7.3　用 Rayleigh 商加速法计算例 7.2 中矩阵的主特征值。

解：用 Rayleigh 商加速法计算得到 $\boldsymbol{u}_k$ 和 $R_k=\frac{(\boldsymbol{A}\boldsymbol{u}_k,\ \boldsymbol{u}_k)}{(\boldsymbol{u}_k,\ \boldsymbol{u}_k)}$，计算结果如表 7.2 所示。

表 7.2　例 7.3 的计算结果

k	$\boldsymbol{u}_k^{\mathrm{T}}$	R_k
0	(1, 1, 1)	
1	(0.6667, 1.0000, −0.3333)	8.1429
2	(0.5217, 1.0000, −0.9130)	9.9767
3	(0.5022, 1.0000, −0.9910)	9.9998
4	(0.5002, 1.0000, −0.9991)	10.0000
5	(0.5000, 1.0000, −0.9999)	10.0000

与表 7.1 比较后发现，Rayleigh 商收敛到主特征值 λ_1 的速度要比原始的幂法快。

例 7.4　用反幂法求矩阵 $\boldsymbol{A}=\begin{bmatrix}6 & 2 & 1\\ 2 & 3 & 1\\ 1 & 1 & 1\end{bmatrix}$ 的最接近于 7 的特征值及对应的特征向量。

解：对矩阵 $\boldsymbol{A}-7\boldsymbol{I}$ 应用反幂法，计算结果如表 7.3 所示。

表 7.3　例 7.4 的计算结果

k	$\boldsymbol{u}_k^{\mathrm{T}}$	$\max(\boldsymbol{v}_k)$
0	(1, 1, 1)	
1	(1.0000, 0.5000, 0.2143)	4.6667
2	(1.0000, 0.5244, 0.2436)	3.4206
3	(1.0000, 0.5228, 0.2421)	3.4754
4	(1.0000, 0.5229, 0.2422)	3.4721
5	(1.0000, 0.5229, 0.2422)	3.4723
6	(1.0000, 0.5229, 0.2422)	3.4723

由表 7.3 计算得矩阵 $\boldsymbol{A}$ 的最接近于 7 的特征值为 $\lambda\approx\frac{1}{3.4723}+7\approx7.2880$，对应的特征向量为 $(1.0000,\ 0.5229,\ 0.2422)^{\mathrm{T}}$。

例 7.5　通过一系列平面旋转变换，消去向量 $\boldsymbol{\alpha}=(2,0,1,2)^{\mathrm{T}}$ 中除第 1 个分量以外的分量。

解： 第一步，针对向量 $\boldsymbol{\alpha}$ 的第一、三分量构造平面旋转变换矩阵 $\widetilde{\boldsymbol{G}}_1=\begin{bmatrix} c_1 & -s_1 \\ s_1 & c_1 \end{bmatrix}$，利用公式(7.4)求出 $c_1=\dfrac{2\sqrt{5}}{5}$，$s_1=-\dfrac{\sqrt{5}}{5}$，则

$$\boldsymbol{G}_1=\begin{bmatrix} c_1 & 0 & -s_1 & 0 \\ 0 & 1 & 0 & 0 \\ s_1 & 0 & c_1 & 0 \\ 0 & 0 & 0 & 1 \end{bmatrix}=\begin{bmatrix} \dfrac{2\sqrt{5}}{5} & 0 & \dfrac{\sqrt{5}}{5} & 0 \\ 0 & 1 & 0 & 0 \\ -\dfrac{\sqrt{5}}{5} & 0 & \dfrac{2\sqrt{5}}{5} & 0 \\ 0 & 0 & 0 & 1 \end{bmatrix},\ \boldsymbol{G}_1\boldsymbol{\alpha}=\begin{bmatrix} \sqrt{5} \\ 0 \\ 0 \\ 2 \end{bmatrix}$$

第二步，针对向量 $\boldsymbol{G}_1\boldsymbol{\alpha}$ 的第一、四分量构造平面旋转变换矩阵 $\widetilde{\boldsymbol{G}}_2=\begin{bmatrix} c_2 & -s_2 \\ s_2 & c_2 \end{bmatrix}$，利用公式(7.4)求出 $c_2=\dfrac{\sqrt{5}}{3}$，$s_2=-\dfrac{2}{3}$，则

$$\boldsymbol{G}_2=\begin{bmatrix} c_2 & 0 & 0 & -s_2 \\ 0 & 1 & 0 & 0 \\ 0 & 0 & 1 & 0 \\ s_2 & 0 & 0 & c_2 \end{bmatrix}=\begin{bmatrix} \dfrac{\sqrt{5}}{3} & 0 & 0 & \dfrac{2}{3} \\ 0 & 1 & 0 & 0 \\ 0 & 0 & 1 & 0 \\ -\dfrac{2}{3} & 0 & 0 & \dfrac{\sqrt{5}}{3} \end{bmatrix},\ \boldsymbol{G}_2\boldsymbol{G}_1\boldsymbol{\alpha}=\begin{bmatrix} \dfrac{\sqrt{5}}{3} & 0 & 0 & \dfrac{2}{3} \\ 0 & 1 & 0 & 0 \\ 0 & 0 & 1 & 0 \\ -\dfrac{2}{3} & 0 & 0 & \dfrac{\sqrt{5}}{3} \end{bmatrix}\begin{bmatrix} \sqrt{5} \\ 0 \\ 0 \\ 2 \end{bmatrix}=\begin{bmatrix} 3 \\ 0 \\ 0 \\ 0 \end{bmatrix}$$

例 7.6　设 $\boldsymbol{x}=(1,0,4,6,3,4)^{\mathrm{T}}$，求一个 Householder 变换和一个正数 α 使得

$$\boldsymbol{Hx}=(1,\alpha,4,6,0,0)^{\mathrm{T}}$$

解： 因为 Householder 变换是正交变换，正交变换不改变向量的 2 范数，故 $\|\boldsymbol{Hx}\|_2=\|\boldsymbol{x}\|_2$。由此可得 $\alpha^2=25$，又因为 α 是正数，所以 $\alpha=5$。

设 $\boldsymbol{H}=\boldsymbol{I}-2\boldsymbol{uu}^{\mathrm{T}}$，其中 $\boldsymbol{u}\in\mathbf{R}^6$，$\|\boldsymbol{u}\|_2=1$。记 $\boldsymbol{y}=\boldsymbol{Hx}=(1,5,4,6,0,0)^{\mathrm{T}}$，则

$$\boldsymbol{y}=\boldsymbol{Hx}=(\boldsymbol{I}-2\boldsymbol{uu}^{\mathrm{T}})\boldsymbol{x}=\boldsymbol{x}-(2\boldsymbol{u}^{\mathrm{T}}\boldsymbol{x})\boldsymbol{u}$$

因此 $\boldsymbol{u}=\dfrac{1}{2\boldsymbol{u}^{\mathrm{T}}\boldsymbol{x}}(\boldsymbol{x}-\boldsymbol{y})$。由此可知 $\boldsymbol{u}$ 与 $\boldsymbol{x}-\boldsymbol{y}$ 的方向相同，又 $\|\boldsymbol{u}\|_2=1$，所以

$$\boldsymbol{u}=\frac{\boldsymbol{x}-\boldsymbol{y}}{\|\boldsymbol{x}-\boldsymbol{y}\|_2}=\frac{1}{5\sqrt{2}}(0,-5,0,0,3,4)^{\mathrm{T}}$$

于是

$$H = I - 2uu^{\mathrm{T}} = \begin{bmatrix} 1 & 0 & 0 & 0 & 0 & 0 \\ 0 & 0 & 0 & 0 & \frac{3}{5} & \frac{4}{5} \\ 0 & 0 & 1 & 0 & 0 & 0 \\ 0 & 0 & 0 & 1 & 0 & 0 \\ 0 & \frac{3}{5} & 0 & 0 & \frac{16}{25} & -\frac{12}{25} \\ 0 & \frac{4}{5} & 0 & 0 & -\frac{12}{25} & \frac{9}{25} \end{bmatrix}$$

例 7.7　已知 $\mathbf{A}=(a_{ij})\in\mathbf{R}^{n\times n}$ 是一个正矩阵并且列和为 1，即 $\mathbf{A}$ 满足

$$a_{ij} > 0 \quad (i,\ j = 1,\ 2,\ \cdots,\ n) \quad 且 \quad \sum_{i=1}^{n} a_{ij} = 1 \quad (j = 1,\ 2,\ \cdots,\ n)$$

(1) 证明 $\lambda=1$ 是 $\mathbf{A}$ 的一个特征值；

(2) 陈述并证明 Gerschgorin 列圆盘定理；

(3) 证明 $\rho(\mathbf{A})=1$，其中 $\rho(\mathbf{A})$ 表示 $\mathbf{A}$ 的谱半径；

(4) 设计算法计算 $\mathbf{A}$ 的对应于特征值 $\lambda=1$ 的特征向量。

证明：(1) 由 $\mathbf{A}$ 的列和为 1 知 $\boldsymbol{e}^{\mathrm{T}}\mathbf{A}=\boldsymbol{e}^{\mathrm{T}}$，其中 $\boldsymbol{e}=(1,\ 1,\ \cdots,\ 1)^{\mathrm{T}}$。两边取转置得 $\mathbf{A}^{\mathrm{T}}\boldsymbol{e}=\boldsymbol{e}$，即 $\lambda=1$ 是 $\mathbf{A}^{\mathrm{T}}$ 的特征值，而 $\mathbf{A}$ 与 $\mathbf{A}^{\mathrm{T}}$ 有相同的特征值，于是 $\lambda=1$ 是 $\mathbf{A}$ 的特征值。

(2) 列圆盘定理：设 $\mathbf{A}=(a_{ij})_{n\times n}$，定义

$$G_j(\mathbf{A}) = \left\{z:\ |z - a_{jj}| \leqslant \sum_{i\neq j} |a_{ij}|\right\} \quad (j = 1,\ 2,\ \cdots,\ n)$$

则 $\lambda(\mathbf{A})\subset G_1(\mathbf{A})\cup G_2(\mathbf{A})\cup\cdots\cup G_n(\mathbf{A})$，其中 $\lambda(\mathbf{A})$ 表示 $\mathbf{A}$ 的谱集。

证明：设 λ 是 $\mathbf{A}$ 的特征值，$\boldsymbol{y}=(y_1,\ y_2,\ \cdots,\ y_n)$ 是对应的左特征向量，即 $\boldsymbol{y}\mathbf{A}=\lambda\boldsymbol{y}$。不妨设 $|y_j|=\max\{|y_i|:\ i=1,\ 2,\ \cdots,\ n\}$，则 $y_j\neq 0$。比较 $\boldsymbol{y}\mathbf{A}=\lambda\boldsymbol{y}$ 两边的第 j 个元素，得

$$a_{1j}y_1 + a_{2j}y_2 + \cdots + a_{jj}y_j + \cdots + a_{nj}y_n = \lambda y_j$$

整理得

$$(\lambda - a_{jj})y_j = \sum_{i\neq j} a_{ij}y_i$$

取模得

$$|\lambda - a_{jj}| \leqslant \sum_{i\neq j} |a_{ij}| \frac{|y_i|}{|y_j|} \leqslant \sum_{i\neq j} |a_{ij}|$$

即 $\lambda\in G_j(\mathbf{A})$，列圆盘定理得证。

(3) 因为 $\mathbf{A}$ 是一个正矩阵并且列和为 1，所以对 $j=1,\ 2,\ \cdots,\ n$，有 $\sum\limits_{i\neq j}|a_{ij}| = \sum\limits_{i\neq j}a_{ij} = 1 - a_{jj}$。由列圆盘定理知

$$G_j(\mathbf{A}) = \left\{z:\ |z - a_{jj}| \leqslant \sum_{i\neq j} |a_{ij}|\right\} = \{z:\ |z - a_{jj}| \leqslant 1 - a_{jj}\} \quad (j = 1,\ 2,\ \cdots,\ n)$$

这 n 个圆盘都包含在圆盘 $G=\{z: |z|\leqslant 1\}$ 中，因此 $\lambda=1$ 是 $\boldsymbol{A}$ 的模最大特征值，于是 $\rho(\boldsymbol{A})=1$。

(4) 由(3)的分析可知，$\lambda=1$ 是 $\boldsymbol{A}$ 的唯一的模最大特征值，因此可用幂法来计算它对应的特征向量。

例 7.8　若 $\boldsymbol{A}\in\mathbf{R}^{n\times n}$ 为非奇异矩阵，$\boldsymbol{A}=\boldsymbol{QR}$，其中 $\boldsymbol{Q}$ 为正交矩阵，$\boldsymbol{R}$ 为上三角矩阵，且其对角线元素均为正，证明满足上述条件的矩阵 $\boldsymbol{Q}$ 和 $\boldsymbol{R}$ 是唯一的。

证明： 设

$$\boldsymbol{A}=\boldsymbol{Q}_1\boldsymbol{R}_1=\boldsymbol{Q}_2\boldsymbol{R}_2$$

其中，$\boldsymbol{Q}_1$、$\boldsymbol{Q}_2$ 为正交矩阵，$\boldsymbol{R}_1$、$\boldsymbol{R}_2$ 为上三角矩阵，且它们的对角线元素均为正，则

$$\boldsymbol{Q}_2^{\mathrm{T}}\boldsymbol{Q}_1=\boldsymbol{R}_2\boldsymbol{R}_1^{-1}$$

其中，$\boldsymbol{Q}_2^{\mathrm{T}}\boldsymbol{Q}_1$ 为正交矩阵，$\boldsymbol{R}_2\boldsymbol{R}_1^{-1}$ 为对角线元素均为正的上三角矩阵。因此

$$\boldsymbol{Q}_2^{\mathrm{T}}\boldsymbol{Q}_1=\boldsymbol{R}_2\boldsymbol{R}_1^{-1}=\boldsymbol{I}$$

于是，$\boldsymbol{Q}_1=\boldsymbol{Q}_2$，$\boldsymbol{R}_1=\boldsymbol{R}_2$，即分解式是唯一的。

例 7.9　设 $\boldsymbol{H}\in\mathbf{R}^{n\times n}$ 是非奇异的上 Hessenberg 矩阵，μ、$\omega\in\mathbf{R}$ 都不是 $\boldsymbol{H}$ 的特征值。考虑用 μ 和 ω 连续作两次位移，进行 $\boldsymbol{QR}$ 迭代：

$$\boldsymbol{H}-\mu\boldsymbol{I}=\boldsymbol{U}_1\boldsymbol{R}_1,\ \boldsymbol{H}_1=\boldsymbol{R}_1\boldsymbol{U}_1+\mu\boldsymbol{I}$$

$$\boldsymbol{H}_1-\omega\boldsymbol{I}=\boldsymbol{U}_2\boldsymbol{R}_2,\ \boldsymbol{H}_2=\boldsymbol{R}_2\boldsymbol{U}_2+\omega\boldsymbol{I}$$

其中，$\boldsymbol{U}_1$、$\boldsymbol{U}_2$ 是 n 阶正交矩阵，$\boldsymbol{R}_1$、$\boldsymbol{R}_2$ 是对角元为正的 n 阶上三角矩阵。

(1) 证明 $\boldsymbol{H}_2=\boldsymbol{Q}^{\mathrm{T}}\boldsymbol{HQ}$，其中 $\boldsymbol{Q}=\boldsymbol{U}_1\boldsymbol{U}_2$；

(2) 记 $\boldsymbol{Q}=\boldsymbol{U}_1\boldsymbol{U}_2$，$\boldsymbol{R}=\boldsymbol{R}_2\boldsymbol{R}_1$，证明 $\boldsymbol{QR}=(\boldsymbol{H}-\mu\boldsymbol{I})(\boldsymbol{H}-\omega\boldsymbol{I})$。

证明： (1)

$$\begin{aligned}\boldsymbol{H}_2&=\boldsymbol{R}_2\boldsymbol{U}_2+\omega\boldsymbol{I}=\boldsymbol{U}_2^{\mathrm{T}}\boldsymbol{U}_2(\boldsymbol{R}_2\boldsymbol{U}_2+\omega\boldsymbol{I})=\boldsymbol{U}_2^{\mathrm{T}}(\boldsymbol{U}_2\boldsymbol{R}_2+\omega\boldsymbol{I})\boldsymbol{U}_2\\&=\boldsymbol{U}_2^{\mathrm{T}}\boldsymbol{H}_1\boldsymbol{U}_2=\boldsymbol{U}_2^{\mathrm{T}}(\boldsymbol{R}_1\boldsymbol{U}_1+\mu\boldsymbol{I})\boldsymbol{U}_2=\boldsymbol{U}_2^{\mathrm{T}}\boldsymbol{U}_1^{\mathrm{T}}\boldsymbol{U}_1(\boldsymbol{R}_1\boldsymbol{U}_1+\mu\boldsymbol{I})\boldsymbol{U}_2\\&=\boldsymbol{U}_2^{\mathrm{T}}\boldsymbol{U}_1^{\mathrm{T}}(\boldsymbol{U}_1\boldsymbol{R}_1+\mu\boldsymbol{I})\boldsymbol{U}_1\boldsymbol{U}_2=\boldsymbol{U}_2^{\mathrm{T}}\boldsymbol{U}_1^{\mathrm{T}}\boldsymbol{H}\boldsymbol{U}_1\boldsymbol{U}_2=\boldsymbol{Q}^{\mathrm{T}}\boldsymbol{HQ}\end{aligned}$$

(2)

$$\begin{aligned}\boldsymbol{QR}&=(\boldsymbol{U}_1\boldsymbol{U}_2)(\boldsymbol{R}_2\boldsymbol{R}_1)=\boldsymbol{U}_1(\boldsymbol{U}_2\boldsymbol{R}_2)\boldsymbol{R}_1=\boldsymbol{U}_1(\boldsymbol{H}_1-\omega\boldsymbol{I})\boldsymbol{R}_1\\&=\boldsymbol{U}_1(\boldsymbol{U}_1^{\mathrm{T}}\boldsymbol{H}\boldsymbol{U}_1-\omega\boldsymbol{I})\boldsymbol{R}_1=(\boldsymbol{H}-\omega\boldsymbol{I})\boldsymbol{U}_1\boldsymbol{R}_1=(\boldsymbol{H}-\omega\boldsymbol{I})(\boldsymbol{H}-\mu\boldsymbol{I})\\&=(\boldsymbol{H}-\mu\boldsymbol{I})(\boldsymbol{H}-\omega\boldsymbol{I})\end{aligned}$$

例 7.10　假设构造 Householder 变换矩阵 $\boldsymbol{H}$ 将矩阵 $\boldsymbol{A}$ 正交相似变换为

$$\boldsymbol{HAH}^{\mathrm{T}}=\begin{bmatrix}\lambda_1 & \boldsymbol{r}_1^{\mathrm{T}}\\ \boldsymbol{0} & \boldsymbol{A}_1\end{bmatrix}$$

其中，$\boldsymbol{A}_1\in\mathbf{R}^{(n-1)\times(n-1)}$，$\boldsymbol{r}_1\in\mathbf{R}^{(n-1)}$。设 λ_2 是 $\boldsymbol{A}_1$ 的一个特征值，$\lambda_2\neq\lambda_1$，对应的特征向量为 $\boldsymbol{y}_2$，试证明：

$$\boldsymbol{x}_2=\boldsymbol{H}\begin{bmatrix}\alpha\\ \boldsymbol{y}_2\end{bmatrix}\qquad\left(\alpha=\frac{\boldsymbol{r}_1^{\mathrm{T}}\boldsymbol{y}_2}{\lambda_2-\lambda_1}\right)$$

是 $\boldsymbol{A}$ 的与 λ_2 对应的特征向量。

证明：因为 λ_2 是 $\boldsymbol{A}_1$ 的一个特征值，对应的特征向量为 $\boldsymbol{y}_2$，即 $\boldsymbol{A}_1\boldsymbol{y}_2=\lambda_2\boldsymbol{y}_2$。由 $\boldsymbol{A}=\boldsymbol{H}\begin{bmatrix}\lambda_1 & \boldsymbol{r}_1^{\mathrm{T}}\\ \boldsymbol{0} & \boldsymbol{A}_1\end{bmatrix}\boldsymbol{H}$ 及 $\boldsymbol{x}_2=\boldsymbol{H}\begin{bmatrix}\alpha\\ \boldsymbol{y}_2\end{bmatrix}$ 可得

$$\boldsymbol{A}\boldsymbol{x}_2=\boldsymbol{H}\begin{bmatrix}\lambda_1 & \boldsymbol{r}_1^{\mathrm{T}}\\ 0 & \boldsymbol{A}_1\end{bmatrix}\boldsymbol{H}\boldsymbol{H}\begin{bmatrix}\alpha\\ \boldsymbol{y}_2\end{bmatrix}=\boldsymbol{H}\begin{bmatrix}\lambda_1 & \boldsymbol{r}_1^{\mathrm{T}}\\ \boldsymbol{0} & \boldsymbol{A}_1\end{bmatrix}\begin{bmatrix}\alpha\\ \boldsymbol{y}_2\end{bmatrix}=\boldsymbol{H}\begin{bmatrix}\lambda_1\alpha+\boldsymbol{r}_1^{\mathrm{T}}\boldsymbol{y}_2\\ \boldsymbol{A}_1\boldsymbol{y}_2\end{bmatrix}$$

将 $\alpha=\dfrac{\boldsymbol{r}_1^{\mathrm{T}}\boldsymbol{y}_2}{\lambda_2-\lambda_1}$ 和 $\boldsymbol{A}_1\boldsymbol{y}_2=\lambda_2\boldsymbol{y}_2$ 代入上式得

$$\boldsymbol{A}\boldsymbol{x}_2=\boldsymbol{H}\begin{bmatrix}\lambda_1\dfrac{\boldsymbol{r}_1^{T}\boldsymbol{y}_2}{\lambda_2-\lambda_1}+\boldsymbol{r}_1^{\mathrm{T}}\boldsymbol{y}_2\\ \lambda_2\boldsymbol{y}_2\end{bmatrix}=\boldsymbol{H}\begin{bmatrix}\lambda_2\dfrac{\boldsymbol{r}_1^{\mathrm{T}}\boldsymbol{y}_2}{\lambda_2-\lambda_1}\\ \lambda_2\boldsymbol{y}_2\end{bmatrix}=\lambda_2\boldsymbol{H}\begin{bmatrix}\alpha\\ \boldsymbol{y}_2\end{bmatrix}=\lambda_2\boldsymbol{x}_2$$

又由 $\boldsymbol{y}_2\neq\boldsymbol{0}$，$\boldsymbol{H}$ 可逆，得 $\boldsymbol{x}_2\neq\boldsymbol{0}$，因而 $\boldsymbol{x}_2$ 是 $\boldsymbol{A}$ 的与 λ_2 对应的特征向量。

例 7.11　设 $\boldsymbol{A}\in\mathbf{R}^{m\times n}$，其中 $m>n$，$\boldsymbol{b}\in\mathbf{R}^m$，已知 $\boldsymbol{A}=\boldsymbol{U}\begin{bmatrix}\boldsymbol{\Sigma} & \boldsymbol{0}\\ \boldsymbol{0} & \boldsymbol{0}\end{bmatrix}\boldsymbol{V}^{\mathrm{T}}$ 是它的奇异值分解，其中 $\boldsymbol{\Sigma}=\mathrm{diag}(\sigma_1,\sigma_2,\cdots,\sigma_r)$ 而且 $\sigma_1\geqslant\sigma_2\geqslant\cdots\geqslant\sigma_r>0$，$\boldsymbol{U}\in\mathbf{R}^{m\times m}$ 和 $\boldsymbol{V}\in\mathbf{R}^{n\times n}$ 是正交矩阵。

证明：(1) $\boldsymbol{A}^{\dagger}=\boldsymbol{V}\begin{bmatrix}\boldsymbol{\Sigma}^{-1} & \boldsymbol{0}\\ \boldsymbol{0} & \boldsymbol{0}\end{bmatrix}\boldsymbol{U}^{\mathrm{T}}$ 是 $\boldsymbol{A}$ 的 Moore-Penrose 广义逆矩阵，即满足

$$\boldsymbol{A}\boldsymbol{A}^{\dagger}\boldsymbol{A}=\boldsymbol{A},\ \boldsymbol{A}^{\dagger}\boldsymbol{A}\boldsymbol{A}^{\dagger}=\boldsymbol{A}^{\dagger},\ (\boldsymbol{A}\boldsymbol{A}^{\dagger})^{\mathrm{T}}=\boldsymbol{A}\boldsymbol{A}^{\dagger},\ (\boldsymbol{A}^{\dagger}\boldsymbol{A})^{\mathrm{T}}=\boldsymbol{A}^{\dagger}\boldsymbol{A}$$

(2) $\boldsymbol{x}^*=\boldsymbol{A}^{\dagger}\boldsymbol{b}$ 是最小二乘问题 $\min\limits_{x\in\mathbf{R}^n}\|\boldsymbol{A}\boldsymbol{x}-\boldsymbol{b}\|_2$ 的解，即满足

$$\|\boldsymbol{A}\boldsymbol{x}^*-\boldsymbol{b}\|_2=\min\{\|\boldsymbol{A}\boldsymbol{x}-\boldsymbol{b}\|_2:\boldsymbol{x}\in\mathbf{R}^n\}$$

证明：(1) 直接验证，有

$$\boldsymbol{A}\boldsymbol{A}^{\dagger}\boldsymbol{A}=\boldsymbol{U}\begin{bmatrix}\boldsymbol{\Sigma} & \boldsymbol{0}\\ \boldsymbol{0} & \boldsymbol{0}\end{bmatrix}\boldsymbol{V}^{\mathrm{T}}\boldsymbol{V}\begin{bmatrix}\boldsymbol{\Sigma}^{-1} & \boldsymbol{0}\\ \boldsymbol{0} & \boldsymbol{0}\end{bmatrix}\boldsymbol{U}^{\mathrm{T}}\boldsymbol{U}\begin{bmatrix}\boldsymbol{\Sigma} & \boldsymbol{0}\\ \boldsymbol{0} & \boldsymbol{0}\end{bmatrix}\boldsymbol{V}^{\mathrm{T}}=\boldsymbol{U}\begin{bmatrix}\boldsymbol{\Sigma} & \boldsymbol{0}\\ \boldsymbol{0} & \boldsymbol{0}\end{bmatrix}\boldsymbol{V}^{\mathrm{T}}=\boldsymbol{A}$$

$$\boldsymbol{A}^{\dagger}\boldsymbol{A}\boldsymbol{A}^{\dagger}=\boldsymbol{V}\begin{bmatrix}\boldsymbol{\Sigma}^{-1} & \boldsymbol{0}\\ \boldsymbol{0} & \boldsymbol{0}\end{bmatrix}\boldsymbol{U}^{\mathrm{T}}\boldsymbol{U}\begin{bmatrix}\boldsymbol{\Sigma} & \boldsymbol{0}\\ \boldsymbol{0} & \boldsymbol{0}\end{bmatrix}\boldsymbol{V}^{\mathrm{T}}\boldsymbol{V}\begin{bmatrix}\boldsymbol{\Sigma}^{-1} & \boldsymbol{0}\\ \boldsymbol{0} & \boldsymbol{0}\end{bmatrix}\boldsymbol{U}^{\mathrm{T}}=\boldsymbol{V}\begin{bmatrix}\boldsymbol{\Sigma}^{-1} & \boldsymbol{0}\\ \boldsymbol{0} & \boldsymbol{0}\end{bmatrix}\boldsymbol{U}^{\mathrm{T}}=\boldsymbol{A}^{\dagger}$$

$$(\boldsymbol{A}\boldsymbol{A}^{\dagger})^{\mathrm{T}}=\left(\boldsymbol{U}\begin{bmatrix}\boldsymbol{\Sigma} & \boldsymbol{0}\\ \boldsymbol{0} & \boldsymbol{0}\end{bmatrix}\boldsymbol{V}^{\mathrm{T}}\boldsymbol{V}\begin{bmatrix}\boldsymbol{\Sigma}^{-1} & \boldsymbol{0}\\ \boldsymbol{0} & \boldsymbol{0}\end{bmatrix}\boldsymbol{U}^{\mathrm{T}}\right)^{\mathrm{T}}=\boldsymbol{U}\begin{bmatrix}\boldsymbol{\Sigma} & \boldsymbol{0}\\ \boldsymbol{0} & \boldsymbol{0}\end{bmatrix}\boldsymbol{V}^{\mathrm{T}}\boldsymbol{V}\begin{bmatrix}\boldsymbol{\Sigma}^{-1} & \boldsymbol{0}\\ \boldsymbol{0} & \boldsymbol{0}\end{bmatrix}\boldsymbol{U}^{\mathrm{T}}=\boldsymbol{A}\boldsymbol{A}^{\dagger}$$

$$(\boldsymbol{A}^{\dagger}\boldsymbol{A})^{\mathrm{T}}=\left(\boldsymbol{V}\begin{bmatrix}\boldsymbol{\Sigma}^{-1} & \boldsymbol{0}\\ \boldsymbol{0} & \boldsymbol{0}\end{bmatrix}\boldsymbol{U}^{\mathrm{T}}\boldsymbol{U}\begin{bmatrix}\boldsymbol{\Sigma} & \boldsymbol{0}\\ \boldsymbol{0} & \boldsymbol{0}\end{bmatrix}\boldsymbol{V}^{\mathrm{T}}\right)^{\mathrm{T}}=\boldsymbol{V}\begin{bmatrix}\boldsymbol{\Sigma}^{-1} & \boldsymbol{0}\\ \boldsymbol{0} & \boldsymbol{0}\end{bmatrix}\boldsymbol{U}^{\mathrm{T}}\boldsymbol{U}\begin{bmatrix}\boldsymbol{\Sigma} & \boldsymbol{0}\\ \boldsymbol{0} & \boldsymbol{0}\end{bmatrix}\boldsymbol{V}^{\mathrm{T}}=\boldsymbol{A}^{\dagger}\boldsymbol{A}$$

(2) 记 $\boldsymbol{V}=(\boldsymbol{V}_1,\boldsymbol{V}_2)$，$\boldsymbol{U}=(\boldsymbol{U}_1,\boldsymbol{U}_2)$，其中 $\boldsymbol{V}_1\in\mathbf{R}^{n\times r}$，$\boldsymbol{V}_2\in\mathbf{R}^{n\times(n-r)}$，$\boldsymbol{U}_1\in\mathbf{R}^{m\times r}$，$\boldsymbol{U}_2\in\mathbf{R}^{m\times(m-r)}$，则有

$$\|\boldsymbol{A}\boldsymbol{x}-\boldsymbol{b}\|_2^2=\left\|\boldsymbol{U}\begin{bmatrix}\boldsymbol{\Sigma} & \boldsymbol{0}\\ \boldsymbol{0} & \boldsymbol{0}\end{bmatrix}\boldsymbol{V}^{\mathrm{T}}\boldsymbol{x}-\boldsymbol{b}\right\|_2^2=\left\|\begin{bmatrix}\boldsymbol{\Sigma} & \boldsymbol{0}\\ \boldsymbol{0} & \boldsymbol{0}\end{bmatrix}\boldsymbol{V}^{\mathrm{T}}\boldsymbol{x}-\boldsymbol{U}^{\mathrm{T}}\boldsymbol{b}\right\|_2^2$$

$$= \left\| \begin{bmatrix} \boldsymbol{\Sigma} & \mathbf{0} \\ \mathbf{0} & \mathbf{0} \end{bmatrix} \begin{bmatrix} \boldsymbol{V}_1^{\mathrm{T}} \\ \boldsymbol{V}_2^{\mathrm{T}} \end{bmatrix} \boldsymbol{x} - \begin{bmatrix} \boldsymbol{U}_1^{\mathrm{T}} \\ \boldsymbol{U}_2^{\mathrm{T}} \end{bmatrix} \boldsymbol{b} \right\|_2^2$$

$$= \left\| \begin{bmatrix} \boldsymbol{\Sigma} \boldsymbol{V}_1^{\mathrm{T}} \boldsymbol{x} - \boldsymbol{U}_1^{\mathrm{T}} \boldsymbol{b} \\ -\boldsymbol{U}_2^{\mathrm{T}} \boldsymbol{b} \end{bmatrix} \right\|_2^2$$

$$= \| \boldsymbol{\Sigma} \boldsymbol{V}_1^{\mathrm{T}} \boldsymbol{x} - \boldsymbol{U}_1^{\mathrm{T}} \boldsymbol{b} \|_2^2 + \| -\boldsymbol{U}_2^{\mathrm{T}} \boldsymbol{b} \|_2^2$$

直接代入可知 $\boldsymbol{x}^* = \boldsymbol{A}^{\dagger} \boldsymbol{b}$ 满足 $\boldsymbol{\Sigma} \boldsymbol{V}_1^{\mathrm{T}} \boldsymbol{x} - \boldsymbol{U}_1^{\mathrm{T}} \boldsymbol{b} = 0$，因此 $\boldsymbol{x}^*$ 满足

$$\| \boldsymbol{A}\boldsymbol{x}^* - \boldsymbol{b} \|_2 = \min\{ \| \boldsymbol{A}\boldsymbol{x} - \boldsymbol{b} \|_2 : \boldsymbol{x} \in \mathbf{R}^n \}$$

7.4　习 题 解 答

1. 用 Gerschgorin 圆盘定理估计下列矩阵特征值的界：

(1) $\boldsymbol{A} = \begin{bmatrix} 1 & 0 & 0 \\ 1 & 0 & 1 \\ 1 & 1 & 2 \end{bmatrix}$；　(2) $\boldsymbol{A} = \begin{bmatrix} 2 & -1 & & & \\ -1 & 2 & -1 & & \\ & \ddots & \ddots & \ddots & \\ & & -1 & 2 & -1 \\ & & & -1 & 2 \end{bmatrix}$。

解：(1) 由矩阵 $\boldsymbol{A}$ 的元素可以确定 3 个圆盘：

$$G_1 = \{\lambda: |\lambda - 1| \leqslant 0 + 0\} = \{\lambda: |\lambda - 1| \leqslant 0\} = \{1\}$$

$$G_2 = \{\lambda: |\lambda - 0| \leqslant 1 + 1\} = \{\lambda: |\lambda| \leqslant 2\}$$

$$G_3 = \{\lambda: |\lambda - 2| \leqslant 1 + 1\} = \{\lambda: |\lambda - 2| \leqslant 2\}$$

设 λ 是 $\boldsymbol{A}$ 的特征值，则 $\lambda \in G_1 \cup G_2 \cup G_3$。

(2) 由矩阵 $\boldsymbol{A}$ 的元素可以确定 n 个圆盘：

$$G_1 = G_n = \{\lambda: |\lambda - 2| \leqslant 1\}$$

$$G_2 = \cdots = G_{n-1} = \{\lambda: |\lambda - 2| \leqslant 1 + 1\} = \{\lambda: |\lambda - 2| \leqslant 2\}$$

设 λ 是 $\boldsymbol{A}$ 的特征值，则 $\lambda \in G_1 \cup G_2 \cup \cdots \cup G_n = G_1 \cup G_2$。又 $\boldsymbol{A}$ 是对称矩阵，所以它的特征值都是实的，故 $\lambda \in \mathbf{R} \cap (G_1 \cup G_2) = [0, 4]$。

2. 用规范化幂法计算矩阵 $\boldsymbol{A} = \begin{bmatrix} 7 & 3 & -2 \\ 3 & 4 & -1 \\ -2 & -1 & 3 \end{bmatrix}$ 的主特征值及对应的特征向量，当特征值有 3 位小数稳定时，迭代终止。

解：取初始向量 $(1, 1, 1)^{\mathrm{T}}$，用规范化幂法计算矩阵的主特征值及对应的特征向量，计算结果如表 7.4 所示。

表 7.4 习题 2 的计算结果

k	$\boldsymbol{u}_k^{\mathrm{T}}$	$\max(\boldsymbol{v}_k)$
0	(1, 1, 1)	
1	(1.000, 0.750, 0.000)	8.000
2	(1.000, 0.649, −0.297)	9.250
3	(1.000, 0.618, −0.371)	9.541
4	(1.000, 0.609, −0.389)	9.595
5	(1.000, 0.606, −0.393)	9.604
6	(1.000, 0.606, −0.394)	9.605
7	(1.000, 0.606, −0.394)	9.606
8	(1.000, 0.606, −0.394)	9.606

由表 7.4 可以看出，经过 8 次迭代，$\max(\boldsymbol{v}_k)$的小数点后 3 位的数值趋于稳定。计算得矩阵 $\boldsymbol{A}$ 的主特征值的近似解 $\lambda_1 \approx 9.606$，特征向量为$(1.000，0.606，-0.394)^{\mathrm{T}}$。

3. 用反幂法计算矩阵 $\boldsymbol{A}=\begin{bmatrix} 3 & -4 & 3 \\ -4 & 6 & 3 \\ 3 & 3 & 1 \end{bmatrix}$的模最小特征值及对应的特征向量。

解： 取初始向量$(1, 1, 1)^{\mathrm{T}}$，用反幂法计算矩阵的模最小特征值及对应的特征向量，计算结果如表 7.5 所示。

表 7.5 习题 3 的计算结果

k	$\boldsymbol{u}_k^{\mathrm{T}}$	$\max(\boldsymbol{v}_k)$	$1/\max(\boldsymbol{v}_k)$
0	(1, 1, 1)		
5	(0.0926, −0.0839, 1.0000)	0.2768	3.6131
10	(1.0000, 0.6951, −0.6001)	0.2230	4.4852
15	(−0.7319, −0.5931, 1.0000)	0.3148	3.1769
20	(−0.8982, −0.6936, 1.0000)	−0.2649	−3.7755
25	(−0.8525, −0.6660, 1.0000)	−0.2812	−3.5557
30	(−0.8639, −0.6730, 1.0000)	−0.2770	−3.6107
35	(−0.8610, −0.6712, 1.0000)	−0.2780	−3.5966
40	(−0.8618, −0.6716, 1.0000)	−0.2778	−3.6002

续表

k	$\boldsymbol{u}_k^{\mathrm{T}}$	$\max(\boldsymbol{v}_k)$	$1/\max(\boldsymbol{v}_k)$
45	(−0.8616，−0.6715，1.0000)	−0.2778	−3.5993
50	(−0.8616，−0.6715，1.0000)	−0.2778	−3.5995
55	(−0.8616，−0.6715，1.0000)	−0.2778	−3.5994
56	(−0.8616，−0.6715，1.0000)	−0.2778	−3.5995
57	(−0.8616，−0.6715，1.0000)	−0.2778	−3.5995

由表 7.5 可以看出，经过 57 次迭代，$1/\max(\boldsymbol{v}_k)$的小数点后 4 位的数值趋于稳定。计算得矩阵 $\boldsymbol{A}$ 的模最小特征值的近似解 $\lambda_3 \approx -3.5995$，特征向量为$(-0.8616，-0.6715，1.0000)^{\mathrm{T}}$。

4. 求矩阵$\begin{bmatrix} 4 & 0 & 0 \\ 0 & 3 & 1 \\ 0 & 1 & 3 \end{bmatrix}$与特征值 4 对应的特征向量。

解： 设矩阵为 $\boldsymbol{A}$，求解齐次线性方程组$(4\boldsymbol{I}-\boldsymbol{A})\boldsymbol{x}=\boldsymbol{0}$，即

$$\begin{bmatrix} 0 & 0 & 0 \\ 0 & 1 & -1 \\ 0 & -1 & 1 \end{bmatrix}\begin{bmatrix} x_1 \\ x_2 \\ x_3 \end{bmatrix}=\begin{bmatrix} 0 \\ 0 \\ 0 \end{bmatrix}$$

解得该线性方程组的一个基础解系为 $\boldsymbol{\xi}=(1, 0, 0)^{\mathrm{T}}$，$\boldsymbol{\eta}=(0, 1, 1)^{\mathrm{T}}$，故特征值 4 对应的所有特征向量为$\{k_1\boldsymbol{\xi}+k_2\boldsymbol{\eta}$：$k_1$、$k_2$ 不全为 0$\}$。

5. 方阵 $\boldsymbol{T}$ 的分块形式为

$$\boldsymbol{T}=\begin{bmatrix} \boldsymbol{T}_{11} & \boldsymbol{T}_{12} & \cdots & \boldsymbol{T}_{1n} \\ & \boldsymbol{T}_{22} & \cdots & \boldsymbol{T}_{2n} \\ & & \ddots & \vdots \\ & & & \boldsymbol{T}_{nn} \end{bmatrix}$$

其中，$\boldsymbol{T}_{ii}(i=1, 2, \cdots, n)$为方阵，$\boldsymbol{T}$ 称为块上三角阵，如果对角块的阶数至多不超过 2，则称 $\boldsymbol{T}$ 为准三角形形式。用 $\sigma(\boldsymbol{T})$表示矩阵 $\boldsymbol{T}$ 的特征值集合，证明：

$$\sigma(\boldsymbol{T})=\bigcup_{i=1}^{n}\sigma(\boldsymbol{T}_{ii})$$

证明： 矩阵 $\boldsymbol{T}$ 的特征多项式为

$$|\lambda \boldsymbol{I}-\boldsymbol{T}|=\begin{vmatrix}\lambda \boldsymbol{I}_1-\boldsymbol{T}_{11} & -\boldsymbol{T}_{12} & \cdots & -\boldsymbol{T}_{1n}\\ & \lambda \boldsymbol{I}_2-\boldsymbol{T}_{22} & \cdots & -\boldsymbol{T}_{2n}\\ & & \ddots & \\ & & & \lambda \boldsymbol{I}_n-\boldsymbol{T}_{nn}\end{vmatrix}$$

$$=|\lambda \boldsymbol{I}_1-\boldsymbol{T}_{11}||\lambda \boldsymbol{I}_2-\boldsymbol{T}_{22}|\cdots|\lambda \boldsymbol{I}_n-\boldsymbol{T}_{nn}| \tag{7.8}$$

其中，$\boldsymbol{I}$ 和 $\boldsymbol{I}_i(i=1,\cdots n)$分别是与 $\boldsymbol{T}$ 和 $\boldsymbol{T}_{ii}(i=1,\cdots n)$同阶的单位阵，$|\lambda \boldsymbol{I}_i-\boldsymbol{T}_{ii}|$是矩阵 $\boldsymbol{T}_{ii}$ 的特征多项式。我们知道矩阵的特征值就是它的特征多项式的根，因此由式(7.8)可得 $\sigma(\boldsymbol{T})=\bigcup\limits_{i=1}^{n}\sigma(\boldsymbol{T}_{ii})$。

6. 设 $\boldsymbol{x}=(1,1,1,1)^{\mathrm{T}}$，用下列两种方法分别求正交矩阵 $\boldsymbol{P}$，使得 $\boldsymbol{P}\boldsymbol{x}=\pm\|\boldsymbol{x}\|_2\boldsymbol{e}_1$。

(1) $\boldsymbol{P}$ 为平面旋转矩阵的乘积；

(2) $\boldsymbol{P}$ 为镜面反射阵。

解：(1) 第一步，针对向量 $\boldsymbol{x}$ 的第三、四分量构造平面旋转变换矩阵 $\widetilde{\boldsymbol{G}}_1=\begin{bmatrix}c_1 & -s_1\\ s_1 & c_1\end{bmatrix}$，利用公式(7.4)求出 $c_1=\dfrac{\sqrt{2}}{2}$，$s_1=-\dfrac{\sqrt{2}}{2}$，则

$$\boldsymbol{G}_1=\begin{bmatrix}1&0&0&0\\0&1&0&0\\0&0&c_1&-s_1\\0&0&s_1&c_1\end{bmatrix}=\begin{bmatrix}1&0&0&0\\0&1&0&0\\0&0&\dfrac{\sqrt{2}}{2}&\dfrac{\sqrt{2}}{2}\\0&0&-\dfrac{\sqrt{2}}{2}&\dfrac{\sqrt{2}}{2}\end{bmatrix}$$

$$\boldsymbol{x}_1=\boldsymbol{G}_1\boldsymbol{x}=\begin{bmatrix}1&0&0&0\\0&1&0&0\\0&0&\dfrac{\sqrt{2}}{2}&\dfrac{\sqrt{2}}{2}\\0&0&-\dfrac{\sqrt{2}}{2}&\dfrac{\sqrt{2}}{2}\end{bmatrix}\begin{bmatrix}1\\1\\1\\1\end{bmatrix}=\begin{bmatrix}1\\1\\\sqrt{2}\\0\end{bmatrix}$$

第二步，针对向量 $\boldsymbol{x}_1$ 的第二、三分量构造平面旋转变换矩阵 $\widetilde{\boldsymbol{G}}_2=\begin{bmatrix}c_2 & -s_2\\ s_2 & c_2\end{bmatrix}$，利用公式(7.4)求出 $c_2=\dfrac{\sqrt{3}}{3}$，$s_2=-\dfrac{\sqrt{6}}{3}$，则

$$G_2=\begin{bmatrix}1&0&0&0\\0&c_2&-s_2&0\\0&s_2&c_2&0\\0&0&0&1\end{bmatrix}=\begin{bmatrix}1&0&0&0\\0&\frac{\sqrt{3}}{3}&\frac{\sqrt{6}}{3}&0\\0&-\frac{\sqrt{6}}{3}&\frac{\sqrt{3}}{3}&0\\0&0&0&1\end{bmatrix}$$

$$x_2=G_2x_1=\begin{bmatrix}1&0&0&0\\0&\frac{\sqrt{3}}{3}&\frac{\sqrt{6}}{3}&0\\0&-\frac{\sqrt{6}}{3}&\frac{\sqrt{3}}{3}&0\\0&0&0&1\end{bmatrix}\begin{bmatrix}1\\1\\\sqrt{2}\\0\end{bmatrix}=\begin{bmatrix}1\\\sqrt{3}\\0\\0\end{bmatrix}$$

第三步，针对向量 x_2 的第一、二分量构造平面旋转变换矩阵 $\widetilde{G}_3=\begin{bmatrix}c_3&-s_3\\s_3&c_3\end{bmatrix}$，利用公式(7.4)求出 $c_3=\dfrac{1}{2}$，$s_3=-\dfrac{\sqrt{3}}{2}$，则

$$G_3=\begin{bmatrix}c_3&-s_3&0&0\\s_3&c_3&0&0\\0&0&1&0\\0&0&0&1\end{bmatrix}=\begin{bmatrix}\frac{1}{2}&\frac{\sqrt{3}}{2}&0&0\\-\frac{\sqrt{3}}{2}&\frac{1}{2}&0&0\\0&0&1&0\\0&0&0&1\end{bmatrix}$$

$$x_3=G_3x_2=\begin{bmatrix}\frac{1}{2}&\frac{\sqrt{3}}{2}&0&0\\-\frac{\sqrt{3}}{2}&\frac{1}{2}&0&0\\0&0&1&0\\0&0&0&1\end{bmatrix}\begin{bmatrix}1\\\sqrt{3}\\0\\0\end{bmatrix}=\begin{bmatrix}2\\0\\0\\0\end{bmatrix}$$

令

$$P=G_3G_2G_1=\begin{bmatrix}\frac{1}{2}&\frac{\sqrt{3}}{2}&0&0\\-\frac{\sqrt{3}}{2}&\frac{1}{2}&0&0\\0&0&1&0\\0&0&0&1\end{bmatrix}\begin{bmatrix}1&0&0&0\\0&\frac{\sqrt{3}}{3}&\frac{\sqrt{6}}{3}&0\\0&-\frac{\sqrt{6}}{3}&\frac{\sqrt{3}}{3}&0\\0&0&0&1\end{bmatrix}\begin{bmatrix}1&0&0&0\\0&1&0&0\\0&0&\frac{\sqrt{2}}{2}&\frac{\sqrt{2}}{2}\\0&0&-\frac{\sqrt{2}}{2}&\frac{\sqrt{2}}{2}\end{bmatrix}$$

$$= \begin{bmatrix} \frac{1}{2} & \frac{1}{2} & \frac{1}{2} & \frac{1}{2} \\ -\frac{\sqrt{3}}{2} & \frac{\sqrt{3}}{6} & \frac{\sqrt{3}}{6} & \frac{\sqrt{3}}{6} \\ 0 & -\frac{\sqrt{6}}{3} & \frac{\sqrt{6}}{6} & \frac{\sqrt{6}}{6} \\ 0 & 0 & -\frac{\sqrt{2}}{2} & \frac{\sqrt{2}}{2} \end{bmatrix}$$

则

$$\boldsymbol{Px} = \begin{bmatrix} \frac{1}{2} & \frac{1}{2} & \frac{1}{2} & \frac{1}{2} \\ -\frac{\sqrt{3}}{2} & \frac{\sqrt{3}}{6} & \frac{\sqrt{3}}{6} & \frac{\sqrt{3}}{6} \\ 0 & -\frac{\sqrt{6}}{3} & \frac{\sqrt{6}}{6} & \frac{\sqrt{6}}{6} \\ 0 & 0 & -\frac{\sqrt{2}}{2} & \frac{\sqrt{2}}{2} \end{bmatrix} \begin{bmatrix} 1 \\ 1 \\ 1 \\ 1 \end{bmatrix} = \begin{bmatrix} 2 \\ 0 \\ 0 \\ 0 \end{bmatrix}$$

(2) 取 $\boldsymbol{u} = \boldsymbol{x} - \|\boldsymbol{x}\|_2 \boldsymbol{e}_1 = \begin{bmatrix} 1 \\ 1 \\ 1 \\ 1 \end{bmatrix} - 2\begin{bmatrix} 1 \\ 0 \\ 0 \\ 0 \end{bmatrix} = \begin{bmatrix} -1 \\ 1 \\ 1 \\ 1 \end{bmatrix}$，令

$$\boldsymbol{P} = \boldsymbol{I} - 2\frac{\boldsymbol{uu}^{\mathrm{T}}}{\|\boldsymbol{u}\|_2^2} = \begin{bmatrix} 1 & 0 & 0 & 0 \\ 0 & 1 & 0 & 0 \\ 0 & 0 & 1 & 0 \\ 0 & 0 & 0 & 1 \end{bmatrix} - \frac{2}{4}\begin{bmatrix} -1 \\ 1 \\ 1 \\ 1 \end{bmatrix}\begin{bmatrix} -1 & 1 & 1 & 1 \end{bmatrix} = \begin{bmatrix} \frac{1}{2} & \frac{1}{2} & \frac{1}{2} & \frac{1}{2} \\ \frac{1}{2} & \frac{1}{2} & -\frac{1}{2} & -\frac{1}{2} \\ \frac{1}{2} & -\frac{1}{2} & \frac{1}{2} & -\frac{1}{2} \\ \frac{1}{2} & -\frac{1}{2} & -\frac{1}{2} & \frac{1}{2} \end{bmatrix}$$

则

$$\boldsymbol{Px} = \begin{bmatrix} \frac{1}{2} & \frac{1}{2} & \frac{1}{2} & \frac{1}{2} \\ \frac{1}{2} & \frac{1}{2} & -\frac{1}{2} & -\frac{1}{2} \\ \frac{1}{2} & -\frac{1}{2} & \frac{1}{2} & -\frac{1}{2} \\ \frac{1}{2} & -\frac{1}{2} & -\frac{1}{2} & \frac{1}{2} \end{bmatrix} \begin{bmatrix} 1 \\ 1 \\ 1 \\ 1 \end{bmatrix} = \begin{bmatrix} 2 \\ 0 \\ 0 \\ 0 \end{bmatrix}$$

7. (1) 设 $\boldsymbol{A}$ 是对称矩阵，λ 和 $\boldsymbol{x}$($\|\boldsymbol{x}\|_2 = 1$)是 $\boldsymbol{A}$ 的一个特征值及相应的特征向量，又

设 $\boldsymbol{P}$ 为一个正交矩阵，使 $\boldsymbol{Px}=\boldsymbol{e}_1=(1,0,\cdots,0)^{\mathrm{T}}$，证明 $\boldsymbol{B}=\boldsymbol{PAP}^{\mathrm{T}}$ 的第一行和第一列除 λ 外其余元素均为零。

(2) 对于矩阵

$$\boldsymbol{A}=\begin{bmatrix}2 & 10 & 2\\ 10 & 5 & -8\\ 2 & -8 & 11\end{bmatrix}$$

$\lambda=9$ 是其特征值，$\boldsymbol{x}=\left(\frac{2}{3},\frac{1}{3},\frac{2}{3}\right)^{T}$ 是对应于 9 的特征向量，试求一初等反射阵 $\boldsymbol{P}$，使 $\boldsymbol{Px}=\boldsymbol{e}_1$，并计算 $\boldsymbol{B}=\boldsymbol{PAP}^{\mathrm{T}}$。

解：(1) 由 $\boldsymbol{Px}=\boldsymbol{e}_1$ 得 $\boldsymbol{P}^{\mathrm{T}}\boldsymbol{e}_1=\boldsymbol{x}$，即 $\boldsymbol{P}^{\mathrm{T}}$ 的第 1 列为 $\boldsymbol{x}$，记 $\boldsymbol{P}^{\mathrm{T}}=[\boldsymbol{x},\boldsymbol{p}_2,\cdots,\boldsymbol{p}_n]$，则

$$\boldsymbol{PAP}^{\mathrm{T}}=\begin{bmatrix}\boldsymbol{x}^{\mathrm{T}}\\ \boldsymbol{p}_2^{\mathrm{T}}\\ \vdots\\ \boldsymbol{p}_n^{\mathrm{T}}\end{bmatrix}\boldsymbol{A}[\boldsymbol{x},\boldsymbol{p}_2,\cdots,\boldsymbol{p}_n]=\begin{bmatrix}\lambda & \boldsymbol{x}^{\mathrm{T}}\boldsymbol{Ap}_2 & \cdots & \boldsymbol{x}^{\mathrm{T}}\boldsymbol{Ap}_n\\ \boldsymbol{p}_2^{\mathrm{T}}\boldsymbol{Ax} & \boldsymbol{p}_2^{\mathrm{T}}\boldsymbol{Ap}_2 & \cdots & \boldsymbol{p}_2^{\mathrm{T}}\boldsymbol{Ap}_n\\ \vdots & \vdots & & \vdots\\ \boldsymbol{p}_n^{\mathrm{T}}\boldsymbol{Ax} & \boldsymbol{p}_n^{\mathrm{T}}\boldsymbol{Ap}_2 & \cdots & \boldsymbol{p}_n^{\mathrm{T}}\boldsymbol{Ap}_n\end{bmatrix}$$

其中 $\boldsymbol{x}^{\mathrm{T}}\boldsymbol{Ap}_i=\boldsymbol{p}_i^{\mathrm{T}}\boldsymbol{Ax}=\boldsymbol{p}_i^{\mathrm{T}}\lambda\boldsymbol{x}=\lambda\boldsymbol{p}_i^{\mathrm{T}}\boldsymbol{x}=0(i=2,\cdots,n)$，注意这里用到了 $\boldsymbol{x}$ 与 $\boldsymbol{p}_i(i=2,\cdots,n)$ 正交。因此，

$$\boldsymbol{PAP}^{\mathrm{T}}=\begin{bmatrix}\lambda & 0 & \cdots & 0\\ 0 & \boldsymbol{p}_2^{\mathrm{T}}\boldsymbol{Ap}_2 & \cdots & \boldsymbol{p}_2^{\mathrm{T}}\boldsymbol{Ap}_n\\ \vdots & \vdots & & \vdots\\ 0 & \boldsymbol{p}_n^{\mathrm{T}}\boldsymbol{Ap}_2 & \cdots & \boldsymbol{p}_n^{\mathrm{T}}\boldsymbol{Ap}_n\end{bmatrix}$$

(2) 取 $\boldsymbol{u}=\boldsymbol{x}-\boldsymbol{e}_1=\begin{bmatrix}\frac{2}{3}\\ \frac{1}{3}\\ \frac{2}{3}\end{bmatrix}-\begin{bmatrix}1\\0\\0\end{bmatrix}=\begin{bmatrix}-\frac{1}{3}\\ \frac{1}{3}\\ \frac{2}{3}\end{bmatrix}$，令

$$\boldsymbol{P}=\boldsymbol{I}-2\frac{\boldsymbol{uu}^{\mathrm{T}}}{\|\boldsymbol{u}\|_2^2}=\begin{bmatrix}1 & 0 & 0\\ 0 & 1 & 0\\ 0 & 0 & 1\end{bmatrix}-\frac{2}{\frac{2}{3}}\begin{bmatrix}-\frac{1}{3}\\ \frac{1}{3}\\ \frac{2}{3}\end{bmatrix}\begin{bmatrix}-\frac{1}{3} & \frac{1}{3} & \frac{2}{3}\end{bmatrix}=\begin{bmatrix}\frac{2}{3} & \frac{1}{3} & \frac{2}{3}\\ \frac{1}{3} & \frac{2}{3} & -\frac{2}{3}\\ \frac{2}{3} & -\frac{2}{3} & -\frac{1}{3}\end{bmatrix}$$

则 $\boldsymbol{Px}=\begin{bmatrix}\frac{2}{3} & \frac{1}{3} & \frac{2}{3}\\ \frac{1}{3} & \frac{2}{3} & -\frac{2}{3}\\ \frac{2}{3} & -\frac{2}{3} & -\frac{1}{3}\end{bmatrix}\begin{bmatrix}\frac{2}{3}\\ \frac{1}{3}\\ \frac{2}{3}\end{bmatrix}=\begin{bmatrix}1\\0\\0\end{bmatrix}$，且

$$\boldsymbol{B}=\boldsymbol{PAP}^{\mathrm{T}}=\begin{bmatrix}\frac{2}{3} & \frac{1}{3} & \frac{2}{3}\\ \frac{1}{3} & \frac{2}{3} & -\frac{2}{3}\\ \frac{2}{3} & -\frac{2}{3} & -\frac{1}{3}\end{bmatrix}\begin{bmatrix}2 & 10 & 2\\ 10 & 5 & -8\\ 2 & -8 & 11\end{bmatrix}\begin{bmatrix}\frac{2}{3} & \frac{1}{3} & \frac{2}{3}\\ \frac{1}{3} & \frac{2}{3} & -\frac{2}{3}\\ \frac{2}{3} & -\frac{2}{3} & -\frac{1}{3}\end{bmatrix}=\begin{bmatrix}9 & 0 & 0\\ 0 & 18 & 0\\ 0 & 0 & -9\end{bmatrix}$$

8. 利用初等反射阵将 $\boldsymbol{A}=\begin{bmatrix}1 & 3 & 4\\ 3 & 1 & 2\\ 4 & 2 & 1\end{bmatrix}$ 正交相似约化为对称三对角阵。

解: $\boldsymbol{a}_2=\begin{bmatrix}3\\4\end{bmatrix}\neq\boldsymbol{0}$，取 $\boldsymbol{u}=\boldsymbol{a}_2+\mathrm{sign}(a_{21})\|\boldsymbol{a}_2\|_2\boldsymbol{e}_1=\begin{bmatrix}3\\4\end{bmatrix}+5\begin{bmatrix}1\\0\end{bmatrix}=\begin{bmatrix}8\\4\end{bmatrix}$，令

$$\boldsymbol{R}=\boldsymbol{I}_2-2\frac{\boldsymbol{uu}^{\mathrm{T}}}{\|\boldsymbol{u}\|_2^2}=\begin{bmatrix}1 & 0\\ 0 & 1\end{bmatrix}-\frac{2}{80}\begin{bmatrix}8\\4\end{bmatrix}\begin{bmatrix}8 & 4\end{bmatrix}=\begin{bmatrix}-\frac{3}{5} & -\frac{4}{5}\\ -\frac{4}{5} & \frac{3}{5}\end{bmatrix}$$

$$\boldsymbol{U}=\begin{bmatrix}1 & \boldsymbol{0}\\ \boldsymbol{0} & \boldsymbol{R}\end{bmatrix}=\begin{bmatrix}1 & 0 & 0\\ 0 & -\frac{3}{5} & -\frac{4}{5}\\ 0 & -\frac{4}{5} & \frac{3}{5}\end{bmatrix}$$

则 $$\boldsymbol{UAU}=\begin{bmatrix}1 & 0 & 0\\ 0 & -\frac{3}{5} & -\frac{4}{5}\\ 0 & -\frac{4}{5} & \frac{3}{5}\end{bmatrix}\begin{bmatrix}1 & 3 & 4\\ 3 & 1 & 2\\ 4 & 2 & 1\end{bmatrix}\begin{bmatrix}1 & 0 & 0\\ 0 & -\frac{3}{5} & -\frac{4}{5}\\ 0 & -\frac{4}{5} & \frac{3}{5}\end{bmatrix}=\begin{bmatrix}1 & -5 & 0\\ -5 & \frac{73}{25} & \frac{14}{25}\\ 0 & \frac{14}{25} & -\frac{23}{25}\end{bmatrix}$$

9. 设 $\mathbf{A}\in\mathbf{R}^{n\times n}$，且 a_{i1}、a_{j1} 不全为零，$\boldsymbol{P}_{ij}$ 为使 $a_{j1}^{(2)}=0$ 的平面旋转阵，试推导计算 $\boldsymbol{P}_{ij}\boldsymbol{A}$ 第 i 行、第 j 行元素的计算公式及 $\boldsymbol{AP}_{ij}^{\mathrm{T}}$ 第 i 列、第 j 列元素的计算公式。

解: 不妨设 $1\leqslant i<j\leqslant n$，取

$$
\boldsymbol{P}_{ij}=\begin{bmatrix}
1 & & & & & & & & & \\
 & \ddots & & & & & & & & \\
 & & 1 & & & & & & & \\
 & & & c & & & -s & & & \\
 & & & & 1 & & & & & \\
 & & & & & \ddots & & & & \\
 & & & & & & 1 & & & \\
 & & & s & & & & c & & \\
 & & & & & & & & 1 & \\
 & & & & & & & & & \ddots \\
 & & & & & & & & & & 1
\end{bmatrix}_{n\times n}
\begin{matrix} \\ \\ \\ \text{第 } i \text{ 行} \\ \\ \\ \\ \text{第 } j \text{ 行} \\ \\ \\ \\ \end{matrix}
$$

其中 $c=\dfrac{a_{i1}}{\sqrt{a_{i1}^2+a_{j1}^2}}$，$s=\dfrac{-a_{j1}}{\sqrt{a_{i1}^2+a_{j1}^2}}$，则 $\boldsymbol{P}_{ij}$ 为使 $a_{j1}^{(2)}=0$ 的平面旋转阵。于是

$$
\boldsymbol{P}_{ij}\boldsymbol{A}=\begin{bmatrix}
1 & & & & & & & & & \\
 & \ddots & & & & & & & & \\
 & & 1 & & & & & & & \\
 & & & c & & & -s & & & \\
 & & & & 1 & & & & & \\
 & & & & & \ddots & & & & \\
 & & & & & & 1 & & & \\
 & & & s & & & c & & & \\
 & & & & & & & 1 & & \\
 & & & & & & & & \ddots & \\
 & & & & & & & & & 1
\end{bmatrix}
\begin{bmatrix}
 & & & & \\
a_{i1} & \cdots & a_{ik} & \cdots & a_{in} \\
 & & & & \\
a_{j1} & \cdots & a_{jk} & \cdots & a_{jn} \\
 & & & &
\end{bmatrix}
$$

$$
=\begin{bmatrix}
 & & & & \\
ca_{i1}-sa_{j1} & \cdots & ca_{ik}-sa_{jk} & \cdots & ca_{in}-sa_{jn} \\
 & & & & \\
sa_{i1}+ca_{j1} & \cdots & sa_{ik}+ca_{jk} & \cdots & sa_{in}+ca_{jn} \\
 & & & &
\end{bmatrix}
$$

所以 $\boldsymbol{P}_{ij}\boldsymbol{A}$ 的第 i 行、第 j 行元素的计算公式为

$$a_{ik}^{(2)} = ca_{ik} - sa_{jk} = \frac{a_{i1}a_{ik}}{\sqrt{a_{i1}^2 + a_{j1}^2}} + \frac{a_{j1}a_{jk}}{\sqrt{a_{i1}^2 + a_{j1}^2}} \qquad (k = 1, 2, \cdots, n)$$

$$a_{jk}^{(2)} = sa_{ik} + ca_{jk} = \frac{-a_{j1}a_{ik}}{\sqrt{a_{i1}^2 + a_{j1}^2}} + \frac{a_{i1}a_{jk}}{\sqrt{a_{i1}^2 + a_{j1}^2}} \qquad (k = 1, 2, \cdots, n)$$

又
$$\boldsymbol{A}\boldsymbol{P}_{ij}^{\mathrm{T}} = \begin{bmatrix} a_{1i} & a_{1j} \\ \vdots & \vdots \\ a_{ki} & a_{kj} \\ \vdots & \vdots \\ a_{ni} & a_{nj} \end{bmatrix} \begin{bmatrix} 1 & & & & & & & & \\ & \ddots & & & & & & & \\ & & 1 & & & & & & \\ & & & c & & & s & & \\ & & & & 1 & & & & \\ & & & & & \ddots & & & \\ & & & & & & 1 & & \\ & & & -s & & & c & & \\ & & & & & & & 1 & \\ & & & & & & & & \ddots \\ & & & & & & & & & 1 \end{bmatrix}$$

$$= \begin{bmatrix} ca_{1i} - sa_{1j} & sa_{1i} + ca_{1j} \\ \vdots & \vdots \\ ca_{ki} - sa_{kj} & sa_{ki} + ca_{kj} \\ \vdots & \vdots \\ ca_{ni} - sa_{nj} & sa_{ni} + ca_{nj} \end{bmatrix}$$

所以 $\boldsymbol{A}\boldsymbol{P}_{ij}^{\mathrm{T}}$ 的第 i 列、第 j 列元素的计算公式为

$$a_{ki}^{(2)} = ca_{ki} - sa_{kj} = \frac{a_{i1}a_{ki}}{\sqrt{a_{i1}^2 + a_{j1}^2}} + \frac{a_{j1}a_{kj}}{\sqrt{a_{i1}^2 + a_{j1}^2}} \qquad (k = 1, 2, \cdots, n)$$

$$a_{kj}^{(2)} = sa_{ki} + ca_{kj} = \frac{-a_{j1}a_{ki}}{\sqrt{a_{i1}^2 + a_{j1}^2}} + \frac{a_{i1}a_{kj}}{\sqrt{a_{i1}^2 + a_{j1}^2}} \qquad (k = 1, 2, \cdots, n)$$

10. 设 $\boldsymbol{A}_{n-1}$ 是由豪斯荷尔德方法得到的矩阵，又设 $\boldsymbol{y}$ 是 $\boldsymbol{A}_{n-1}$ 的一个特征向量。

(1) 证明矩阵 $\boldsymbol{A}$ 对应的特征向量是 $\boldsymbol{x}=\boldsymbol{P}_1\boldsymbol{P}_2\cdots\boldsymbol{P}_{n-2}\boldsymbol{y}$；

(2) 对于给出的 $\boldsymbol{y}$ 应如何计算 $\boldsymbol{x}$？

解：(1) 已知 $\boldsymbol{A}_{n-1}=\boldsymbol{P}_{n-2}\cdots\boldsymbol{P}_1\boldsymbol{A}\boldsymbol{P}_1\cdots\boldsymbol{P}_{n-2}$，$\boldsymbol{y}$ 是 $\boldsymbol{A}_{n-1}$ 的对应于特征值 λ 的特征向量，即 $\boldsymbol{A}_{n-1}\boldsymbol{y}=\boldsymbol{P}_{n-2}\cdots\boldsymbol{P}_1\boldsymbol{A}\boldsymbol{P}_1\cdots\boldsymbol{P}_{n-2}\boldsymbol{y}=\lambda\boldsymbol{y}$，所以

$$\boldsymbol{A}(\boldsymbol{P}_1\cdots\boldsymbol{P}_{n-2}\boldsymbol{y}) = \lambda(\boldsymbol{P}_{n-2}\cdots\boldsymbol{P}_1)^{\mathrm{T}}\boldsymbol{y} = \lambda(\boldsymbol{P}_1\cdots\boldsymbol{P}_{n-2}\boldsymbol{y})$$

又 $\boldsymbol{P}_1\cdots\boldsymbol{P}_{n-2}\boldsymbol{y}\neq 0$，故 $\boldsymbol{x}=\boldsymbol{P}_1\boldsymbol{P}_2\cdots\boldsymbol{P}_{n-2}\boldsymbol{y}$ 是 $\boldsymbol{A}$ 对应于特征值 λ 的特征向量。

(2) 因为 $\boldsymbol{P}_1, \boldsymbol{P}_2, \cdots, \boldsymbol{P}_{n-2}$ 都是初等反射阵且是在计算 $\boldsymbol{A}_{n-1}$ 的过程中得到的，所以可

以采用如下过程计算 $\boldsymbol{x}$。令 $\boldsymbol{Q}_1=\boldsymbol{P}_1$，则

$$\boldsymbol{Q}_k=\boldsymbol{Q}_{k-1}\boldsymbol{P}_k \qquad (k=2,3,\cdots,n-2)$$

$$\boldsymbol{x}=\boldsymbol{Q}_{n-2}\boldsymbol{y}$$

11. 试用初等反射阵将 $\boldsymbol{A}=\begin{bmatrix}1&1&1\\2&-1&-1\\2&-4&5\end{bmatrix}$ 分解为 $\boldsymbol{QR}$，其中 $\boldsymbol{Q}$ 为正交矩阵，$\boldsymbol{R}$ 为上三角矩阵。

解: 第一步，确定变换 $\boldsymbol{Q}_1$。已知 $\boldsymbol{\alpha}_1=\begin{bmatrix}1\\2\\2\end{bmatrix}$，确定初等反射阵 $\boldsymbol{Q}_1$，使

$$\boldsymbol{Q}_1\boldsymbol{\alpha}_1=-\|\boldsymbol{\alpha}_1\|_2\boldsymbol{e}_1$$

取 $\boldsymbol{u}_1=\boldsymbol{\alpha}_1+\|\boldsymbol{\alpha}_1\|_2\boldsymbol{e}_1=\begin{bmatrix}1\\2\\2\end{bmatrix}+3\begin{bmatrix}1\\0\\0\end{bmatrix}=\begin{bmatrix}4\\2\\2\end{bmatrix}$，则

$$\boldsymbol{Q}_1=\boldsymbol{I}-2\frac{\boldsymbol{u}\boldsymbol{u}^{\mathrm{T}}}{\|\boldsymbol{u}_1\|_2^2}=\begin{bmatrix}1&0&0\\0&1&0\\0&0&1\end{bmatrix}-\frac{2}{24}\begin{bmatrix}4\\2\\2\end{bmatrix}\begin{bmatrix}4&2&2\end{bmatrix}=\begin{bmatrix}-\frac{1}{3}&-\frac{2}{3}&-\frac{2}{3}\\-\frac{2}{3}&\frac{2}{3}&-\frac{1}{3}\\-\frac{2}{3}&-\frac{1}{3}&\frac{2}{3}\end{bmatrix}$$

做变换得

$$\boldsymbol{Q}_1\boldsymbol{A}=\begin{bmatrix}-\frac{1}{3}&-\frac{2}{3}&-\frac{2}{3}\\-\frac{2}{3}&\frac{2}{3}&-\frac{1}{3}\\-\frac{2}{3}&-\frac{1}{3}&\frac{2}{3}\end{bmatrix}\begin{bmatrix}1&1&1\\2&-1&-1\\2&-4&5\end{bmatrix}=\begin{bmatrix}-3&3&-3\\0&0&-3\\0&-3&3\end{bmatrix}=\boldsymbol{A}_1$$

第二步，确定变换 $\boldsymbol{Q}_2$。已知 $\boldsymbol{\alpha}_2=\begin{bmatrix}0\\-3\end{bmatrix}$，确定初等反射阵 $\boldsymbol{U}_2$，使 $\boldsymbol{U}_2\boldsymbol{\alpha}_2=-\|\boldsymbol{\alpha}_2\|_2\boldsymbol{e}_1$。

取 $\boldsymbol{u}_2=\boldsymbol{\alpha}_2+\|\boldsymbol{\alpha}_2\|_2\boldsymbol{e}_1=\begin{bmatrix}0\\-3\end{bmatrix}+3\begin{bmatrix}1\\0\end{bmatrix}=\begin{bmatrix}3\\-3\end{bmatrix}$，则

$$\boldsymbol{U}_2=\boldsymbol{I}-2\frac{\boldsymbol{u}_2\boldsymbol{u}_2^{\mathrm{T}}}{\|\boldsymbol{u}_2\|_2^2}=\begin{bmatrix}1&0\\0&1\end{bmatrix}-\frac{2}{18}\begin{bmatrix}3\\-3\end{bmatrix}\begin{bmatrix}3&-3\end{bmatrix}=\begin{bmatrix}0&1\\1&0\end{bmatrix}$$

令 $\boldsymbol{Q}_2=\begin{bmatrix}1&\boldsymbol{0}\\\boldsymbol{0}&\boldsymbol{U}_2\end{bmatrix}=\begin{bmatrix}1&0&0\\0&0&1\\0&1&0\end{bmatrix}$，做变换得

$$Q_2A_1=\begin{bmatrix}1&0&0\\0&0&1\\0&1&0\end{bmatrix}\begin{bmatrix}-3&3&-3\\0&0&-3\\0&-3&3\end{bmatrix}=\begin{bmatrix}-3&3&-3\\0&-3&3\\0&0&-3\end{bmatrix}=R$$

所以

$$Q=Q_1Q_2=\begin{bmatrix}-\frac{1}{3}&-\frac{2}{3}&-\frac{2}{3}\\-\frac{2}{3}&\frac{2}{3}&-\frac{1}{3}\\-\frac{2}{3}&-\frac{1}{3}&\frac{2}{3}\end{bmatrix}\begin{bmatrix}1&0&0\\0&0&1\\0&1&0\end{bmatrix}=\begin{bmatrix}-\frac{1}{3}&-\frac{2}{3}&-\frac{2}{3}\\-\frac{2}{3}&-\frac{1}{3}&\frac{2}{3}\\-\frac{2}{3}&\frac{2}{3}&-\frac{1}{3}\end{bmatrix}$$

$$R=\begin{bmatrix}-3&3&-3\\0&-3&3\\0&0&-3\end{bmatrix}$$

附录一　模拟试题

模拟试题一

一、单选题

1. 设 $\boldsymbol{A}$、$\boldsymbol{B}\in\mathbf{R}^{n\times n}$，$\alpha\in\mathbf{R}$，则下列关于矩阵范数的表达式错误的是(　　)。

A. $\|\alpha\boldsymbol{A}\|=\alpha\|\boldsymbol{A}\|$　　B. $\|\boldsymbol{AB}\|\leqslant\|\boldsymbol{A}\|\,\|\boldsymbol{B}\|$

C. $\|\boldsymbol{A}+\boldsymbol{B}\|\geqslant 0$　　D. $\|\boldsymbol{A}+\boldsymbol{B}\|\leqslant\|\boldsymbol{A}\|+\|\boldsymbol{B}\|$

2. 关于非奇异矩阵 $\boldsymbol{A}$ 的条件数，下列说法中错误的是(　　)。

A. $\mathrm{cond}\,(\boldsymbol{A})_\infty=\|\boldsymbol{A}\|_\infty\|\boldsymbol{A}^{-1}\|_\infty$

B. $\mathrm{cond}\,(\boldsymbol{A})_2=\dfrac{|\lambda_n|}{|\lambda_1|}$，其中 λ_1 和 λ_n 分别为 $\boldsymbol{A}$ 的特征值中绝对值最大和最小的

C. $\mathrm{cond}(c\boldsymbol{A})=\mathrm{cond}(\boldsymbol{A})$，常数 $c\neq 0$

D. $\mathrm{cond}(\boldsymbol{A})=\mathrm{cond}(\boldsymbol{A}^{-1})$

3. 关于迭代方法，下面说法正确的是(　　)。

A. 当 $\boldsymbol{A}$ 为对称矩阵时，Gauss-Seidel 迭代法收敛

B. 当 $\boldsymbol{A}$ 为对称矩阵且 $\omega\in(0,2)$时，超松弛迭代法收敛

C. 牛顿迭代法在解的邻域内具有超线性收敛速度

D. 牛顿迭代法的收敛性与初值的选取无关

4. 已知等距节点的插值型求积公式 $\int_1^4 f(x)\mathrm{d}x\approx\sum_{k=0}^{3}A_k f(x_k)$，那么 $\sum_{k=0}^{3}A_k=$(　　)。

A. 1　　B. 2　　C. 3　　D. 4

5. 已知 $\boldsymbol{A}=\begin{bmatrix}a^2-1 & 3\\ 1 & 1\end{bmatrix}$，为使线性方程组 $\boldsymbol{Ax}=\boldsymbol{b}$ 可用顺序高斯消去法求解，则 a 的可能取值为(　　)。

A. 1　　B. 2　　C. -2　　D. 3

二、填空题

1. 设 $P_n(x)$表示 n 次勒让德多项式，则 $P_3(x)=$______，$\int_{-1}^{1}P_3(x)(x^2-7x+9)\mathrm{d}x=$

______。

2. 已知 $\boldsymbol{x}=(1,2,-2)^{\mathrm{T}}$，$\boldsymbol{y}=(1,0,-1)^{T}$，若内积为$(\boldsymbol{x},\boldsymbol{y})=\sum\limits_{n=1}^{N}x_n y_n$，则由此内积诱导的范数 $\|\boldsymbol{x}\|=$ ______，$\|\boldsymbol{x}-\boldsymbol{y}\|=$ ______。

3. 求使得求积公式$\int_0^1 f(x)\mathrm{d}x\approx\frac{1}{4}f(0)+A_1 f(x_1)$具有 2 次代数精度的 $x_1=$ ______，$A_1=$ ______。

4. 当 $n\geqslant k$ 时，关于多项式 $p_k(x)$ 的拉格朗日插值多项式$\sum\limits_{i=0}^{n}p_k(x_i)l_i(x)=$ ______。

5. 对于迭代函数 $\varphi(x)=x+C(x^2-2)$，当 C 的取值范围为______时，迭代 $x_{k+1}=\varphi(x_k)$ 具有局部收敛性。

三、计算题

1. (1) 求次数不超过 2 和 3 的多项式 $P_2(x)$和 $P_3(x)$，使得 $P_2(0)=P_3(0)=0$，$P_2(1)=P_3(1)=1$，$P_2(2)=P_3(2)=8$，$P_3(3)=27$。

(2) 假设在物理学和工程中的一个误差函数 $f(x)=\frac{2}{\sqrt{\pi}}\int_0^x \mathrm{e}^{-t^2}\mathrm{d}t$ 的函数值 $f(4)$ 和 $f(5)$ 已给，并假设在 4 和 5 之间用线性插值计算近似值，问误差多大？

$$(f'(4)=1.270\times10^{-7},\ f'(5)=1.567\times10^{-11},$$
$$f''(4)=-1.016\times10^{-6},\ f''(5)=-1.567\times10^{-10})$$

2. 确定参数 a、b、c，使得积分

$$I(a,b,c)=\int_{-1}^{1}\left[\sqrt{1-x^2}-(ax^2+bx+c)\right]^2\frac{1}{\sqrt{1-x^2}}\mathrm{d}x$$

取得最小值，并计算该最小值。

3. (1) 用复化辛普森公式计算 $I=\int_0^1\frac{1}{1+x}\mathrm{d}x$，使误差小于$10^{-3}$。

(2) 利用两点高斯公式计算$\int_0^1 x^2\mathrm{d}x$，并给出相应的计算误差。

4. 已知

$$\boldsymbol{A}=\begin{bmatrix}4&3&0\\3&4&-1\\0&-1&4\end{bmatrix},\quad \boldsymbol{b}=\begin{bmatrix}24\\30\\-24\end{bmatrix}$$

(1) 用直接三角分解法(Doolittle 分解)解方程组 $\boldsymbol{Ax}=\boldsymbol{b}$；

(2) 试讨论用雅可比(Jacobi)迭代法和高斯-赛德尔(Gauss-Seidel)迭代法求解 $\boldsymbol{Ax}=\boldsymbol{b}$ 的收敛性，若均收敛，比较两种方法的收敛快慢；

(3) 若 $\boldsymbol{b}$ 有扰动 $\|\delta \boldsymbol{b}\|_{\infty}=\frac{1}{2}\times 10^{-7}$，试估计由此引起的解的相对误差限。

5. 用牛顿法求三次方程 $x^3-3x-1=0$ 在初值 $x_0=2$ 附近的根，依次列出 $x_1\sim x_4$ 的值，保留小数点后四位数字。

四、证明题

1. 设 $\boldsymbol{A}\in \mathbf{R}^{n\times n}$ 为对称正定矩阵，试证明 $\|\boldsymbol{x}\|_{A}=(\boldsymbol{Ax}, \boldsymbol{x})^{\frac{1}{2}}$ 为 $\mathbf{R}^n$ 上向量的一种范数。

2. 设 $f(x)$、$g(x)\in L^2[a, b]$，其中 $L^2[a, b]=\left\{f(x)\ \Big|\ \int_a^b |f(x)|^2 \mathrm{d}x<\infty\right\}$，定义：

$$(f, g)=\int_a^b f(x)\,\overline{g(x)}\,\mathrm{d}x$$

证明 (f, g) 构成内积。

模拟试题二

一、填空题

1. 设 H 是 Hilbert 空间，$(\boldsymbol{x}, \boldsymbol{y})$ 是 $\boldsymbol{H}$ 的内积，由内积导出范数的公式为______，内积满足的平行四边形公式为______。

2. 设 $\boldsymbol{A}$ 为正交矩阵，则 $\mathrm{cond}\,(\boldsymbol{A})_2=$______。

3. 设 $x_i(i=0, 1, \cdots, n)$ 是 $[a, b]$ 中的 $n+1$ 个互异节点，节点 x_i 处的 n 次 Lagrange 插值基函数为 $l_i(x)$，则 $\sum\limits_{i=0}^{n} l_i(x)=$ ______。

4. 在牛顿-柯特斯求积公式 $\int_a^b f(x)\mathrm{d}x\approx(b-a)\sum\limits_{i=0}^{n} C_i^{(n)} f(x_i)$ 中，系数满足 $\sum\limits_{i=0}^{n} C_i^{(n)}=$ ______，在实际应用中，当______时该公式的稳定性不能保证。

5. 求积公式 $\int_{-1}^{1} f(x)\mathrm{d}x\approx f\left(-\frac{1}{\sqrt{3}}\right)+f\left(\frac{1}{\sqrt{3}}\right)$ 具有______次代数精度。

6. 映像 G：$\mathbf{R}^n\rightarrow\mathbf{R}^n$，若存在常数 α 满足______，使得 $\forall\, \boldsymbol{x}$、$\boldsymbol{y}\in\mathbf{R}^n$，恒有

$$\|G(\boldsymbol{x})-G(\boldsymbol{y})\|\leqslant\alpha\|\boldsymbol{x}-\boldsymbol{y}\|$$

则 G 为压缩映像。

7. 设 $\|\boldsymbol{x}\|$ 是 $\mathbf{R}^n$ 上一个向量范数，$\|\boldsymbol{A}\|$ 是 $\mathbf{R}^{n\times n}$ 上一个矩阵范数，则 $\|\boldsymbol{A}\|$ 与 $\|\boldsymbol{x}\|$ 相容的条件是______。

8. 求解线性方程组的迭代公式 $\boldsymbol{x}^{(k+1)}=\boldsymbol{B}\boldsymbol{x}^{(k)}+\boldsymbol{f}$ 收敛的充分必要条件是迭代矩阵的谱半径 $\rho(\boldsymbol{B})$ 满足______。

二、判断题

1. 设 $\mathbf{R}^1$ 是非空实数集合，即 $\forall \boldsymbol{x}$、$\boldsymbol{y} \in \mathbf{R}^1$，$\rho(\boldsymbol{x}, \boldsymbol{y}) = (\boldsymbol{x}-\boldsymbol{y})^2$ 不构成距离空间。（　　）

2. 已知 $f(x)=47.2x^7+23x^4+64x^2+36x-18$，其差商 $f[2^0, 2^1, \cdots, 2^8]=47.2$。（　　）

3. 对称正定矩阵的谱半径就是其最大特征值。（　　）

4. 5 个节点的牛顿—柯特斯求积公式的代数精度为 6。（　　）

5. 松弛因子 $0<\omega<2$ 是 SOR 迭代法对于任意初始向量均收敛的必要条件。（　　）

三. 证明题

设 $\boldsymbol{H}$ 是 Hilbert 空间，$(\boldsymbol{x}, \boldsymbol{y})$ 是 $\boldsymbol{H}$ 的内积，证明内积满足 Cauchy-Schwarz 不等式：

$$|(\boldsymbol{x}, \boldsymbol{y})|^2 \leqslant (\boldsymbol{x}, \boldsymbol{x})(\boldsymbol{y}, \boldsymbol{y}) \qquad (\forall \boldsymbol{x}、\boldsymbol{y} \in \boldsymbol{H})$$

四、解答题

1. 在 $L^2[-1, 1]$ 中定义加权内积：

$$(f(x), g(x)) = \int_{-1}^{1} \frac{1}{\sqrt{1-x^2}} f(x) g(x) \mathrm{d}x$$

给定 $f(x)=x^2\sqrt{1-x^2}$，求该函数的二次最佳平方逼近多项式。

2. 已知 $f(-1)=1$，$f(0)=-1$，$f(1)=2$。求函数 $f(x)$ 过这三点的二次插值多项式，并利用该插值多项式计算 $f'(0)$ 的近似值。

3. 设 $f(x)\in C[0, 1]$，确定 x_0、x_1、A 的值，使得求积公式

$$\int_0^1 f(x)\mathrm{d}x \approx \frac{1}{2} f(x_0) + A f(x_1)$$

具有最高的代数精度，并指明求积公式所具有的代数精度。

4. 设函数 $f(x)=4x^4-3x^3+2x^2-x+1$，用 Simpson 公式计算积分 $\int_{-1}^{1} f(x)\mathrm{d}x$，并与准确值 $I=\int_{-1}^{1} f(x)\mathrm{d}x$ 进行比较。

5. 对下面方程组的系数矩阵做 $\boldsymbol{LU}$ 分解，其中 $\boldsymbol{L}$ 是单位下三角矩阵，$\boldsymbol{U}$ 是上三角矩阵，并用此分解法求解下列线性方程组：

$$\begin{bmatrix} 1 & 0 & 2 & 0 \\ 0 & 1 & 0 & 1 \\ 1 & 2 & 4 & 3 \\ 0 & 1 & 0 & 3 \end{bmatrix} \begin{bmatrix} x_1 \\ x_2 \\ x_3 \\ x_4 \end{bmatrix} = \begin{bmatrix} 5 \\ 3 \\ 17 \\ 7 \end{bmatrix}$$

6. 对下面方程组的系数矩阵做 $\boldsymbol{LL}^{\mathrm{T}}$ 分解，其中 $\boldsymbol{L}$ 是对角元素为正数的下三角矩阵，

并用此分解法求解如下线性方程组：

$$\begin{bmatrix} 0.01 & 0.02 & -0.02 \\ 0.02 & 0.13 & 0.11 \\ -0.02 & 0.11 & 0.65 \end{bmatrix}\begin{bmatrix} x_1 \\ x_2 \\ x_3 \end{bmatrix} = \begin{bmatrix} -0.07 \\ -0.02 \\ 1.06 \end{bmatrix}$$

7. 给定方程组：

$$\begin{bmatrix} 1 & a & 0 \\ a & 2 & 0 \\ 1 & 0 & 1 \end{bmatrix}\begin{bmatrix} x_1 \\ x_2 \\ x_3 \end{bmatrix} = \begin{bmatrix} 1 \\ 0 \\ 1 \end{bmatrix}$$

确定 a 的取值范围，使方程组对应的雅可比迭代法和高斯-赛德尔迭代法分别收敛，并比较两种方法的收敛快慢。

附录二　模拟试题参考答案

模拟试题一参考答案

一、单选题

1. A　2. B　3. C　4. C　5. D

二、填空题

1. $\frac{1}{2}(5x^3-3x)$，0　2. 3，$\sqrt{5}$

3. $\frac{2}{3}$，$\frac{3}{4}$　4. $p_k(x)$　5. $-\frac{1}{\sqrt{2}}<C<0$

三、计算题

1. **解**：(1) 构造差商表如下：

x_k	$f(x_k)$	一阶	二阶	三阶
0	0			
1	1	1		
2	8	7	3	
3	27	19	6	1

$$P_2(x)=0+1(x-0)+3(x-0)(x-1)=3x^2-2x$$

$$P_3(x)=0+1(x-0)+3(x-0)(x-1)+(x-0)(x-1)(x-2)=x^3$$

(2) 作线性插值多项式 $p_1(x)$，根据误差估计公式

$$R_1(x)=f(x)-p_1(x)\leqslant\frac{(5-4)^2}{8}\left|f''(\xi)\right|\qquad(4<\xi<5)$$

$$f'(x)=\frac{2}{\sqrt{\pi}}e^{-x^2},\qquad f''(x)=-\frac{4x}{\sqrt{\pi}}e^{-x^2}$$

$$f'''(x)=\frac{4}{\sqrt{\pi}}e^{-x^2}(2x^2-1)>0\qquad(x\in(4,5))$$

因此

$$\max_{x\in[4,5]} |f''(x)| = \max(|f''(4)|, |f''(5)|) = |f''(4)| < 1.016\times 10^{-6}$$

$$|R_1(x)| = |f(x)-p_1(x)| \leqslant \frac{1}{8}\max_{x\in[4,5]}|f''(x)| < 0.127\times 10^{-6}$$

2. **解**：选切比雪夫多项式为基函数进行计算，

$$T_0(x)=1,\ T_1(x)=x,\ T_2(x)=2x^2-1$$

$$(T_0, T_0)=\pi,\ (T_1, T_1)=(T_2, T_2)=\frac{\pi}{2}$$

$$(f, T_0)=2,\ (f, T_1)=0,\ (f, T_2)=-\frac{2}{3}$$

于是得 $f(x)$的二次最佳平方逼近多项式：

$$P_2(x)=\frac{(f, T_0)}{(T_0, T_0)}T_0+\frac{(f, T_1)}{(T_1, T_1)}T_1+\frac{(f, T_2)}{(T_2, T_2)}T_2=\frac{10}{3\pi}-\frac{8}{3\pi}x^2$$

所以 $a=-\dfrac{8}{3\pi}$，$b=0$，$c=\dfrac{10}{3\pi}$。

最小值就是平方误差：

$$I(a, b, c)=\|\delta\|_2^2=(f, f)-(f, P_2)=\frac{\pi}{2}-\left[\frac{4}{\pi}+0+\frac{8}{9\pi}\right]\approx 0.0146$$

3. **解**：(1) $f(x)=\dfrac{1}{1+x}$，$f^{(4)}(x)=\dfrac{4!}{(1+x)^4}=\dfrac{24}{(1+x)^4}$。

由于

$$E_{S_n}(f)=-\frac{b-a}{2880}h^4 f^{(4)}(\xi)\qquad (\xi\in(a, b))$$

所以

$$|E_{S_n}(f)|=\frac{1}{2880}h^4\max_{x\in[0.1]}|f^{(4)}(x)|\leqslant\frac{24}{2880}h^4\leqslant 10^{-3}$$

得 $n\geqslant 2$，取 $n=2$。

$$I=\int_0^1\frac{1}{1+x}dx=\frac{1}{12}\left[f(0)+4f\left(\frac{1}{4}\right)+2f\left(\frac{1}{2}\right)+4f\left(\frac{3}{4}\right)+f(1)\right]$$

$$=\frac{1}{12}\left[1+\frac{16}{5}+\frac{4}{3}+\frac{16}{7}+\frac{1}{2}\right]=0.693\ 25$$

(2) 高斯公式为

$$\int_0^1 x^2 dx\approx\frac{1}{2}\left[\left(0.5-0.5\times\frac{1}{\sqrt{3}}\right)^2+\left(0.5+0.5\times\frac{1}{\sqrt{3}}\right)^2\right]=\frac{1}{3}$$

误差为 0。

4. **解**：(1) 对系数矩阵进行三角分解，得

$$A = LU = \begin{bmatrix} 1 & 0 & 0 \\ \frac{3}{4} & 1 & 0 \\ 0 & -\frac{4}{7} & 1 \end{bmatrix} \begin{bmatrix} 4 & 3 & 0 \\ 0 & \frac{7}{4} & -1 \\ 0 & 0 & \frac{24}{7} \end{bmatrix}$$

然后解 $\boldsymbol{Ly}=\boldsymbol{b}$ 得 $\boldsymbol{y}=\begin{bmatrix} 24 & 12 & -\frac{120}{7} \end{bmatrix}^{\mathrm{T}}$；

再解 $\boldsymbol{Ux}=\boldsymbol{y}$ 得 $\boldsymbol{x}=[3 \quad 4 \quad -5]^{\mathrm{T}}$。

(2) 雅可比迭代法的迭代矩阵为

$$\boldsymbol{B}_{\mathrm{J}} = -\boldsymbol{D}^{-1}(\boldsymbol{L}+\boldsymbol{U}) = \begin{bmatrix} 0 & -\frac{3}{4} & 0 \\ -\frac{3}{4} & 0 & \frac{1}{4} \\ 0 & \frac{1}{4} & 0 \end{bmatrix}$$

谱半径 $\rho(B_{\mathrm{J}})=\sqrt{0.625}=0.790\ 569\ 415$。

高斯-赛德尔迭代法的迭代矩阵为

$$\boldsymbol{B}_{\mathrm{GS}} = -(\boldsymbol{D}+\boldsymbol{L})^{-1}\boldsymbol{U} = \begin{bmatrix} 0 & -\frac{3}{4} & 0 \\ 0 & \frac{9}{16} & \frac{1}{4} \\ 0 & \frac{9}{64} & \frac{1}{16} \end{bmatrix}$$

谱半径 $\rho(\boldsymbol{B}_{\mathrm{GS}})=0.625<\rho(\boldsymbol{B}_{\mathrm{J}})$，因此高斯-赛德尔迭代法收敛更快。

(3) 根据高斯-若当消去法，可得

$$\boldsymbol{A}^{-1} = \begin{bmatrix} \frac{5}{8} & -\frac{1}{2} & -\frac{1}{8} \\ -\frac{1}{2} & \frac{2}{3} & \frac{1}{6} \\ -\frac{1}{8} & \frac{1}{6} & \frac{7}{24} \end{bmatrix}$$

于是

$$\mathrm{cond}(\boldsymbol{A})_{\infty} = \|\boldsymbol{A}\|_{\infty}\|\boldsymbol{A}^{-1}\|_{\infty} = 8 \times \frac{4}{3} = \frac{32}{3}$$

所以引起解的相对误差限大概为

$$\mathrm{cond}(\boldsymbol{A})_{\infty} \frac{\|\delta \boldsymbol{b}\|_{\infty}}{\|\boldsymbol{b}\|_{\infty}} = \frac{32}{3} \times \frac{1}{30} \times \frac{1}{2} \times 10^{-7} = \frac{8}{45} \times 10^{-7}$$

5. **解**：牛顿迭代公式为

$$x_{k+1}=x_k-\frac{f(x_k)}{f'(x_k)}=x_k-\frac{x_k^3-3x_k-1}{3x_k^2-3}=\frac{2x_k^3+1}{3x_k^2-3}$$

$$x_1=1.8889,\ x_2=1.8795,\ x_3=1.8794,\ x_4=1.8794$$

四、证明题

1. **证明**：

(1) 非负性：因为 $\boldsymbol{A}\in\mathbf{R}^{n\times n}$ 为对称正定，所以

$$\|\boldsymbol{x}\|_A=(\boldsymbol{Ax},\boldsymbol{x})^{\frac{1}{2}}\geqslant 0 \text{ 且 } \|\boldsymbol{x}\|_{\boldsymbol{A}}=0\Leftrightarrow(\boldsymbol{Ax},\boldsymbol{x})=0\Leftrightarrow\boldsymbol{x}=\boldsymbol{0}$$

(2) 正齐性：

$$\begin{aligned}\|\alpha\boldsymbol{x}\|_{\boldsymbol{A}}&=[\boldsymbol{A}(\alpha\boldsymbol{x}),\alpha\boldsymbol{x}]^{\frac{1}{2}}=(\alpha\boldsymbol{Ax},\alpha\boldsymbol{x})^{\frac{1}{2}}=[\alpha^2(\boldsymbol{Ax},\boldsymbol{x})]^{\frac{1}{2}}\\&=|\alpha|(\boldsymbol{Ax},\boldsymbol{x})^{\frac{1}{2}}\\&=|\alpha|\,\|\boldsymbol{x}\|_{\boldsymbol{A}},\quad\forall\alpha\in\mathbf{R}\end{aligned}$$

(3) 三角不等式：因为 $\boldsymbol{A}\in\mathbf{R}^{n\times n}$ 为对称正定，所以存在一非奇异上三角实矩阵 $\boldsymbol{L}$，使得 $\boldsymbol{A}=\boldsymbol{L}^{\mathrm{T}}\boldsymbol{L}$，故利用 Cauchy-Schwarz 不等式，可得

$$\begin{aligned}\|\boldsymbol{x}+\boldsymbol{y}\|_{\boldsymbol{A}}&=[\boldsymbol{A}(\boldsymbol{x}+\boldsymbol{y}],\boldsymbol{x}+\boldsymbol{y})^{\frac{1}{2}}=[\boldsymbol{L}^{\mathrm{T}}\boldsymbol{L}(\boldsymbol{x}+\boldsymbol{y}),\boldsymbol{x}+\boldsymbol{y}]^{\frac{1}{2}}\\&=[\boldsymbol{L}(\boldsymbol{x}+\boldsymbol{y}),\boldsymbol{L}(\boldsymbol{x}+\boldsymbol{y})]^{\frac{1}{2}}\\&=[(\boldsymbol{Lx},\boldsymbol{Lx})+(\boldsymbol{Lx},\boldsymbol{Ly})+(\boldsymbol{Ly},\boldsymbol{Lx})+(\boldsymbol{Ly},\boldsymbol{Ly})]^{\frac{1}{2}}\\&\leqslant[(\boldsymbol{Lx},\boldsymbol{Lx})+2(\boldsymbol{Lx},\boldsymbol{Lx})^{\frac{1}{2}}(\boldsymbol{Ly},\boldsymbol{Ly})^{\frac{1}{2}}+(\boldsymbol{Ly},\boldsymbol{Ly})]^{\frac{1}{2}}\\&=(\boldsymbol{Lx},\boldsymbol{Lx})^{\frac{1}{2}}+(\boldsymbol{Ly},\boldsymbol{Ly})^{\frac{1}{2}}\\&=(\boldsymbol{L}^{\mathrm{T}}\boldsymbol{Lx},\boldsymbol{x})^{\frac{1}{2}}+(\boldsymbol{L}^{\mathrm{T}}\boldsymbol{Ly},\boldsymbol{y})^{\frac{1}{2}}\\&=(\boldsymbol{Ax},\boldsymbol{x})^{\frac{1}{2}}+(\boldsymbol{Ay},\boldsymbol{y})^{\frac{1}{2}}\\&=\|\boldsymbol{x}\|_{\boldsymbol{A}}+\|\boldsymbol{y}\|_{\boldsymbol{A}}\end{aligned}$$

综上可知，$\|\boldsymbol{x}\|_{\boldsymbol{A}}=(\boldsymbol{Ax},\boldsymbol{x})^{\frac{1}{2}}$ 是一种向量范数。

2. **证明**：(1) 正定性：由于 $f(x)$、$g(x)\in L^2[a,b]$，所以有

$$(f(x),f(x))=\int_a^b f(x)\overline{f}(x)\mathrm{d}x=\int_a^b|f(x)|^2\mathrm{d}x\geqslant 0$$

$$[f(x),f(x)]=0 \text{ 当且仅当 } f(x)=0$$

(2) 共轭对称性：

$$\begin{aligned}[f(x),g(x)]&=\int_a^b f(x)\,\overline{g(x)}\mathrm{d}x=\int_a^b\overline{\overline{f(x)}g(x)}\mathrm{d}x\\&=\overline{\int_a^b\overline{f(x)}g(x)\mathrm{d}x}=\overline{(g(x),f(x))}\end{aligned}$$

(3) 第一变元的线性性质：对于 $\forall h(x)\in L^2[a, b]$，

$$\begin{aligned}[\alpha f(x), g(x)] &= \int_a^b \alpha f(x)\overline{g(x)}\mathrm{d}x = \alpha\int_a^b f(x)\overline{g(x)}\mathrm{d}x \\ &= \alpha[f(x), g(x)]\end{aligned}$$

$$\begin{aligned}[f(x)+h(x), g(x)] &= \int_a^b [f(x)+h(x)]\overline{g(x)}\mathrm{d}x \\ &= \int_a^b f(x)\overline{g(x)}\mathrm{d}x + \int_a^b h(x)\overline{g(x)}\mathrm{d}x \\ &= [f(x), g(x)] + [h(x), g(x)]\end{aligned}$$

综上可知，$(f, g) = \int_a^b f(x)\overline{g(x)}\mathrm{d}x$ 构成内积。

模拟试题二参考答案

一、填空题

1. $\|\boldsymbol{x}\| = (\boldsymbol{x}, \boldsymbol{x})^{\frac{1}{2}}$，$\|\boldsymbol{x}+\boldsymbol{y}\|^2 + \|\boldsymbol{x}-\boldsymbol{y}\|^2 = 2(\|\boldsymbol{x}\|^2 + \|\boldsymbol{y}\|^2)$

2. 1　　3. 1　　4. 1，$n\geqslant 8$　　5. 3　　6. $0\leqslant\alpha<1$

7. $\|\boldsymbol{Ax}\| \leqslant \|\boldsymbol{A}\|\,\|\boldsymbol{x}\|$　　8. $\rho(\boldsymbol{B})<1$

二、判断题

1. √　　2. ×　　3. √　　4. ×　　5. √

三、证明题

证明： $\forall\, \boldsymbol{x}, \boldsymbol{y}\in \boldsymbol{H}$，$\forall \lambda\in K$，$(\boldsymbol{x}+\lambda\boldsymbol{y}, \boldsymbol{x}+\lambda\boldsymbol{y})\geqslant 0$，即

$$(\boldsymbol{x}, \boldsymbol{x}) + \bar{\lambda}(\boldsymbol{x}, \boldsymbol{y}) + \lambda(\boldsymbol{y}, \boldsymbol{x}) + |\lambda|^2(\boldsymbol{y}, \boldsymbol{y}) \geqslant 0$$

取 $\lambda = -\dfrac{(\boldsymbol{x}, \boldsymbol{y})}{(\boldsymbol{y}, \boldsymbol{y})}$，设 $\boldsymbol{y}\neq\boldsymbol{0}$，则

$$(\boldsymbol{x}, \boldsymbol{x}) - \frac{|(\boldsymbol{x}, \boldsymbol{y})|^2}{(\boldsymbol{y}, \boldsymbol{y})} \geqslant 0$$

从而 $|(\boldsymbol{x}, \boldsymbol{y})|^2 \leqslant (\boldsymbol{x}, \boldsymbol{x})\cdot(\boldsymbol{y}, \boldsymbol{y})$。

四、解答题

1. **解：** 选取切比雪夫基函数 $T_0=1$，$T_1=x$，$T_2=2x^2-1$，得

$$(T_0, T_0) = \pi,\ (T_1, T_1) = (T_2, T_2) = \frac{\pi}{2},$$

$$(f, T_0) = \frac{2}{3},\ (f, T_1) = 0,\ (f, T_2) = \frac{2}{15}$$

$f(x)$的二次最佳平方逼近多项式为

$$P_2(x)=\sum_{j=0}^{2}\frac{(T_j,f)}{(T_j,T_j)}T_j=\frac{2}{3\pi}+0+\frac{4}{15\pi}(2x^2-1)=\frac{2}{5\pi}+\frac{8}{15\pi}x^2$$

2. **解**：二次 Lagrange 插值多项式为

$$L_2(x)=\frac{x(x-1)}{2}+(x+1)(x-1)+2\,\frac{x(x+1)}{2}=\frac{5}{2}x^2+\frac{1}{2}x-1$$

$$f'(0)\approx L_2'(0)=0.5$$

3. **解**：设求积公式至少满足三次代数精度，则有方程组

$$\begin{cases}\int_0^1 1\mathrm{d}x=\frac{1}{2}+A\\ \int_0^1 x\mathrm{d}x=\frac{1}{2}x_0+Ax_1\\ \int_0^1 x^2\mathrm{d}x=\frac{1}{2}x_0^2+Ax_1^2\end{cases}$$

求此方程组得

$$A=\frac{1}{2},\ x_0=\frac{3-\sqrt{3}}{6}\approx 0.2113,\ x_1=\frac{3+\sqrt{3}}{6}\approx 0.7887$$

则求积公式为

$$\int_0^1 f(x)\mathrm{d}x\approx\frac{1}{2}\left[f\left(\frac{3-\sqrt{3}}{6}\right)+f\left(\frac{3+\sqrt{3}}{6}\right)\right]$$

当 $f(x)=x^3$ 时，$\int_0^1 f(x)\mathrm{d}x=\frac{1}{4}$，且$\frac{1}{2}\left[f\left(\frac{3-\sqrt{3}}{6}\right)+f\left(\frac{3+\sqrt{3}}{6}\right)\right]=\frac{1}{4}$；

当 $f(x)=x^4$ 时，$\int_0^1 f(x)\mathrm{d}x=\frac{1}{5}$，而$\frac{1}{2}\left[f\left(\frac{3-\sqrt{3}}{6}\right)+f\left(\frac{3+\sqrt{3}}{6}\right)\right]=\frac{7}{36}$；

所以该求积公式是三次代数精度的。

4. **解**：Simpson 公式：　$S=\frac{b-a}{6}\left[f(a)+4f(\frac{a+b}{2})+f(b)\right]$

$$=\frac{1-(-1)}{6}[11+4\times1+3]=6$$

准确值 $I=\int_{-1}^{1}(4x^4-3x^3+2x^2-x+1)\mathrm{d}x=\frac{74}{15}$。

所以 $I<S$。

5. **解**：将系数矩阵进行三角分解

$$\begin{bmatrix}1&0&2&0\\0&1&0&1\\1&2&4&3\\0&1&0&3\end{bmatrix}=\begin{bmatrix}1&0&0&0\\0&1&0&0\\1&2&1&0\\0&1&0&1\end{bmatrix}\begin{bmatrix}1&0&2&0\\0&1&0&1\\0&0&2&1\\0&0&0&2\end{bmatrix}=\boldsymbol{LU}$$

所以原方程转化为

$$\boldsymbol{Ly}=(5\quad 3\quad 17\quad 7)^{\mathrm{T}}\Rightarrow\boldsymbol{y}=(5\quad 3\quad 6\quad 4)^{\mathrm{T}}$$

$$\boldsymbol{Ux}=\boldsymbol{y}\Rightarrow\boldsymbol{x}=(1\quad 1\quad 2\quad 2)^{\mathrm{T}}$$

6. **解**：对系数矩阵做 $\boldsymbol{LL}^{\mathrm{T}}$ 分解

$$\begin{bmatrix}0.01&0.02&-0.02\\0.02&0.13&0.11\\-0.02&0.11&0.65\end{bmatrix}=\begin{bmatrix}l_{11}&0&0\\l_{21}&l_{22}&0\\l_{31}&l_{32}&l_{33}\end{bmatrix}\begin{bmatrix}l_{11}&l_{21}&l_{31}\\0&l_{22}&l_{32}\\0&0&l_{33}\end{bmatrix}$$

求得 $\boldsymbol{L}=\begin{pmatrix}0.1&0&0\\0.2&0.3&0\\-0.2&0.5&0.6\end{pmatrix}$，所以原问题变为

$$\boldsymbol{Ly}=\begin{bmatrix}-0.07\\-0.02\\1.06\end{bmatrix}\Rightarrow\boldsymbol{y}=\begin{bmatrix}-0.7\\0.4\\1.2\end{bmatrix}$$

$$\boldsymbol{L}^{\mathrm{T}}\boldsymbol{x}=\begin{bmatrix}-0.7\\0.4\\1.2\end{bmatrix}\Rightarrow\boldsymbol{x}=\begin{bmatrix}1\\-2\\2\end{bmatrix}$$

7. **解**：对应的雅可比迭代矩阵为

$$\boldsymbol{B}_{\mathrm{J}}=\begin{bmatrix}0&-a&0\\-a/2&0&0\\-1&0&0\end{bmatrix}$$

则

$$|\lambda\boldsymbol{I}-\boldsymbol{B}_{\mathrm{J}}|=\begin{vmatrix}\lambda&a&0\\a/2&\lambda&0\\1&0&\lambda\end{vmatrix}=\lambda\left(\lambda^2-\frac{a^2}{2}\right)$$

解之得 $\lambda_1=0$，$\lambda_{2,3}=\pm\sqrt{\frac{a^2}{2}}=\pm\frac{|a|}{\sqrt{2}}$。

其谱半径 $\rho(\boldsymbol{B}_{\mathrm{J}})=\max|\lambda|=\frac{|a|}{\sqrt{2}}$。由 $\rho(\boldsymbol{B}_{\mathrm{J}})<1$，得 $a\in(-\sqrt{2},\sqrt{2})$。

对应的高斯-赛德尔迭代阵为

$$\boldsymbol{B}_{\mathrm{G}}=\begin{bmatrix}0 & -a & 0\\ 0 & \frac{a^2}{2} & 0\\ 0 & a & 0\end{bmatrix}$$

则

$$|\lambda\boldsymbol{I}-\boldsymbol{B}_{\mathrm{G}}|=\begin{vmatrix}\lambda & a & 0\\ 0 & \lambda-\frac{a^2}{2} & 0\\ 0 & -a & \lambda\end{vmatrix}=\lambda^2\left(\lambda-\frac{a^2}{2}\right)$$

解之得 $\lambda_{1,2}=0$，$\lambda_3=\frac{a^2}{2}$，其谱半径 $\rho(\boldsymbol{B}_{\mathrm{G}})=\max|\lambda|=\frac{a^2}{2}$。由 $\rho(\boldsymbol{B}_{\mathrm{G}})<1$ 得 $a\in(-\sqrt{2},\sqrt{2})$。

由此可见，对于固定的 $a\in(-\sqrt{2},\sqrt{2})$，$\rho(\boldsymbol{B}_{\mathrm{J}})>\rho(\boldsymbol{B}_{\mathrm{G}})$，所以雅可比迭代比高斯-赛德尔迭代收敛得慢。